A. Kilchenmann · C. Schwarz (Hrsg.)

Perspektiven der Humanökologie

Beiträge des Internationalen Humanökologie-Symposiums von Bad Herrenalb 1990

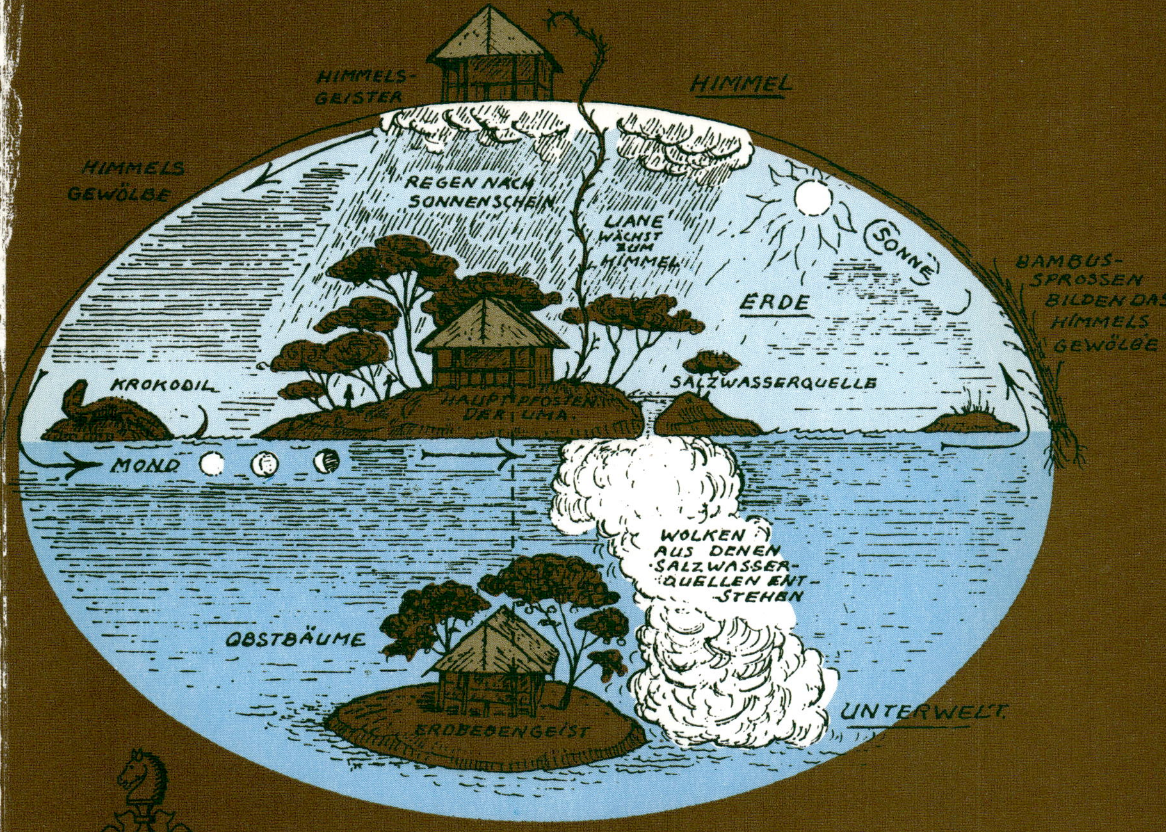

Springer-Verlag

A. Kilchenmann C. Schwarz (Hrsg.)

Perspektiven der Humanökologie

Beiträge des internationalen Humanökologie-Symposiums von Bad Herrenalb 1990

Perspektiven der Humanökologie

Herausggeben von
André Kilchenmann und Christine Schwarz

Springer-Verlag Berlin Heidelberg 1991

Errata

S. 210: In Zeile 20 von oben heißt es anstelle von "... dabei angesprochen wurde, soll ..." richtig "... dabei über Gebühr strapaziert wird, ist an anderer Stelle bereits angesprochen worden und soll ..."

S. 212: In Zeile 17 von unten heißt es anstelle von "... ca. 2050 v. Chr. ..." richtig "... ca. 3050 v. Chr. ..."

S. 213: In Zeile 2 von oben heißt es anstelle von "... dem Kamm, dann ..." richtig "... dem Damm, dann ...", und in Zeile 7 von unten heißt es anstelle von "... Typus als künstliche Bassinbewässerung ..." richtig "... Typus der natürlichen Bassinbewässerung ..."

S. 216: In Zeile 22 von oben heißt es anstelle von "... Christen. Anthropos, Bd 2, ..." richtig "... Christen. In Jahrbuch für Antike und Christentum, Bd 2, ...", und in Zeile 28 von oben heißt es anstelle von "... In Verwandlungen der ..." richtig "... In Verhandlungen der ..."

Paris
st

Professor Dr. André Kilchenmann
Institut für Geographie und Geoökologie
Universität Karlsruhe
Kaiserstraße 12
W-7500 Karlsruhe 1

Christine Schwarz, M. A.
Heidelberger Straße 26
W-6907 Nußloch

ISBN 3-540-54296-5 Springer-Verlag Berlin Heidelberg New York

Die Deutsche Bibliothek – CIP-Einheitsaufnahme
Perspektiven der Humanökologie: Beiträge des Internationalen Humanökologie-Symposiums von Bad Herrenalb 1990 / A. Kilchenmann; C. Schwarz (Hrsg.). – Berlin; Heidelberg; New York; London; Paris; Tokyo; Hong Kong; Barcelona; Budapest: Springer, 1991
ISBN 3-540-54296-5
NE: Kilchenmann, André [Hrsg.]; Internationales Humanökologie-Symposium ⟨1990, Herrenalb⟩

Printed in Germany

Satz: Reproduktionsfertige Vorlage vom Autor
30/3145-543210 – Gedruckt auf säurefreiem Papier

Zur Lage der Humanökologie: ein Vorwort

Prof. Dr. André Kilchenmann
Institut für Geographie und Geoökologie der Univ. Karlsruhe, Kaiserstr. 12
D-7500 Karlsruhe 1, Deutschland

In SPELLBOUND, einem Film von Alfred Hitchcock (1945),
sagt der alte Psychoanalytiker:

Das Grundgesetz der Wissenschaft ist:
DAS ALTE MUSS DEM NEUEN WEICHEN

Ein Vorwort zu einem Tagungsband über ein Symposium zu schreiben, das bereits fast ein Jahr zurückliegt, bedeutet auch, aus der Erinnerung heraus ein Nachwort zu schreiben.

Die Erinnerung ist zunächst einmal sehr positiv. In Bad Herrenalb haben im Zusammenhang mit interessanten Vorträgen anregende Diskussionen stattgefunden, und in den Zeiten zwischen den Sitzungen war Gelegenheit für individuelle Gespräche und kleine Unternehmen. Frau Schwarz faßt in ihrem Beitrag in diesem Tagungsband die wichtigsten Inhalte zusammen.

Leitthema für das Symposium war im Vorbereitungsstadium "Humanökologie zwischen Theorie und Praxis". Die humanökologische Literatur ist bisher stark theoretisch ausgerichtet, und meine Absicht war, die bisher erarbeiteten Ideen und Gedanken "Praktikern aus Politik, Wirtschaft und anderen gesellschaftlichen Gruppen" zu präsentieren und dann zwischen diesen und den anwesenden Humanökologen eine Diskussion über Anwendungsmöglichkeiten in Gang zu bringen. Aber: zunächst wurden kaum Referate angeboten, die diesem Anspruch genügten, dann meldeten sich auch keine "Praktiker" als Zuhörer zum Symposium an und auch die Presse zeigte wenig Interesse am Thema "Humanökologie". Was übrig blieb, war ein wissenschaftlicher Gedankenaustausch zwischen Humanökologen auf hohem Niveau, aber ohne die beabsichtigte Öffentlichkeitswirkung.

Die Frage, warum das ursprüngliche Ziel nicht erreicht werden konnte, hat mich lange beschäftigt, eigentlich bis heute. Wie so oft im Leben gib es darauf nicht eine Antwort, sondern mehrere, und ich will einige davon vorsichtig zu formulieren versuchen.

Eine besonders wichtige Feststellung scheint mir, daß die Menschen zu ihrer Umwelt ein ähnlich indifferentes Verhältnis haben wie zu ihrem eigenen Körper. Dies führt zu einer Analogie zwischen Medizin und Humanökologie, zwischen Gesundheits- und Umweltverhalten.

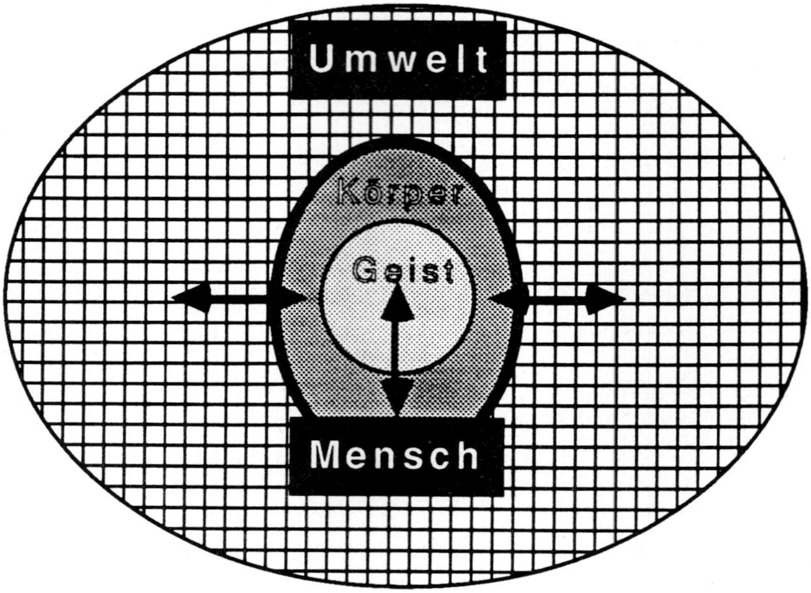

Es gibt nur wenige Menschen, die ihren Körper sehr bewußt schonen, sich aktiv bemühen, gesund zu bleiben. Die große Masse der Menschen malträtiert und schädigt der Körper fast ununterbrochen durch Rauchen, zuviel Essen, zuwenig Bewegung, Lärm, unsinnigen Lebensrhythmus u. v. a. m. Erst wenn der Körper darauf mit schwerer Krankheit reagiert, gehen wir zum Arzt und versuchen dann meist durch oft auch wieder schädliche Therapien und Medizin die Symptome der Krankheit zu kurrieren. Langsam aber sicher ruinieren wir so unseren Körper, die "Hülle unserer Seele". Ähnlich treiben wir es mit dem menschlichen Lebensraum, der Umwelt, in der wir leben. Wir tun kaum etwas, um unsere Umwelt zu schützen, im Gegenteil, mit fast allem was wir tun, zerstören oder schädigen wir die Natur um uns herum. Und wenn wir dann merken, daß die Umwelt krank geworden ist, suchen wir bei "Naturwissenschaft und Technik" nach Therapien und Medizin zur Symptombekämpfung.

Diese Analogie ist in verschiedener Hinsicht interessant. Es ist bekannt, daß zwischen Gesundheit und Krankheit eigentlich ein fließender Übergang besteht. Krankheit beginnt nicht erst dann, wenn man Beschwerden spürt. So kann auch die Umwelt krank sein, lange bevor sichtbare Zeichen auftreten. Nur sensible Analysen vermögen frühzeitig Verschlechterungen des Zustands festzustellen. Oft ist es sogar, wenn die Krankheit sichtbar wird, schon für die Heiling zu spät. Oft allerdings kommt es zu einer Selbstheilung, die man fördern kann.

Weiter ist es bei vielen Menschen so, daß es nicht an Wissen und Kenntnissen mangelt. Es liegen in Sachen Gesundheitsvorsorge wie in Sachen Umweltschutz genügend Information vor, wir werden oft sogar von ihnen überschwemmt. Aber sie bewirken in den seltensten Fällen eine Verhaltensänderung. Selbst dann nicht, wenn die

Situation gefährlich wird. Selbstzerstörung kommt meist vor einsichtsvoller Korrektur.

Auch der Druck durch verantwortungsschürende Institutionen ist in beiden Bereichen in der Regel wirkungslos. Ob Strafandrohung (z. B. Geldstrafen) wirksam wären, kann nicht vorausgesagt werden, da entsprechende Ansätze gesellschaftspolitisch (noch?) nicht möglich sind.

Am hoffnungsvollsten für eine langfristige Strategie zur Verbesserung der Voraussetzungen dürfte eine sensible, durchdachte und vorsichtige Gesundheits- und Umwelterziehung sein.

Ein weiterer Grund dafür, daß die humanökologischen Ideen in Politik und Öffentlichkeit kaum ankommen, könnte im Menschenbild der Humanökologie liegen. Ich möchte den Leser der Beiträge in diesem Tagungsband anregen, sich die Mühe zu machen, sich jeweils zu überlegen, was für ein Bild des Menschen die verschiedenen Autoren vor Augen haben. Mein Eindruck ist, daß dieses Menschenbild oft sehr unrealistisch ist, im Sinne von "der Mensch ist eigentlich gut, lernfähig und edel". Vielleicht wäre es eine sehr eindrückliche Übung, in einer Diskussion zwischen Polizeibeamten/Richtern und Humanökologen die entsprechenden Menschenbilder zu vergleichen.

Das dritte Argument für den schweren Stand der Humanökologie in unserer Gesellschaft liegt m. E. darin, daß in der naturwissenschaftlichen Forschung bisher der Mensch völlig ausgeklammert wurde. Der Mensch existierte nur in den Geistes- und Sozialwissenschaften, und zwischen den beiden Blöcken gab es keine Verknüpfung. Dies gilt auch heute in der sog. Umweltforschung. Der Mensch wird ausgeklammert. In Umweltmodellen finden sich keine Menschen. Der Verursacher aller Probleme ist unsichtbar. Warum? Weil ohne den Menschen alles viel einfacher ist. Er stört in der Umweltforschung. Daß durch dieses realitätsfremde Paradigma alle Forschungsergebnisse als Entscheidungshilfen für praktische Maßnahmen unbrauchbar sind, ist in der Umweltforschung entweder noch nicht erkannt worden, oder wird stillschweigend in Kauf genommen.

Ich habe das Symposium in Bad Herrenalb veranstaltet, weil ich die Anliegen und Konzepte der Humanökologie für sehr wichtig halte und dazu beitragen möchte, daß sie eine größere Verbreitung findet. Ich bin selber nicht in der humanökologischen Forschung tätig, möchte mich also nicht als Humanökologe bezeichnen. Hoffentlich trägt dieser Band dazu bei, daß die Humanökologie sich als Hochschuldisziplin und als Expertenwissenschaft für die Probleme unseres Lebens in der natürlichen Umwelt stärker etablieren kann.

Inhaltsverzeichnis

Teil III
Humanökologische Perspektiven der Vermittlung zwischen Theorie und Praxis

1. Individuelle Regulative

2. Institutionelle Regulative

Teil IV
Das Mensch-Umwelt-Verhältnis im Zirkel der Humanökologie

Die Kluft - oder der beschwerliche Weg zwischen Theorie und Praxis Einführende Grundgedanken

Christine Schwarz M. A.
Heidelberger Str. 26, D-6907 Nußloch, Deutschland

Abstract

In 1990 the working group "Human Ecology" of the Institute of Geography and Geoecology (University of Karlsruhe) organized a symposium with the topic "human ecology between theory and practice". The aim was to construct a bridge across the natural and social sciences/the humanities and those organizations which would be able to realize the theories that human ecological science have developed.
As is known, the natural sciences have achieved great results by developing and researching the processes involved in natural systems. In the last few years it was the responsibility of the social sciences and the humanities to attain knowledge about the interactions between human attitudes and behavior, on the one hand, and environment, on the other. Now an attempt should be made to bring together all these theories which have been developed in research about human and natural systems and interact in an interdisciplinary manner.
With this symposium we have tried to avoid a scientific ivory tower in which science is imprisoned, and to obtain better cooperation between science, society and social institutions. Although the participation of those "actively engaged workers" was not as great as we hoped it would be, further the discussion between "theorists" and "practical workers" should be continued. This is indispensable for a better future - not only for us, but also for following generations!

Aber erst eine seelische Instanz, die sich auch des Gewissens in kritischer Weise vergewissern kann, schafft so etwas wie eine seelisch organisierte Kultureignung, das heißt, es entsteht erst hier die Fähigkeit, in erregenden, verwirrenden Lebenslagen, im Zusammenbruch der äußeren Gewalten und der Vorurteilssysteme, die unser Gewissen lenken, den Verstand und das mitmenschliche Gefühl zu bewahren. Wer einige solcher verwirrender Zusammenbrüche gesellschaftlicher Wertorientierung erlebt hat, konnte erfahren, daß es nicht leicht ist, Anweisungen des Kollektivs zu widerstehen, die bald Strafdrohungen sind, bald primitive Triebbefriedigungen enthemmen. Hier in kritischer Distanz zu bleiben, setzt Kaltblütigkeit, also einen hohen Grad stabiler Ich-Organisation voraus; noch schwerer ist es, die durch Kritik gewonnenen Einsichten dann als Richtlinien des Verhaltens beizubehalten."

(Alexander u. Margarete Mitscherlich, ohne Jahr)

Mitscherlich u. Mitscherlich sprechen hier einen Punkt in der Persönlichkeitsstruktur an, der in einem nicht unerheblichen Maße dafür verantwortlich ist, daß heute, trotz des erworbenem, differenziertesten Instrumentalwissens und Kenntnissen über Wirkmechanismen in unserer Umwelt, vernünftiges Handeln meist unterbleibt: die Schwäche des Individuums - des eigenen Ichs! Hilflosigkeit, Bestürzung oder gar Ohnmacht darüber, daß man als Einzelner so Geringfügiges bewirken, beinflussen und Grundsätzliches ändern kann und dies noch um so weniger, je instabiler das eigene Ich ist.

Gerade heute, in einer Zeit, in der durch den industriellen Fortschritt, medizinisch hochentwickeltem Kenntnisstand und Wissen über energetische Prozesse in unserer Umwelt (wobei ich Umwelt stets als Um- und Mitwelt verstanden wissen möchte) optimale Voraussetzungen für ein intaktes Mensch-Umwelt-Verhältnis gegeben sind, sind wir - die doch so hochentwickelte westliche Gesellschaft - nicht in der Lage, eine gesunde Atmosphäre auf dieser Erde zu schaffen. Dabei möchte ich gar nicht erst globale Probleme oder die Unterentwicklung der 2.-, 3.-, 4.- etc. Weltländer heranziehen, nein, schon im direkten Umfeld eines Individuums scheinen Mechanismen wirksam zu werden, die es von einem ethischen Verhalten und Handeln abhalten. Selbst wenn wir durch äußere Umstände, Erfahrungen am eigenen Leib auf Mißstände aufmerksam werden und wir zunächst geläutert scheinen, hält dieser Zustand der Erkenntnis nicht lange an. Wie schwer es ist, sich selbst in die Pflicht zu nehmen, und eine gewonnene Einsicht langfristig "als Richtlinie des Verhaltens beizubehalten" (Zitat, s. o.), dürfte jedem von uns bekannt sein. Wie schnell haben wir wieder Entschuldigungen und Erklärungen zur Hand, die unser "rückfälliges" Verhalten scheinbar rechtfertigen.

Gerade heute, in einer Zeit, die durch Überbevölkerung und räumlicher Nähe zwischen Menschen gekennzeichnet ist, fühlen wir uns immer isolierter, verlassener und uneingebundener in die Zusammenhänge des Geschehens. Haben wir durch die Informationsschwemme, übermäßige Freizeitaktivitäten, beruflichem Streß (dies bei vorhandenen arbeitserleichternden Instrumentarien!) und täglicher Hektik den Blick für das Wesentliche verloren, oder ist es einfach nur bequemer geworden, die Augen vor der Realität zu verschließen und sich Tagträumen und Traumwelten hinzugeben? Wie sonst läßt sich erklären, daß trotz anthropogen verursachter Umweltkatastrophen, die uns über die Medien frei Haus geliefert werden, der Schritt zum bewußten, zum umweltbewußten Handeln unterbleibt? Wäre es für uns Menschen nicht höchste Zeit, wesentlichere Dinge in den Mittelpunkt zu stellen als Macht und Materielles? Die Dinge scheinen uns entrückt, Umweltprobleme in entfernten Ländern interessieren nur peripher, sogar im eigenen Land berühren sie uns kaum, sind sie räumlich nur weit genug entfernt. Welcher Süddeutsche interessiert sich für den Anstieg der Jahresmitteltemperatur, dem daraus resultierenden Abschmelzen der Polkappen, das dann den Anstieg der Meeresspiegel um einige Meter zur Folge hätte, womit die norddeutsche Küste und Städte wie Hamburg und Kiel unter Wasser ständen? Solange keine direkte Kausalbeziehung zwischen dem eigenen Handeln und den Konsequenzen hergestellt werden können, so lange sind wir auch nicht bereit unser Verhalten zu ändern. Was fehlt, ist das direkte Feedback unseres Handelns. Aber: wir sind inzwischen in vielen Bereichen derart überspezialisiert, daß eine direkte Rückkopplung nur schwer möglich ist. Ursache und Wirkung verlieren wir zunehmend aus den Augen. Auch treten Wirkungen mit solcher zeitlichen Verzögerung ein, daß der direkte Bezug zum eigenen verursachenden Handeln verloren geht. - Schnell werden Rufe nach der Legislative laut. Doch dort hält man hartnäckig an traditionellen Denkmodellen fest, und das, obwohl über die Medien auf einen beobachtbaren Wertewandel und neuere Lebensformen aufmerksam gemacht und die Bereitschaft zu einem neuen Bewußtsein signalisiert wird. Hier wird deutlich, wie tief die Kluft zwischen Erkennen und Handeln ist.

Die Notwendigkeit einer allgemeinen Bewußtseinsänderung - die ganz sicher durch einen langen Lernprozeß erreicht werden kann, so wir nur wollen - ist nicht zu leugnen. Wir müssen lernen, ab und zu über unseren eigenen Schatten zu springen, bereit sein, neue Wege zu gehen und aktiv an einem Wertewandel mitzuwirken, der das Verhältnis des Menschen zur Natur neu definiert.

Aktiv dazu beitragen heißt es auch für die Wissenschaft, denn sie sollte sich nicht nur als Produzent neuer Erkenntnistheorien verstehen, sondern einen wesentlichen praktischen Beitrag zur Veränderung des Mensch-Umwelt-Verhältnisses leisten. Denn nicht nur in der Politik sind Sonntagsreden ein beliebtes Instrument, kritische Themen zu verharmlosen. Auch hier liegt häufig eine Kluft zwischen sich konkurrierenden Interessen: wissenschaftlichem Nutzen (auch Karrieredenken), Umweltverträglichkeit und ethischer Verantwortung.

Sicherlich ist es mit einigen Unannehmlichkeiten verbunden, wenn man sich dazu durchgerungen hat neue, umweltverträglichere Wege zu gehen - auch in der Wissenschaft, oder vielleicht gerade dort! Denn um aus dem mit klaren materialistischen Zielvorgaben laufenden Hochschulbereich "auszubrechen" und um neue Akzente in der Forschung zu setzen, Akzente, die zugunsten der Umwelt und nicht dem Interesse verlockender Machtpositionen, ehrenswerter oder lukrativer Tätigkeiten dienen, bedarf es Mut, Durchhaltevermögen oder einer gesicherten Position, die einem diesen "Luxus" erlaubt.

Sicher ist, daß wir unsere Einstellungen, Werthaltungen und Verhaltensweisen neu überdenken und entwickeln müssen, denn in diesem Bereich exhibieren wir uns - wir, die ansonsten so hochindustrialisierten Lander - als Entwicklungsländer!

Doch die Wissenschaft allein vermag nicht einen derartigen individuellen und gesellschaftlichen Lernprozeß herbeizuführen. Was fehlt, sind ein klarer politischer Weg in eine umweltbewußtere Zukunft und Anreize, die den Einzelnen als Individuum oder Teil einer Gruppe animieren, sich umweltbewußt zu verhalten; sei es durch Belohnungsstrategien, sei es durch Sanktionen. (Letzteres ist aus psychologisch erforschten Gründen weniger effektiv, da das veränderte Verhalten weniger freiwillig und durch Einsicht erlangt wurde als vielmehr durch die Vermeidungsstrategie bzgl. Sanktionen. Bei dem Wegfall letzterer ist ein Rückfall in liebgewonnene Verhaltensweisen - da teilweise bequemer - meist sicher.)

Inwieweit ein Aufeinander-zugehen, ein Miteinander von Theorie und Praxis möglich ist, sollte mithilfe dieses Symposiums demonstriert werden. Nach der Durchsicht der eingegangenen Beitragsthemen kristallisierten sich 4 Themenkomplexe heraus:

1. *Umweltprobleme und Umweltbewußtsein als Gegenstand empirischer Humanökologie.*
   Dabei wird auf der Grundlage empirischer Untersuchungen zum Thema Umwelt der Bezug zu sozialen und kulturellen Problembereichen hergestellt. Welchen Einfluß übt der Mensch auf seine Umwelt aus und welche Einflüsse des Menschen spiegeln sich z. B. im Bioklima einer Stadt wider? Wie werden akute Umweltprobleme (z. B. Gülleregulierung) von der Gesellschaft bewältigt? Diese und andere Fragen werden in den Beiträgen von Rippberger u. Karrasch und Teherani-Krönner aufgegriffen.
2. *Umwelt und gesellschaftlicher Wandel.*
   Inwieweit werden wir durch unsere Umwelt geprägt, beeinflußt, behindert, belästigt? Welche Wirkung hat die biotische und abiotische Umwelt auf das Verhalten in Wirtschaft, Politik und Gesellschaft? Zu diesen Fragen versuchen die Beiträge von Hofmayer, Stoklasa und Zierhofer eine Antwort zu geben.

3. *Humanökologische Perspektiven der Vermittlung zwischen Theorie und Praxis.*
   1. Individuelle Regulative
   Wie gehen Menschen mit ihrem Wissen über die Umwelt und deren Probleme um? Welche Typen von Wissen spielen dabei eine Rolle? Rettet eine neue Umweltethik das erkrankte Verhältnis zwischen Mensch und Umwelt? Hier soll deutlich gemacht werden, wie entscheidend das Handeln jedes einzelnen zu einem harmonischen, intakten Verhältnis zwischen Mensch und Umwelt beitragen kann. Die Beiträge von Flor, Petillon u. Jäger sowie Steiner, Nestmann, Fuhrer, Erdmann u. Kastenholz und Langlais nehmen zu diesen und anknüpfenden Fragen Stellung.
   2. Institutionelle Regulative
   Die Beiträge von Zierhofer, Promp, Seifert, Gukenbiehl, Jäger, Petillon und Wolf sowie von Knötig bieten Einblicke der Realisierbarkeit erworbener umweltspezifischer Erkenntnisse in die Praxis. Diesesmal jedoch nicht praktiziert durch individuelle sondern institutionelle Regulative. Gemeint sind Einrichtungen jeglicher Art, die einen positiven Umgang mit der Umwelt fördern bzw. ermöglichen könnten.
4. *Das Mensch-Umwelt-Verhältnis im Zirkel der Humanökologie.*
   Der letzte Themenkomplex rundet das Spektrum dieses Bandes ab. Der Bogen wurde ausgehend von empirischen Untersuchungen mit humanökologischem Forschungscharakter über gesellschaftliche Erscheinungsformen des Mensch-Umwelt-Verhältnisses bis hin zur praktischer Umsetzung auf individueller bzw. institutioneller Ebene gespannt. Die Problematik im praktischen Bereich ist somit bekannt. Im letzten Themenkomplex werden uns neue Sichtweisen und Ansätze nähergebracht, die der humanökologischen Forschung neue Wege eröffnen. Die Rede ist von: der Humanökologie als Co-Evolution, wie sie Crom, belegt durch historisches Material aus Ägypten, verstanden wissen möchte; der Humanökologie als Strategie, im Sinne von Ekenberg, um Verstand, Hand und Natur in Einklang zu bringen und der Humanökologie, die ihren konzeptionellen Impuls durch den Transaktionismus erfährt, wie sie uns Weichhart vermittelt.

Es dürfte deutlich geworden sein, welche Fülle von Problemen, Ansätzen, Sichtweisen und Ideologien hinter dem Begriff Humanökologie, der zunächst so einfach klingt, so selbstverständlich benutzt wird, und dann doch so kompliziert ist, stecken. Wie schwierig es war, allein schon auf wissenschaftlicher Basis zu einem Konsens zu gelangen, dürfte allen Beteiligten dieses Symposiums noch in Erinnerung sein. Wie diffisil die Diskussion bei einer regen Beteiligung von Praktikern geworden wäre, vermag ich nicht zu beurteilen. Dennoch wäre es ein großer Erfolg, wenn es in Zukunft zur Selbstverständlichkeit würde, daß "Theoretiker" und "Praktiker" an einen Tisch zusammenkommen, um über elementare Konflikte zwischen "Umweltforschung" und Umsetzungsmöglichkeiten neuer Erkenntnisse in die Praxis zu diskutieren. Deshalb sollten wir auch nicht müde werden, Gespräche zwischen Theoretikern und Praktikern zu förden. Sie sind unerläßlich für eine bessere, lebenswürdigere Zukunft - nicht nur für uns, sondern auch für viele nachfolgende Generationen!

Zum Geleit:

"... was auch immer der entfernteste Punkt sein mag, den uns das Schicksal zu erreichen gestattet - glücklich zu sein in diesem Prozeß stetig wachsender Lebendigkeit, denn so bewußt und intensiv zu leben, wie man kann, ist so befriedigend, daß die Sorge darüber, was man erreichen oder nicht erreichen könnte, gar nicht erst aufkommt."

(Erich Fromm, 1982)

Literaturverzeichnis

Fromm E (1982) Haben und Sein. Die seelischen Grundlagen einer neuen Gesellschaft. Deutsche Verlagsanstalt, Stuttgart, 11. Auflage

Mitscherlich A u. M (ohne Jahr) Randbemerkungen. In: Kunze R, Die verwundbaren Jahre. Lyrik, Prosa, Dokumente, hrsgg v. Corino K, S 195

Teil I

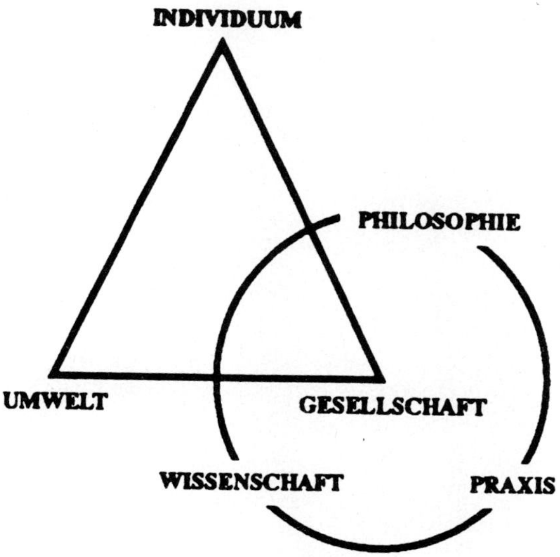

Umweltprobleme und Umweltbewusstsein als Gegenstand empirischer Humanökologie

Bioklimatische Untersuchungen im Lebensbereich des Menschen

Norbert Rippberger, Prof. Dr. Heinz Karrasch
Universität Heidelberg, Geographisches Institut, Im Neuenheimer Feld 348
D-6900 Heidelberg 1, Deutschland

Abstract

The paper focuses on the study of bioclimate in the Heidelberg area by phenomenological surveys. A sophisticated methodology had to be developed because of the varying setting which includes variations of altitude (up to 500 m), of topography and of urban land-use. The biomonitoring extends over the whole vegetation period and includes spectra of more than 50 plant species, mostly trees and bushes.

The study is integrated in a project on the urban climate of Heidelberg. The advantage of this connection is the availability of 32 monitoring sites and of mobile surveys which cover the whole region, especially the urbanized areas. This approach enables to calibrate the results of bioindications with measured climatological data in a comparable spatial and temporal density. The data inventory is structured as a GIS (geographical information system)

1 Einführung

Im Rahmen eines Projektes zur Erforschung des Klimas der Stadt Heidelberg unter Leitung von Prof. Dr. H. Karrasch (Geographisches Institut der Universität Heidelberg) liegt ein Schwerpunkt auf der Erhebung der Klimawirkungen. Die Klimawirkungen auf die Vegetation werden als Bioindikation des Klimas studiert, um damit die vorhandenen natürlichen und anthropogenen Einflußfaktoren zu bestimmen und zu gewichten. Das Hauptaugenmerk liegt dabei auf der urbanen Modifikation des Bioklimas. Die Vielfalt der Wechselbeziehungen ist aus Abb. 1 ersichtlich.

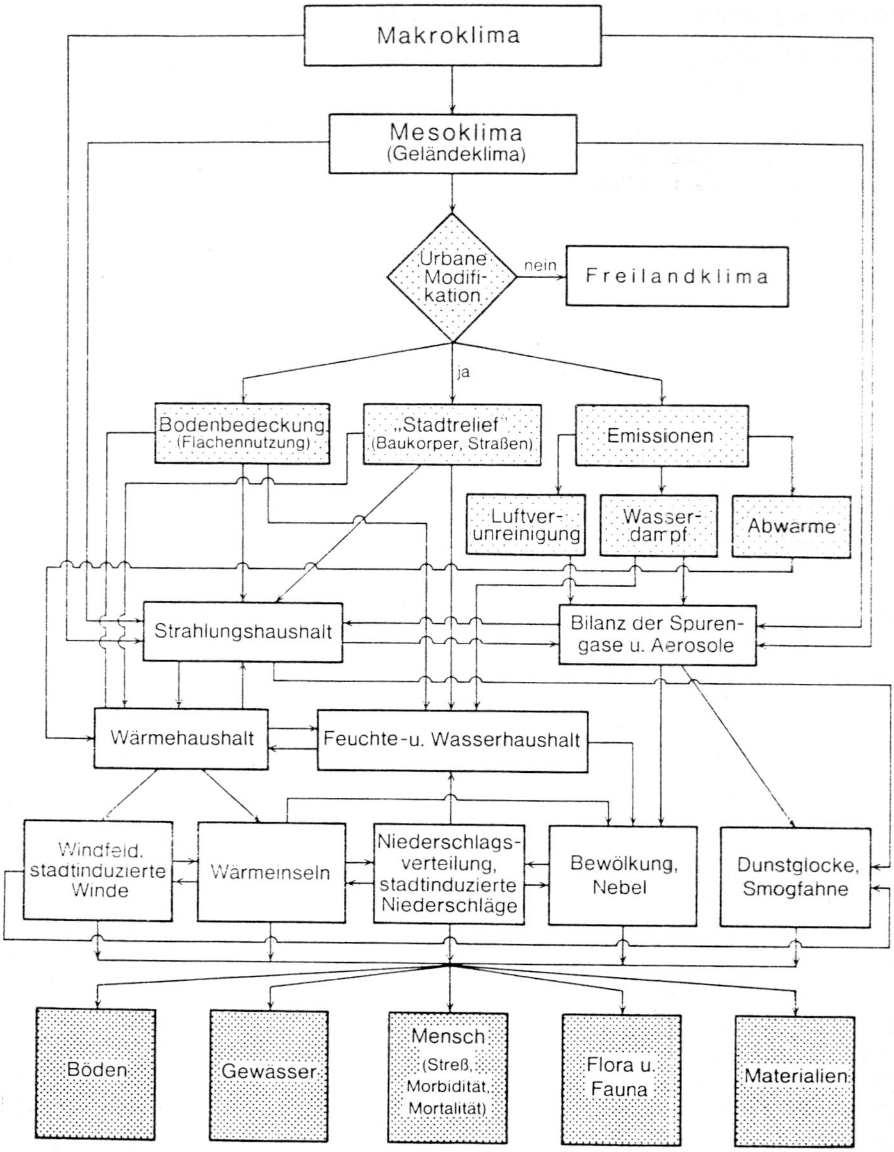

Abb. 1. Modell der urbanen Modifikation des Bioklimas. (Aus Karrasch 1986, S. 207)

In Abb. 2 wird das Bioindikatorenprogramm mit den wichtigsten Untersuchungsbereichen und den damit verbundenen Zielen vorgestellt.

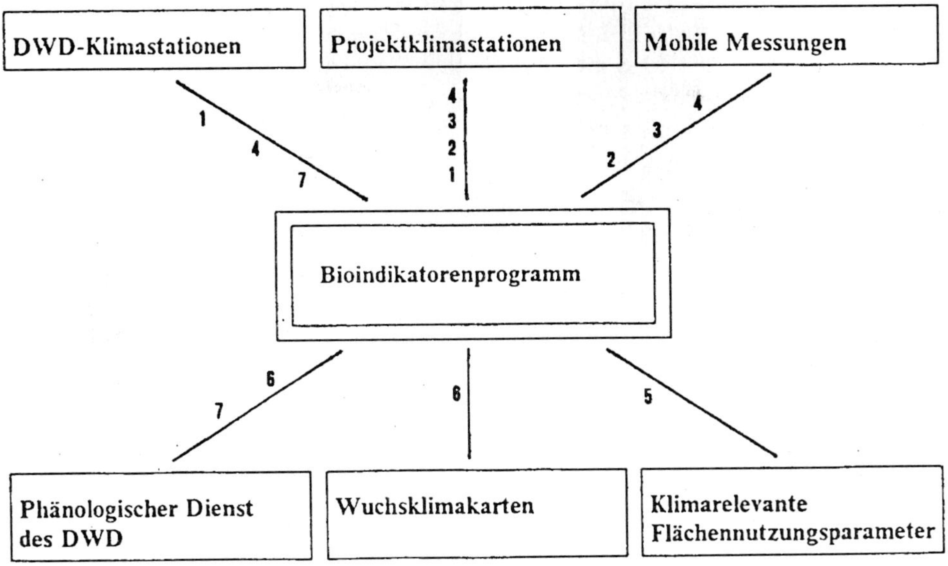

1 Kalibrierung der phänologischen Beobachtungen im Stadt-Maßstab
2 Gewichtung des thermischen Effektes
3 Gewichtung des Windeffektes
4 Gewichtung des hygrischen Effektes
5 Korrelation mit Flächennutzung
6 Räumliche Repräsentanz und Einbindung in die Region
7 Zeitliche Repräsentanz

Abb. 2. Bioindikatorenprogramm im Rahmen des Klimaprojektes, mit Angabe der verschiedenen Untersuchungsschwerpunkte und der damit verbundenen Ziele

Die Gemarkung der Stadt Heidelberg hat Anteil an 3 verschiedenen naturräumlichen wie klimatischen Einheiten: der Oberrheinischen Tiefebene, der Bergstraße und dem Odenwald. Die Westhälfte der Gemarkung liegt in der Rheinebene etwas über 100 mü NN auf einem großen Schwemmfächer des Neckars, die anschließende Bergstraße, am Westrand des Odenwaldes verlaufend, erstreckt sich als schmaler Streifen (1 - 2 km) an der östlichen Randverwerfung des Oberrheingrabens in N-S-Richtung. Sie ist zum großen Teil von Löß bedeckt. Neben der geringen Höhenlage und der Westexposition macht die Jahresdurchschnittstemperatur von über 10°C das Gebiet zu einem Gunstraum der Landwirtschaft und zu einer der wärmsten Gegenden der Bundesrepublik. Im Osten schließt sich der Odenwald an. Er steigt über die Randschollen Heiligenberg und Gaisberg bis auf 564 m Höhe auf dem Königstuhl und auf 548 m auf dem Weißen Stein (knapp außerhalb der Gemarkung) an. Dabei sinkt die Jahresdurchschnittstemperatur auf rund 8°C ab.

Die Vegetation des Untersuchungsgebiets besteht im Bereich des Odenwaldes zum kleineren Teil aus Nadelwäldern, zum größeren Teil aus Laubmischwäldern des *Quercion roboris-petraeae Br.-Bl.32* und des *Fagion-sylvaticae Pawl.28* Verbandes mit den vorherrschenden Pflanzengesellschaften *Luzulo-Fagetum Meus.37* und *Luzulo-Quercetum petraeae Knapp 48 Oberd.50*, dominiert von *Fagus sylvatica, Quercus robur* und *Quercus petraea*:, (Buchen und Eichen) sowie verschiedenen Ahornarten (*Acer pseudo-*

platanus, A. platanoides, A. campestre), die am Westhang oft mit wärmeliebenden Arten wie *Castanea sativa*: (Eßkastanie), und *Liriodendron tulipifera* (Tulpenbaum) durchsetzt sind. In der Oberrheinebene herrschen Sonderkulturen vor, z. B. Gemüseanbau, Tabak, Sonnenblumen. Daneben wird hauptsächlich Sommergetreide angebaut. Die Bergstraße ist zum größten Teil mit Obstbäumen in kleinen Parzellen oder noch mit einzelnen Weingärten bedeckt.

Die Behandlung eines so komplexen Themas erforderte eingehende Überlegungen zur Auswahl der anzuwendenden Methodik. Dabei war ein klimatologischer Ansatz von vorneherein vorgegeben, denn innerhalb der Projektuntersuchungen wurden auf der Gemarkung über 30 Klimastationen aufgestellt und zur flächenhaften Komplettierung eine Reihe von Temperaturmeßfahrten durchgeführt. Als zweiter Ansatz wurde ein von Schnelle (1955) begründeter biologischer Ansatz aus der Phänologie gewählt, bei der die Beobachtung der Vegetationsentwicklung im Vordergrund steht. Als drittes Verfahren werden Invertzucker-Mitteltemperatur-Messungen nach Pallmann (1940) durchgeführt, wobei sowohl klimatologische als auch biologische Faktoren bei der Charakterisierung der Standortverhältnisse eingeschlossen und miteinander verbunden werden.

2 Untersuchungsmethoden: Grundlagen, Anwendungen, Ziele

2.1 Klimatologische Methoden

Um ein kontinuierliches Bild über die klimatischen Verhältnisse in Heidelberg zu erlangen, wurden an 32 verschiedenen Standorten auf der Gemarkung Klimastationen eingerichtet: im dichtbesiedelten Stadtkern, in städtischen Wohngebieten, im Stadtrandbereich, im Freiland sowohl in der Ebene als auch am Odenwaldrand aufsteigend bis auf 560 m Höhe auf dem Königstuhl. Diese erfassen im Halbstundentakt Temperatur, Feuchte und Winddaten. Zur möglichst flächendeckenden Ermittlung der Temperaturverhältnisse, der Temperaturverteilung auf der Gemarkung, v. a. der Verteilung der Wärmeinseln im urbanen Bereich, wurden zu verschiedenen Jahreszeiten bei unterschiedlichen Bedingungen Temperaturmeßfahrten mit 3 Meßkampagnen pro Meßtag durchgeführt.

2.2 Biologische Methode

Bei der biologischen Untersuchungsmethode wird mit der Aufnahme phänologischer Spektren die Vegetationsentwicklung auf der Gemarkung erfaßt. Dabei wird der Entwicklungszustand verschiedener Pflanzenarten, v. a. einheimischer Baum- und Straucharten, an jedem Untersuchungsstandort eingeschätzt und mit dem Entwicklungszustand derselben Arten an 10 verschiedenen Eichstandorten verglichen und danach eingestuft. Bei der Klassifizierung der Entwicklungszustände wurde auf eine von Ellenberg (1974) entwickelte Einteilung für die Blüten- und Blattentwicklung zurückgegriffen. Für die Frucht- bzw. Fruchtstandentwicklung sowie für die Laubverfärbung und den Laubfall wurde eine eigene Klassifizierung aufgestellt.

Diese Entwicklungsstufen wurden vor jeder Kartierfahrt für alle Arten, die an den ausgewählten Eichstandorten vorkommen, eingeschätzt und in eine Eichliste eingetragen. In der Tabelle 1 ist eine solche Eichliste reproduziert, die den Entwicklungszustand der verschiedenen Arten der Eichstandorte darstellt mit den für jede benutzte Art abgeschätzten Werten für Blüten- und Blattentwicklung.

Die Eichstandorte wurden entlang eines Höhengradienten vom Weißen Stein (548 m) das Mühltal abwärts mit einer Höhendifferenz von 100 m im höheren Bereich und geringerer Differenz in tieferen Lagen bis zum Botanischen Garten in der Ebene (110 m) festgelegt, wobei 3 Eichstandorte in der Ebene zu liegen kamen, um eine mögliche Differenzierung innerhalb des städtischen Bereichs und zwischen Stadt und Freiland der Ebene erfassen zu können. Es war bei der Auswahl auf maximal erreichbare Homogenität sowie einen großen Artenreichtum zu achten, damit bei den anschließenden Kartierfahrten viele gleichartige Pflanzen verglichen werden konnten. Neben den 10 Standorten der Eichstrecke wurden für die Vegetationsperiode 1989 über 100 Kartierstandorte nördlich des Neckars und für die Vegetationsperiode 1990 über 140 Standorte auf der Gesamtgemarkung für die Untersuchung ausgewählt. Die Dichte des Kartiernetzes reicht hierbei vom β-mikroskaligen Bereich v. a. im dicht besiedelten Innenstadtbereich bis zum γ-mesoskaligen Bereich (Weingärtner 1987) im homogenen Freiland der Ebene. In der Regel wurde während der Vegetationsperiode 1989 jeden 3. Tag eine Kartierfahrt durchgeführt. Bei 60 Kartierfahrten konnten somit über 6000 Kartierwerte für 102 Standorte ermittelt werden. In der Vegetationsperiode 1990 wurden mit einem erweiterten Netz von 143 Standorten bei 45 Kartierfahrten ebenfalls über 6000 phänologische Kartierwerte gewonnen.

2.3 Chemische Methode

Bei der chemischen Methode der Invertzucker-Mitteltemperatur-Messung nach Pallmann (1940), modifiziert nach Berthet (1960), werden die Temperaturverhältnisse am Standort untersucht. Dabei wird die temperaturabhängige Spaltung von Rohrzucker (Saccharose), ein optisch aktiver Zucker, der die Ebene polarisierten Lichts nach rechts dreht, in Invertzucker, ein Gemisch aus Fruchtzucker (Fructose) und Traubenzucker

Tabelle 1. Eichliste der phänologischen Untersuchung mit Einteilung der Entwicklungsstufen für Blüten (vor ()) und Blattentwicklung (in ()) und für Fruchtentwicklung und Fruchtreife (nach ())

EICHSTRECKE: Entwicklungszustand am 18.06.90 (169.Tag)

ART	WS		OJ		SH		HW		SQ		SW		TB		HH		NH		BG	
	b	f	b	f	b	f	b	f	b	f	b	f	b	f	b	f	b	f	b	f
Acer pl	.	.	.	.	.	.	.	.	.	.	.	.	9	5,	9	5,	9	6	9	6
Acer ps	8	3,	.	.	8,	3,	.	.	.	.	.	.	9	4	9	5	9	6	9	6
Aesc. h	.	.	.	.	.	.	.	.	.	.	.	.	8,	2,	9	2,	9	3,	9	3,
Alnus g	.	.	.	.	7,	3,	8	3,	8	3,	8	4	8,	4	.	.	.	.	8,	4,
Betu. p	8	.	8	.	8,	.	8,	.	8,	.	8,	.	8,	.	9	5	9	5,	9	5,
Carp. b	8	3,	.	.	8	3,	8,	4	8,	4,	8,	4,	9	4,	9	5,	.	.	9	5,
Cast. s	2	.	2,	.	2,	.	3	.	3	.	3,	.	4,	.	.	.	6,	.	7	.
Fagus s	8	3	8	3,	8,	3,	8,	3,	8,	4	8,	4	8,	4	8,	.	8,	4	9	4,
Frax. e	.	.	.	.	8	3,	.	.	.	.	9	4,	9	4,	.	.	9	5	9	5,
Jugl. r	.	.	.	.	.	.	.	.	.	.	.	.	8,	2,	9	3,	9	4	9	.
Larix d	8,	5,	8,	6,	8,	6	8,	6,	9	6,	9	7	9	7,	.	.	9	8	9	7,
Malus d	.	.	.	.	.	.	.	.	.	.	8,	2,	9	3	9	3	9	3,	9	4
Picea e	6,	4	6,	4	7	4,	7	4,	.	.	7,	5	7,	5	8	5,	8	5,	8	6
Pinus s	6	.	6	.	6	.	6	.	6,	.	7	.	7	.	.	.	8	.	8	.
Prun. a	.	.	8,	.	.	.	8,	6,	.	.	.	.	9	7	9	8	9	8,	9	8,
Pyrus c	.	.	.	.	.	.	.	.	.	.	8,	2,	9	2,	9	3	9	3	9	3,
Querc.r	8	.	8	.	8	3,	8,	3,	8,	4	8,	4	8,	4	8,	.	8,	4	9	4,
Samb. r	8,	3,	8,	4,	8,	5	.	.	8,	5,	9	6,	9	7,	.	.	.	.	9	8,
Sorb. a	8	3	8,	3,	8,	4	.	.	.	.	9	4,	.	.	.	.	9	5,	9	6,
Vacc. m	8,	6,	8,	7	8,	7,	8,	7,	8,	8	9	8,	9	8,	.	.	.	.	9	9

LEGENDE:
Eichpunkte - WS=Weisser Stein (548 m NN), OJ=Jagdhausweg (480 m NN), SH=Strangwasenhuette (400 m NN), HW=Hirschwiese (360 m NN), SQ=Strangwasenquelle (320 m NN), SW=Schmalzwasenweg (260 m NN), TB=Turnerbrunnen (220 m NN), HH=H'heimer Friedhof (150 m NN), NH=N'heimer Friedhof (111 m NN), BG=Botanischer Garten (110 m NN)
Entwicklungsstufen - b=Blueten od. Blaetter, f=Fruechte, ','=',5'-Werte(z.B. '8,'='8,5')

Blueten:		Blaetter: (n. ELLENBERG 1974)
Knospen in Winterruhe	0	Knospen in Winterruhe
Knospen schwellend	1	Knospen schwellend
Knospen stark geschwollen	2	Knospen stark geschwollen
Knospen kurz vor der Bluete	3	Knospen kurz vor der Entfaltung
beginnende Bluete	4	beginnende Blattentfaltung
bis 1/4 der Blueten offen	5	Blaetter < 1/4 der Endgroesse entw.
bis 1/2 der Blueten offen	6	Blaetter < 1/2 der Endgroesse entw.
Vollbluete	7	Blaetter < 3/4 der Endgroesse entw.
abbluehend	8	Blaetter fast voll entwickelt
voellig verblueht	9	Blaetter voll ausgebildet

Fruechte:		Fruchtstaende: (n. RIPPBERGER 1989)
erkennbar	1	<= 1/8 der Endgroesse
anwachsend	2	<= 1/4 " "
stark gewachsen	3	<= 1/2 " "
fast ausgewachsen	4	3/4 " "
ausgewachsen	5	volle Endgroesse
anreifend	6	beginnende Verfaerbung
fast reif	7	starke Verfaerbung
vollreif	8	Vollfaerbung
ueberreif	9	abfallend,anfaulend, verdorrend
verschwunden	10	abgefallen, verfault, verdorrt

(Glucose), das die Ebene polarisierten Lichts nach links dreht, polarimetrisch gemessen und eine mittlere einwirkende Temperatur berechnet. Bei der Auslegezeit der Proben wurde durch die Änderung des Säuregrades der Ausgangslösung variiert zwischen Langzeitproben, die fast über die gesamte Vegetationsperiode hinweg aushängen, und Kurzzeitproben, die mit sehr niedrigem pH und damit verbundener schnellerer Umsetzung nur wenige Wochen im Freiland exponiert werden.

Die ermittelte Invertzuckermitteltemperatur unterscheidet sich von der Mitteltem-peratur der Klimastationen dadurch, daß kein arithmetisches Mittel gebildet sondern ein Mittelwert errechnet wird, der immer höher liegt, als der vorgenannte, da hier aufgrund der RGT-Regel[1] hohe Temperaturen einen unverhältnismäßig stärkeren Einfluß nehmen als niedrige. Bei der Bewertung natürlicher biologischer Systeme, deren biochemischen Prozesse bei Wachstumserscheinungen ebenfalls nach der RGT-Regel ablaufen, ist dies jedoch nicht als Nachteil, sondern eher als Vorteil zu betrachten. Die Beobachtung der Wachstumserscheinungen der Pflanzen verschiedener Standorte und die Bewertung derselben, wie sie bei der Untersuchung phänologischer Spektren erfolgt, kann deshalb direkt mit den Invertzuckerergebnissen verglichen und noch untermauert werden. Weitere positive Aspekte bei der Anwendung dieser Methode sind die große Variabilität in der zeitlichen und räumlichen Anwendung (Ausbringung praktisch überall im Stadt- und Freilandbereich möglich) sowie die geringen Kosten im Gegensatz zu Klimastationen.

2.4 Standortfaktorenerhebung

In Vorbereitung der späteren Auswertungen und Analysen war es erforderlich, zahlreiche Standortfaktoren der Klimastationen, der phänologischen Untersuchungsstandorte und ebenso der Auslegungspunkte der Rohrzuckerlösungen zu erheben. Hier wurde besonders darauf geachtet, neben der Höhe, den topographischen Faktoren wie Exposition und Hangneigung und der Biotopstruktur auch urbane Faktoren mitzuberücksichtigen, d. h., v. a. Flächennutzungsparameter wie Baustruktur, Verkehrsintensität, Versiegelungsgrad u. a., um mögliche urbane Wuchsklimamodifikationen erkennen zu können. Für die Invertzuckerstandorte wurden bei der Biotopstruktur - Biotop, Bestandsbild, Alter - auch noch Unterwuchs, Stammbewuchs und relative Standortfeuchte miterfaßt. Jeder Standort wurde also mit einer Vielzahl von beschreibenden Parametern aufgenommen, die für die weitere Auswertung bei der Untersuchung der verschiedenen Einflußgrößen wichtig erschienen.

---

[1] Die RGT-Regel (= Reaktionsgeschwindigkeit-Temperatur-Regel) besagt, daß bei Erhöhung der Temperatur die Geschwindigkeit der Reaktion exponentiell ansteigt

3 Analyse

3.1 Auswertungsmethoden

Graphisch, deskriptiv
- klimatologisch -> Isothermenkarten, Rasterkarten
- biologisch -> Isophanenkarten (Entwicklungszustandskarten)
- chemisch -> Isothermenkarten (Standortwärmekarten)
- graphische Kombination der Ergebnisse mittels Rastervergleich

Statistisch und graphisch
- klimatologisch, biologische, chemische Ansätze + Standortfaktoren
  - -> Verlaufskurven, Verteilungsdiagramme
  - -> Korrelationsberechnungen mit allen eingehenden Variablen
  - -> Varianzanalysen, mono- und multifaktoriell
  - -> Regressionsanalysen

Neben der graphischen Darstellung der Ergebnisse der einzelnen Untersuchungen und deren Interpretation bietet sich eine statistische Auswertung aufgrund der vorliegenden Datenfülle und wegen der Vielzahl der eingehenden und zu bewertenden Variablen an und wird am Rechenzentrum der Universität Heidelberg mit dem Statistikprogrammpaket SAS durchgeführt.

3.2 Ergebnisse

In Anbetracht der Fortdauer der Untersuchungen kann auf Ergebnisse nur exemplarisch eingegangen werden. Es zeigt sich aber schon hier die Bedeutung der Anwendung von Methoden aus verschiedenen Bereichen, um das Bioklima in seiner Komplexität untersuchen und um die Vielzahl der Einflußgrößen differenzieren und beurteilen zu können.

Klimatologische Ergebnisse
- Isothermenkarten, Rasterkarten
- Temperaturverlauf, -minima, -maxima, mittelwerte ...

In Tabelle 1 sind die Temperaturverhältnisse vom 16.5.89 um 22 Uhr in Form einer Rasterkarte mit 100 m Seitenlänge der Gitter dargestellt. Sie resultiert aus der Interpolation der auf einen Zeitpunkt korrigierten Meßwerte im Maßstab 1 : 5000 und deren Umsetzung in Rasterwerte (Methodik nach Hupfer 1990).

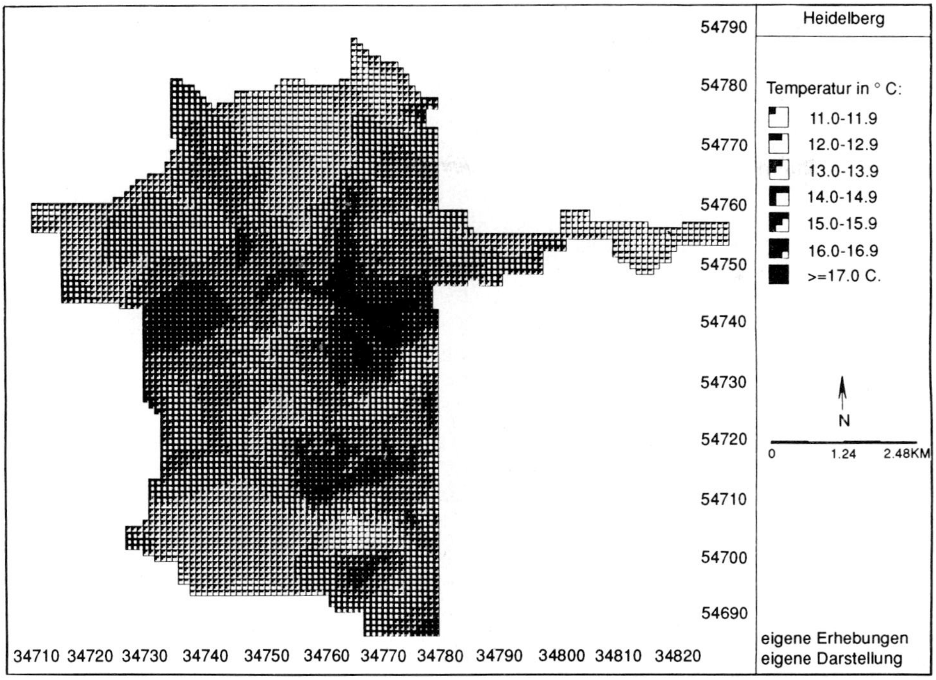

Abb. 3. Konfiguration der Wärmeinsel von Heidelberg am 15.5.89 um 22 Uhr

Die stark verstädterten Bereiche erscheinen in den dunkelsten Tönen, sie weisen die höchsten Temperaturen auf: Neuenheim, Weststadt, Bergheim, Pfaffengrund und Rohrbach. Es wird ein klarer Gradient deutlich vom *urbanen* Gebiet mit hohen Temperaturen zu *Freilandbereichen* mit sinkenden Temperaturen bei zunehmender Entfernung. Diese Tendenz zeigte sich auch bei anderen nächtlichen Meßfahrten, wobei es allerdings infolge stark entwickelter Lokalzirkulationen - insbesondere des Neckartalabwindes - zu erheblichen Verlagerungen der Wärmeinseln kommen kann.

Phänologische Ergebnisse

- Kartierverlaufskurven aller Untersuchungsstandorte
- Entwicklungszustandskarten - Jahresmittel, Mittelwerte bestimmter Phasen oder bestimmter Tage
- Vegetationsentwicklungsgang der Eichlistenarten

Die Abb. 3 gibt einen Überblick über die relative Entwicklung der Vegetation auf der Gemarkung wiederum als Rasterkarte, die aus der Interpolation der Kartierprozentwerte der Vegetationsperiode 1989 hervorging, umgesetzt in Rasterwerte (Gitter mit 100 m Seitenlänge).

Auch bei dieser Rasterdarstellung (Abb. 4) kann man den urban beeinflußten Bereich der Gemarkung klar abgrenzen; er weist mit den dunkelsten Tönen die höchsten relativen Entwicklungsstufen der Vegetation auf, wobei der innerstädtische Bereich mit einer feineren Klassenwahl noch stärker differenziert werden könnte. Mit zunehmender

Entfernung zur Stadt verringern sich die Kartierwerte, d. h. gegenüber der Stadt verzögert sich die Vegetationsentwicklung des Freilands der Ebene. Im Unterschied zur Rasterkarte der Temperaturmeßfahrt ist in dieser Darstellung auch der Odenwaldanstieg bis auf eine Höhe von 540 m miteinbezogen, wobei sowohl die Täler als auch die Höhenlagen des Odenwaldes klar abgegrenzt werden können. Hierdurch lassen sich N--S- sowie O-W-Täler miteinander vergleichen, was v. a. für die verschieden exponierten Hänge gilt. Des weiteren wird das unterschiedliche Maß der Urbanität deutlich, wenn man die Westhälfte der Karte mit den urbanen Bereichen der Ebene mit der Osthälfte im Bereich von Peterstal und Ziegelhausen und deren Beeinflußung der Umgebung vergleicht. Die Variationsbreite der phänologischen Prozentwerte liegen zwischen 20 im Bereich urbaner Landnutzungen, 30 bei der Exposition und 100 (106 bis 550 m) in der Höhe.

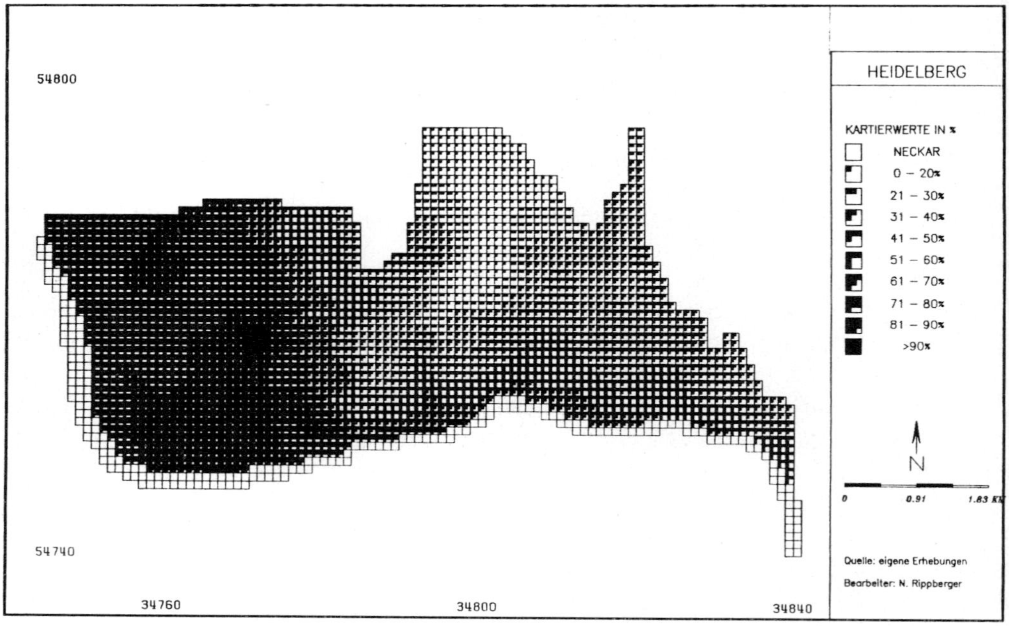

Abb. 4. Relative Entwicklung der Vegetation in der Vegetationsperiode 1989. Die Prozentwerte gehen aus den gemittelten Kartierwerten hervor, wobei der höchste Mittelwert als 100 % und der niedrigste Mittelwert als 0 % angenommen und die übrigen Kartiermittel danach umgerechnet wurden

Invertzuckerergebnisse

- Standortwärmekarten von 3 Kurzzeituntersuchungen und 1 Langzeituntersuchung über 5 Monate hinweg

Eine weitere graphische Darstellungsform ist aus Abb. 5 ersichtlich, die die Standortwärmeverhältnisse darstellt, wie sie sich aus der Auswertung der Saccharoseinversionsuntersuchungen ergeben. Die Darstellung zeigt eine Isolinienkarte der Inversionsraten in Prozent (minimale Inversion = 0, maximale Inversionsrate = 100 %) geteilt durch 10.

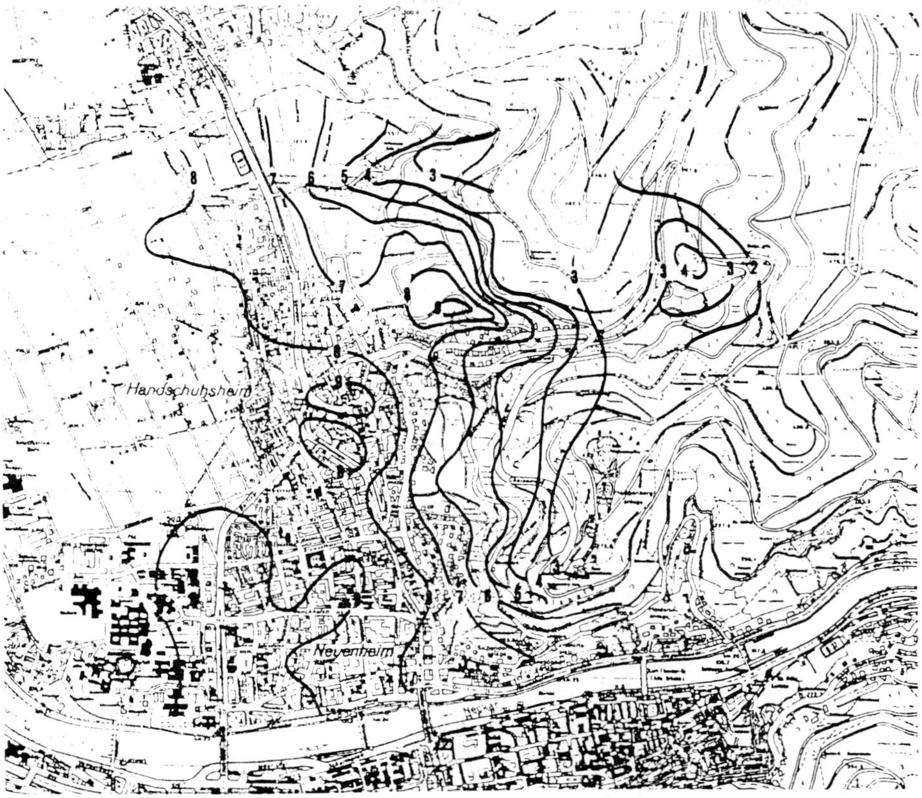

Abb. 5. Isolinien der prozentualen Saccharoseinversion der Langzeitproben 1990

Neben der Rasterdarstellung kann auch mit der Darstellung von Isolinien eine Differenzierung vorgenommen werden, wie sie oben bei den Temperaturmeßfahrten und der phänologischen Karte durchgeführt wurde, die noch genauer ausfällt als mit Rasterkarten. Der Vorteil der Rasterkarten liegt jedoch darin, daß sie ein Informationssystem repräsentieren, das mathematisch-statistischen Auswertungen zugänglich wird, während Isolinienkarten nur graphische Vergleiche erlauben.

Statistische Auswertungen
- Korrelationskoeffizienten Höhe, Exposition, Hangneigung zu Kartierwerten
- Varianzanalysen ...

Die differenziertere Auswertung aller Ergebnisse der verschiedenen Ansätze mit der Berechnung und Bewertung aller eingehenden Variablen wird im Herbst und Winter 1990 erfolgen, wenn auch die letzten Ergebnisse der phänologischen Untersuchungen der Vegetationsperiode 1990 vorliegen.

4 Ziele

4.1 Modellbildung

Anhand der verschiedenen Analyseverfahren und der Gewichtung der eingehenden Faktoren soll schließlich ein Modell entwickelt werden, das die Zusammenhänge als solche und die Größe der Zusammenhänge (Faktorenhierarchie) der verschiedenen Variablen für das Bezugsgebiet der Gemarkung Heidelberg zeigt und das auch Auswirkungen bei Veränderung bestimmter eingehender Variablen darstellen kann. In dieses Modell fließen also alle Ergebnisse und Abhängigkeitsberechnungen mit ein, der Einfluß der topographischen Faktoren, der Biotopstruktur und der urbanen Faktoren. Dadurch soll die Möglichkeit geschaffen werden, den menschlichen Einfluß auf seine Umgebung zu erkennen und die Auswirkungen zu sehen, die bei Veränderungen dieses Einflußes entstehen. Als Beispiel sei hier nur die Bebauung ehemals offener Landschaften angeführt, deren Auswirkungen mit einem solchen Modell abgeschätzt werden sollen.

4.2 Wuchsklimakarte

Als Synthese aller vorherigen Auswertungen und Modellbildungen soll eine komplexe Karte entstehen, die als bioklimatische Karte oder Wuchsklimakarte von Heidelberg bezeichnet werden kann. Anhand dieser Karte soll schließlich eineBewertung und Einteilung der Gemarkung in bioklimatische Gunst- und Ungunstgebiete möglich sein sowohl für die städtischen Bereiche als auch das Freiland in der Ebene sowie für die Waldgebiete des Odenwaldes (vgl. Schreiber 1985: Wuchsklimakarte des Ruhrgebiets). Mit Hilfe der Eichlisten, auf denen die Entwicklung vieler verschiedener Arten für jede einzelne Kartierfahrt festgehalten ist, kann ein 'Phänologischer Kalender' aufgestellt werden, der die Wachstumsvorgänge, z. B. Knospenaufbrechen, Blattaus-trieb, Blüte, Fruchtentwicklung und Fruchtreife, die Unterschiede in der Entwicklung von rund 50 verschiedenen Arten anhand der Beobachtungen derselben über 2 volle Vegetationsperioden hinweg darstellt.

5 Bedeutung für die Humanökologie

Die hier vorgestellten Untersuchungsmethoden und Analysen zur Erfassung des Bioklimas der Gemarkung Heidelberg sollen ein Beitrag sein zur Erweiterung des Erkenntnisstandes über ökologische Bedingungen im Lebensbereich des Menschen, sowohl im Stadtbereich als auch im unmittelbaren Erholungsbereich. Eine solche Kombination von Untersuchungsmethoden aus verschiedenen Sparten der Naturwissenschaften stellt einen möglichen Weg zur Verbesserung der Aussagefähigkeit über ein so komplexes Thema wie das Bioklima dar. Die Aussagefähigkeit beschränkt sich deshalb nicht auf die reine Vegetationsentwicklung auf der Gemarkung, sondern es ist darüber hinaus möglich, auch den menschlichen Einfluß auf diese Entwicklungen zu erkennen und zu quantifizieren. Die direkte oder indirekte Rückwirkung auf die unmittelbare Umgebung des Menschen oder ihn selbst wird hierbei ebenfalls einbezogen. Deshalb erscheint den Autoren die Verbindung zur Humanökologie wichtig, denn diese versucht, die Wechselbeziehungen zwischen den Menschen und der sie umgebenden Außenwelt zu betrachten. Diese Wechselbeziehungen werden hier untersucht, wobei über die Entwicklung der Vegetation und über Klimauntersuchungen Ergebnisse gewonnen werden, die schließlich auch den menschlichen Einfluß auf diese Vorgänge aufzeigen und deutlich werden lassen, z. B. wenn man die urbane Modifikation des Klimas betrachtet. Diese Arbeit soll auch Hilfestellung geben bei der Entwicklung einer Konzeption zu einer ökologisch orientierten Flächennutzung in Verdichtungsräumen und ihrem Umland, wie sie von Kaule (1978) schon gefordert wurde. Die Rückwirkung auf den Menschen (vgl. Karrasch 1990) kann dann Gegenstand weitergehender Untersuchungen sein.

Literaturverzeichnis

Berthet P (1960) La mesure ecologique de la temperature par determination vitesse d'inversion du Saccharose. Vegetatio 9

Ellenberg H, Ellenberg C, Kohlmeyer M, Zeller O. (1956) Wuchsklimakarte von Südwestdeutschland 1 : 200000, nördlicher und südlicher Teil. Stuttgart

Ellenberg H, Ellenberg C (1974) Wuchsklima-Gliederung von Hessen 1 : 200000 auf pflanzenphänologischer Grundlage. Hess. Minister für Landwirtschaft und Umwelt (Hrsg), Wiesbaden

Hupfer P (1990) Rasterkarten mit SAS. Heidelberger Geographische Bausteine, 8

Karrasch H (1986) Trends der urbanen Modifikation des Klimas. Heidelberger Geowissenschaftliche Abhandlungen 6: 205 - 220

Karrasch H (1990) Wetter und Klima, ihr Einfluß auf Krankheit und Tod. Geograficky casopis 42

Kaule G (1978) Konzept einer ökologisch differenzierten Flächennutzung in Verdichtungsgebieten und ihrem Umland. Schriftenreihe des Deutschen Rates für Landespflege 30

Pallmann H, Eichenberger E, Hasler A (1940) Eine neue Methode der Temperatur-messung bei ökologischen oder bodenkundlichen Untersuchungen. Berichte der Schweizerischen Botanischen Gesellschaft, Bd 50, S 337 - 362

Schreiber K-F (1985) Wuchsklimakarte des Ruhrgebietes und angrenzender Bereiche. Arbeitshefte Ruhrgebiet, Kommunalverband Ruhrgebiet (Hrsg)

Schnelle F (1955) Pflanzen-Phänologie. Probleme der Bioklimatologie, Bd. 3 Leipzig

Weingärtner H (1987) Zur Bestimmung einer charakteristischen Zeitskala im Macro- und Mesoscale. Meteorolog. Rundschau 40: 1 - 6

Der Sprung vom Elfenbeinturm: Das Gülleproblem im Landkreis Vechta Kulturökologische Handlungsspielräume zur Ökologisierung

Parto Teherani-Krönner
Ahoernstr. 32, D-1000 Berlin 41, Deutschland

Abstract

Mutual interaction between ecological, socioeconomic and sociocultural processes leading to environmental damage is shown, bades upon an empirical case study of ground water pollution and slurry (liquid manure) regulation in Vechta, Lower Saxony.

Explanatory models and analysis of environmental problems caused by mankind are not alone to be found in the natural science fields dor solely in research into ecological cycles. The sociocultural dimensions of human action must be taken into account in order to understand how the problems have come about, how the problems are perceived, and how feasible, ecologically sound changes can be initiated. On the basis of human and cultural ecological approaches within the social sciences, a methological concept to ascertain the cultural ecological frame of action is presented.

1 Der ökologische Kreislauf ist gestört!

Neben den bekannten und heftig diskutierten Uberschüssen in der Agrarwirtschaft treten infolge der regionalen Konzentration von Tierbeständen im norddeutschen Raum Gülleüberschüsse auf, die zu erheblichen Umweltbelastungen führen.

Gülle ist ein Gemisch aus Kot- und Harnausscheidungen von Tieren, das bei der modernen Aufstallung der "Veredelungswirtschaft " als Nebenprodukt anfällt. Die in der Gülle enthaltenen Stickstoffverbindungen sind ein kostbarer Nährstoff für das Pflanzenwachstum, aber das von den Pflanzen nicht aufgenommene Nitrat wird, insbesondere auf leichten und sorptionsschwachen Böden, in der Periode der Grundwasserneubildung über das Sickerwasser ins Grundwasser ausgewaschen, das als Quelle der Trinkwasserversorgung der Bevölkerung dient.

In Vechta wurde der jährliche Mischfutterbedarf in den 80er Jahren auf 1 Mio t geschätzt, das im Kreisgebiet selbst erzeugte Futter erreicht kaum 10%. Nach dem Export der gemästeten Tiere bleibt die Gülle im Kreisgebiet zurück und führt zur Überdüngung der Flächen. Es ist mit einem Gülleüberschuß von 1 - 2 Mio m^3 im Jahr zu rechnen, auch wenn die Flächen im Kreisgebiet mit 2 - 3 Dungeinheiten pro Hektar versorgt werden (1 Dungeinheit = DE entspricht einem Stickstoffaufkommen von 80 kg).

2 Geld stinkt nicht!

Die "Veredelungswirtschaft" kann in diesem Raum auf eine lange Tradition zurückblicken. In der Gegend des Dümmers existierten bereits zur Jahrhundertwende Betriebe mit einer Anzahl von 1000 Schweinen, die andernorts undenkbar gewesen wären (Windhorst 1975).

Auf den sandigen, unfruchtbaren Geestböden im Landkreis Vechta konnten früher nur geringe Ernteerträge erwirtschaftet werden. Erst mit dem Anschluß an das Eisenbahnnetz und dem Import von Futtermitteln gelang es, die Tierhaltung auszubauen und die landwirtschaftliche Produktion zu steigern, die auch flächenschwachen Betrieben ein relativ hohes Einkommen ermöglichte.

Die ersten Ansätze zur Schweinemast werden dem Heuerlingswesen und der Arbeit von Frauen zugeschrieben, die fast keine eigenen landwirtschaftlichen Flächen zur Verfügung hatten. Die bis heute auffällig hohe Geburtenrate in diesem Kreis zwang zur Auswanderung oder der Übernahme von saisonaler Arbeit in Holland. Die zurückgebliebenen Frauen sahen in der Schweinemast einen Ausweg aus ihrer Not.

" Bemerkenswert ist, daß die Veredelungswirtschaft ihren Ursprung in der unterbäuerlichen Schicht (Heuerlinge) hat, denn diese hatten vordem in besonders ärmlichen Verhältnissen leben müssen. Als die Bauern jedoch erkannten, daß sich durch die Mast Bargeld erwerben ließ, griffen sie die Neuerung sehr schnell auf" (Windhorst 1984: 11).

Die Schweinemast, die zunächst Frauenarbeit war, wurde später auch von Großbauern als lukratives Geschäft erkannt. Bis heute wird von Schweinemästern selbst das Sozialprestige von Großviehbesitzern höher als das eigene eingestuft (Interview mit Kreislandwirt von Vechta und Landwirten aus Borken). Rinder bzw. Großviehbestände, die vor einer ganzjährigen Stallhaltung mehr Weideflächen erforderten, waren im Besitz der wohlhabenden Bauern mit mehr landwirtschaftlichen Flächen und höherem Sozialprestige; mit der Schweinemast gaben sie sich nicht ab. Da sich jedoch auch mit stinkenden Schweinen Geld machen ließ, wurde zumindest in einigen Regionen und Kulturräumen ein gesellschaftliches Tabu gegenüber der Schweinemast unter der landwirtschaftlich tätigen Bevölkerung überwunden, wenn auch nicht völlig gebrochen. In Vechta jedenfalls muß eine solche Überwindung den Landwirten - auch aufgrund des ökonomischen Drucks - leichter gefallen sein, als z. B. den Großbauern im Artland, der Nachbarregion, die bis heute kaum Schweinemast betreiben.

3 Wohin mit den Gülleüberschüssen aus Vechta?

Mit dem Gülleerlaß von 1983 wurden mengenmäßige und zeitliche Empfehlungen zur Gülleaufbringung (3 DE/ha Vermeidung der Düngung in den Wintermonaten) an die Kreisverwaltungen weitergeleitet. Landwirte haben die sinnlich wahrnehmbaren zeitlichen Vorgaben des Erlasses weitgehend berücksichtigt, die mengenmäßige Gülleaufbringung blieb aber eher im Dunkeln. Mit dem Aufbau eines Güllekatasters im Landkreis Vechta ist es theoretisch möglich, auch mengenmäßige Normen des Gülleerlasses (seit 1990 gibt es auch eine Gülleverordnung in Niedersachsen) zu überprüfen.

Dies hat den Handlungsdruck erhöht, eine Güllegenossenschaft nach holländischem Modell zu errichten und den Transport von Gülleüberschuß in die Nachbarregionen zu organisieren und finanziell zu unterstützen.

Doch der Export von Gülle in die Umgebung macht Schwierigkeiten. Nachbarkreise haben sich gegen die Gülleabnahme aus Südoldenburg (Vechta und Cloppenburg) solidarisiert. Sogar die landwirtschaftichen Organisationen, die ansonsten geschlossen auftreten, rufen in den Nachbarkreisen zum Boykott der Gülleabnahme aus Vechta auf. Der Landkreis Diepholz z.B verweigerte die Erteilung von Baugenehmigungen zur Errichtung von Güllelagerbehältern; obgleich die Landwirtschaftskammer 31 Standorte als geeignet ausgewiesen hatte. Die Gülle aus Vechta will keiner haben, obwohl Vetter, Vorsitzender der VDLUFA (Verein landwirtschaftlicher Untersuchungs- und Forschungsanstalten in Oldenburg) sie als "Gold" anpreist.

4 Die konfessionelle Abgrenzung kommt zum Tragen

Zum Verstehen der agrarwirtschaftlichen Prozesse in Vechta, die zu ökologischen Belastungen in diesem Raum geführt haben, ist die Berücksichtigung soziokultureller Zusammenhänge mindestens genauso wichtig wie die naturräumlichen Gegebenheiten dieser Region, z. B. der sandige, relativ unfruchtbare Boden. Dies zu erwähnen scheint wichtig, da die kulturelle Abgrenzung dieser katholischen Diaspora sowohl in ökonomischer als auch in politischer Hinsicht die historische Entwicklung und Sonderstellung dieses Kreises in den vergangenen Dekaden begleitet hat. Autonomiebestrebungen des Oldenburger Münsterlands machen sich - nun wo es um die Solidarität mit Landwirten aus Vechta geht - auch bei der Implementation des Gülleerlasses und Bemühungen zur Gülleumverteilung in die Nachbargemeinden bemerkbar.

Die relativ abgeschottete historische Entwicklung des Oldenburger Münsterlands (Vechta und Cloppenburg) als katholische Diaspora in einem protestantischen Umland, hat zu einer starken Distanzierung zu den Nachbarn geführt. Noch in den 70er Jahren votierte ein Großteil der Bevölkerung in Vechta für einen Freistaat Oldenburg. Im Alltag, in den Kommunikationsbeziehungen, den Einkaufsgewohnheiten und der Präferenz für die lokale Presse sind alte traditionelle Identitäten und Abgrenzungen lebendig.

Aus meiner Feldforschung in diesem Raum habe ich erfahren, daß es einer Beleidigung gleichkommt, einen Diepholzer mit einem Vechtaer gleichzusetzen. Auf Stichworte wie Vechta und Gülle bleibt ein Naserümpfen kaum aus.

5 Kulturökologische Handlungsspielräume

Nicht einzelne Faktoren: hohe Geburtenrate, sandiger Boden, billige Futtermittelimporte, Konzentration auf intensive Tierhaltung und konfessionelle Abgrenzung zu den Nachbarregionen, sondern deren Zusammenspiel haben das besondere Profil des Landkreises Vechta und das Handeln der Bevölkerung in diesem Kulturraum geprägt. Auf

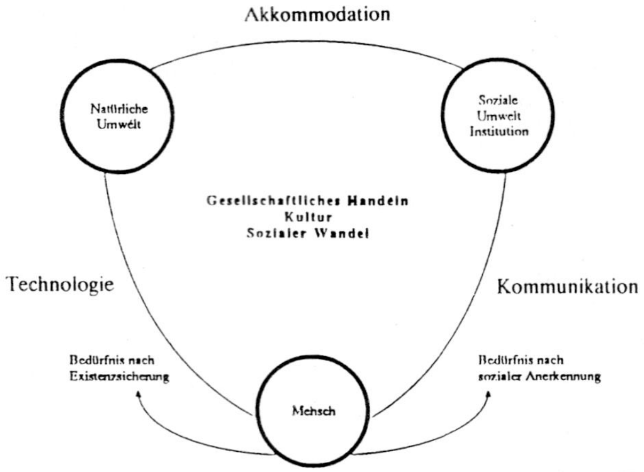

Abb. 1. Das kulturökologische Handlungsmodell. (Vgl . auch Teherani-Krönner 1989a, S. 198)

der Grundlage eines kulturökologischen Handlungsmodells (vgl. Abb. 1), das in Anlehnung an human- und kulturökologische Ansätze entwickelt wurde, können 3 Erfahrungsbereiche gesellschaftlichen Handelns unterschieden werden:

I *Beziehung zwischen Mensch und Naturraum:*
naturräumliche Ressourcen und Engpässe
technologische Entwickung
instrumentales Handeln [1]

II *Sozialstruktur:*
gesellschaftliche Organisation und
Arbeitsteilung
Machtstrukturen und Kooperation
akkommodatives Handeln

---

[1] Habermas (1979, S. 62 f. und 1981) unterscheidet zwischen instrumentalem und kommunikativem Handeln; diese Handlungsbegriffe berücksichtigen nicht die Reziprozität von Natur und Kultur. Als Ergänzung zur üblichen Handlungstypologie habe ich das "akkommodative Handeln" als ökologisch relevante Dimension des Handelns aufgenommen (Teherani-Krönner 1990).

III *Handlungsebene:*
Interaktion und Kommunikation
Normen, Werte und Tabus
kommunikatives Handeln

Für konkrete empirische Untersuchungen sind zu den jeweiligen Erfahrungsbereichen zum einen Ressourcen und Potentiale, zum anderen limitierende Faktoren bzw. Barrieren und Restriktionen eines Kulturraums auszuarbeiten. Damit sollen Grenzen aber auch mögliche Optionen für Wandlungsprozesse erkennbar werden. Denkar ist, daß Entwicklungsmöglichkeiten eines Naturraums aufgrund der Betrachtung vorhandener Ressourcen (I) zunächst als sehr weitreichend eingeschätzt werden, dann jedoch unter Berücksichtigung lokaler Gesellschafts- und Machtstrukturen (II) z. T. eingegrenzt werden und sich trichterförmig auf die real vorhandenen Hadlungsspiel-räume verengen (III). Zur Einschätzung von Ökologisierungsprozessen ergibt sich damit ein Modell sukzessiver Eingrenzungen, wenn neben den naturräumlichen Gegebenheiten und der Sozialstruktur einer Region bisherige Gewohnheiten und Erfahrungen der Menschen in ihren Aktionsräumen hinzugezogen werden. Zum Verstehen des gesellschaftlichen Handelns ist auf alle 3 Erfahrungsbereiche, insbesonder aber auch auf die Alltagswelt und auf die Problemperzeption unter Berücksichtigung von Werten, Normen und Tabus einzugehen.

Erfahrungsbereiche Handlungsspielräume

I Möglichkeiten und Spielräume
naturräumlicher Gegebenheiten

II Optionen und Spielräume
der Arbeits- und Sozialstruktur

III Real mögliche Handlungsspielräume
aufgrund der Untersuchung der
Kommunikations- und Handlungsebene

Dieses Modell einer trichterförmigen Zuspitzung der Handlungsspielräume stellt die humanökologische Pyramide von Park (1936) vom Kopf auf den Fuß. Es dient der methodischen Anleitung zur Durchführung empirischer Untersuchungen (vgl. auch das Untersuchungsraster in Tabelle 1).

Tabelle 1. Humanökologische Untersuchungsmatrix. (Aus Teherani-Krönner 1989a, S. 207)

I. Mensch und Naturraum	II. Sozialstruktur und Arbeitsteilung	III. Kommunikations- und Handlungsebene		
Vorhandene natürliche Ressourcen - Produktionstechniken - Know-how - instrumentales Handeln	Konvergierende Momente - ges. Gruppierungen - horizontale Strukturen - Kooperationen - unterschiedliche Einkommensquellen der gesellschaftlichen Gruppierungen: Mann/Frau - autochthone SHO	Gemeinsamkeiten - gem. Symbolebene: Werte und Normen - vorhandene Erfahrungen - Routinehandeln - gegenseitige Verantwortungen - Vertrauen, Hoffnungen - Sozialisation - gemeinsame Wünsche	a konvergierend	A Aufnahme der Gegebenheiten (vor Ort)
Limitierende Faktoren - Restriktionen und Engpässe des Naturraumes, knappe Ressourcen - Bevölkerungsdichte - Abwanderung	Divergierende Momente - ges. Diskrepanzen Hierarchien, Machtstrukturen - Arbeitsteilung unter den ges. Gruppen - ethnische und religiöse Differenzen - Arbeitsteilung zwischen Mann und Frau	Konflikte u. Widersprüche - Kampf: offen und verdeckt - ungleiche Symbolsyst. - ges. Diskriminierung - Tabus - abweichendes Verhalten - Ängste, Apathie, Widerstand - geringe Selbstsicherheit, Entfremdung	b divergierend	
- bisherige Veränderung der natürlichen Umwelt und Ökologie - Bevölkerungsdichte - Abwanderung	- Wandel in den Institutionen und Organisationen - Änderung in der Situation der Frau, der Älteren und Kinder	Veränderung in - den Werten und Normen - Routinehandeln - Verunsicherung - fehlendes Selbstvertrauen	a bisheriger Wandel	B Wandel
- zu erwartende Veränderung des Naturraums (Trendextrapolationen)	- Konsequenzen auf die Sozialstrukturen o ges. Disparitäten o Verschlechterungen u. o Verbesserungen	- Veränderungen im Hand. - aktives oder reaktives Handelnd d. Bevölkerung - Gruppenspezifisch Frauen und Männer	b zu erwart. Konsequenz	
- Umweltbedingte Spielräume - mögliche Bereiche für Veränderungen - Nutzung der natürlichen Ressourcen	- Spielräume der Institutionen - Anknüpfungsmöglichkeiten an vorhandene Organisationen - Strukturen der SHOs	- Handlungsspielräume unter Beachtung von Normen, Werten und Tabus - Bestehende Erfahrungen instrum., kommunik., kooperativen Handelns	a Spielräume	C Handlungsspielräume
- mögliche Impulse und Inputs an Techniken und Know-how	- Organisatorische Veränderungen/Anknüpfung an bestehende - Erweiterung bestimmter Institutionen oder neue Institutionen	- Mögliche Impulse durch Anknüpfen an vorhandene Erfahrungen	b mögliche Impulse	
- Folgewirkungen auf Gestaltung des Lebensraums, Ökologie	- Folgewirkungen auf die Sozialstruktur - Prüfung der neuen Institutionen auf Funktionsäquivalenz - Konsequenzen für ges. Gruppen, Frau u. Mann	Folgewirkungen der Veränderungen auf - Kompatibilität - Konsequenz auf das Verhalten der Menschen/Gruppen - Untersch. f. Frau/Mann	c Folgewirkungen	
Erhaltung der natürlichen Ressourcen, ökologisches Gleichgewicht	- Förderung der Komplementarität, Kooperation möglichst herrschaftsfreie Kommunikation	- Abbau von Unterdrückung		D Prinzipien

SHO = Selbsthilfeorganisation

Insgesamt ist der Handlungsspielraum für Ökologisierungspozesse in dieser Region, die sich auf die intensive Tierhaltung spezialisiert hat, als gering einzuschätzen. Der Handlungsdruck kam dann auch eher von außen, durch den Gülleerlaß aber auch durch die Kritik an den Tierhaltungspraktiken in diesem Kreis in Presse und Medien. Vechta wurde als Gülleland durch Filme wie: "...und ewig stinken die Felder" mit Arbeiten von Eimler und Kleinschmitt: "Wer hat das Schwein zur Sau gemacht" und "Tierische Geschäfte" bekannt.

Über Hindernisse und Barrieren zu einer ökologisch verträglichen Agrarproduktion in diesem Raum können viele Punkte aus den Bereichen I und II zusammengetragen werden. An dieser Stelle möchte ich aber auf einen nicht unwichtigen "positiven" Anknüpfungspunkt zur Gülleregulierung in Vechta verweisen. Es geht um den entscheidenden Handungsspielraum auf der Erfahrungsebene III.

6 Kulturelle Normen im Umgang mit Fäkalien Die Symbolik von "Gülle" und "Wasser"

Trotz des schwachen Vollzugsinstrumentariums eines Gülleerlasses in Niedersachsen wurden die zeitlichen Vorgaben weitgehend eingehalten, obwohl dies mit erheblichem Kostenaufwand zur Errichtung von Speicherkapazitäten für die landwirtschaftlichen Betriebe verbunden war. Hierfür gab es auch Zuschüsse (bis zu 25%) von seiten der Landesregierung. Dennoch waren mindestens die restlichen 75% der Kosten von den Betrieben selbst zu tragen.

Zu beachten ist, daß seit den 70er Jahren in diesem Raum bereits ein Gülleausbringungsverbot gegen Geruchsbelästigung an Sonn- und Feiertagen durch eine "Gülleverordnung" fest etabliert war. Diese Bestimmung richtete sich nur gegen die Geruchsbelästigung an symbolisch wichtigen Wochentagen und Zeiten, ökologische Kriterien der Belastung von Wasser, Luft und Boden spielten dabei keine Rolle. Diese Reglementierung wurde von seiten der Landwirte ohne Protest akzeptiert, da der Gestank der Gülle offensichtlich als unverträglich mit der kulturellen Wertschätzung von Feiertagen angenommen wurde. An eine solche Erfahrung in diesem besonders betroffenen Landkreis konnte der Gülleerlaß (1983) von Niedersachsen zur Durchsetzung zeitlicher Vorgaben im Umgang mit Stallabfällen anknüpfen. Der Gülleerlaß wurde dann mit dem Schutz des Grundwassers vor Nitrateintrag begründet. Bei einer Mengenbegrenzung auf 3 DE bzw. 2,5 DE/ha seit 1990 auf leicht durchlässigen Böden ist ein positiver Effekt zum Grundwasserschutz mehr als fraglich (SRU 1985). Die Gülleregulierung ist somit eher Symbolpolitik als substantielle Agrarumweltpolitik.

Auf kommunaler Ebene jedoch wurde der Gülleerlaß teilweise ernster genommen als er von seiten der Landesregierung gemeint war (Teherani-Krönner 1989b). Aus der rechtlichen Norm der zeitlichen Ausbringungsbeschränkung ist unter dem Druck der Öffentlichkeit eine soziale Norm im Umgang mit Stallabfällen geworden (vgl. auch Corbin,1984, zur Geschichte des Geruchs). Von der Einhaltung der beobachtbaren - sinnlich wahrnehmbaren, zeitlichen Beschränkungen zur Gülleausbringung ist auch das gesellschaftliche Ansehen von Landwirten abhängig.

Im Umgang mit ökologischen Belastungen kommt es auch auf die Problemperzeption und normative Bewertung an (Douglas 1966). Dies wird gerade bei der Regulierung tierischer Fäkalien und der Einschätzung der Gefahr für die Grundwasserqualität und Gesundheit deutlich. Es ist auffällig, daß bisher in der Bundesrepublik zwar der Umgang mit Gülle nicht aber die mineralische Stickstoffanwendung einer Regulierung zugeführt wurde, obgleich auch diese Düngung aus ökologischer Sicht als Emission steigender Nitratwerte im Grundwasser zu identifizieren ist. Die kulturelle Symbolik von "Gülle" und "Wasser" mit all den Assoziationen, die damit geweckt werden, haben den gesamten Diskurs über Nitratbelastung des Grund- und Trinkwassers in der Bundesrepublik geprägt.

Literaturverzeichnis

Corbin A (1984) Pesthauch und Blütenduft. Eine Geschichte des Geruchs. Wagenbach, Berlin

Der niedersächsische Minister für Ernährung, Landwirtschaft und Forsten (1983) (Runderlaß v. 13.4. 1983) Maßnahmen gegen die Überdüngung mit Gülle und Geflügelkot. Hannover

Douglas M 1966: Purity and Danger. An analysis of concepts of pollution and taboo, Routledge & Kegan Paul, London Henley

Eimler W-M, Kleinschmidt N (1987) Tierische Geschäfte, barbarische Methoden im Fleich- und Eierland. München

Glaeser B (Hrsg) (1989) Humanökologie. Grundlagen präventiver Umweltpolitik. Westdeutscher Verlag, Opladen

Habermas J (1979) Technik und Wissenschaft als "Ideologie". Suhrkam, Frankfurt/M

Habermas J (1981) Theorie des kommunikativen Handelns 2 Bde., Suhrkamp, Frankfurt/M

Kleinschmidt N, Eimler W-M (1984) Wer hat das Schwein zur Sau gemacht? Mafia-Methoden in der deutschen Landwirtschaft. Knaur: München

Kuropka Joachim (1982) Zur historischen Identität des Oldenburger Münsterlandes. Aschendorff: Münster

NVN (Naturschutzverband Niedersachsen) und BSH (Biologische Schutzgemeinschaft Hunte Weser-Ems (Hrsg) (1984) Gülle - Mais - Bodenfruchtbarkeit. Wissenschaft-liche Inforamtionstagung 12. 1983, Universität Osnabrück, Abteilung Vechta, Wardenburg

Park RE (1936, 1952) Human Ecology. S 145-158

Park RE (1952) Human Communities. The City and Human Ecology. Free Press, Glencoe/Illinois

Pellenwessel A (1981) Sozialgeographische Aspekte des Heiratsverhaltens der Bevölkerung im Kreis Vechta. Abschlußarbeit, Universität Osnabrück, Abteilung Vechta

SRU (Der Rat von Sachverständigen für Umweltfragen) (1985) Umweltporbleme der Landwirtschaft. Kohlhammer, Stuttgart Mainz

Steward JH (1955, 1972) Theory of culture change. The methodology of multilinear evolution. Illinois Press, Urbana Chicago London

Teherani-Krönner P (1988) Nitratpolitik vor Ort. Wohin mit den Gülleüberschüssen aus Vechta? Wissenschaftszentrum Berlin für Sozialforschung (WZB) FS II 88-305, Berlin

Teherani-Krönner P (1989 a) Humanökologisch orientierte Entwicklungsprojekte. In: Glaeser B (Hrsg), S 181-208

Teherani-Krönner Parto (1989 b) Nitratpolitik im Landkreis Osnabrück. So ernst war der Gülleerlaß nicht gemeint! WZB, Berlin

Teherani-Krönner P (1990) Human- und kulturökologiche Ansätze zur Umweltforschung. Ein Beitrag zur Umweltsoziologie - mit einer Fallstudie zur Grund-wasserbelastung mit Nitrat im Landkreis Vechta, erscheint bei Sigma, Berlin

Windhorst HW (1975) Spezialisierte Agrarwirtschaft in Südoldenburg, eine agrargeographische Untersuchung. Schuster: Leer

Windhorst HW (1984) Der Agrarwirtschaftsraum Südoldenburg im Wandel. Die violette Reihe, Heft 2, Cloppenburg

Teil II

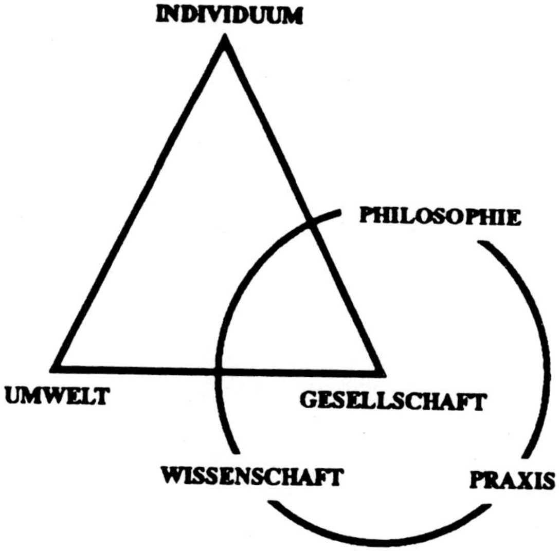

Umwelt und gesellschaftlicher Wandel

Wesen und Bedeutung natürlicher Ressourcen. Ein Baustein zu einer humanökologischen Perspektive der Wirtschaft

Dr. Albert Hofmayer
Institut für Wirtschafts- und Sozialgeographie, Wirtschaftsuniversität Wien
Augasse 2-6, A-1090 Wien, Österreich

Abstract

I. Terminological and metatheoretical definitions
Ecosystem: in line with the origine of the term in biology, ecosystem is defined from a human-ecological and anthropocentristic point of view: some implications of this will be mentioned.
Natural resources: denotation of the totality of material conditions on earth, when viewed from the aspect of their use by human beings. The characteristics of natural resources as potentials and services will be discussed as well as their adequate classification.
Objectives: it will be argued that the use of natural resources is never an end (of objective) of human activity but always just a means to an end (production of goods or services, etc).

II. Main points to be considered in this paper
1. What primary objectives can be identified in current technological and economic activities, and 2. what implication does this have on the quantitative changes in natural resources?
1.: Current primary objectives in the field of technology: reduction in the expenditure of raw materials and energy sources (miniaturization; new methods of energy production and energy transmission).
2.: Global trends of material consumption with regard to various raw materials and fields of application;
Global trends of energy consumption with regard to various types of primary energy and fields of application.

III. Some conclusions
- Considerations on the role of growing scarcity of natural resources in the longterm.
- Finally, some possible consequences for environmental policy and "environmental ethics" will be presented.

1 Einleitung

Gestatten Sie mir eine persönliche Vorbemerkung:

Ich arbeite am Institut für Wirtschaftsgeographie der Wirtschaftsuniversität Wien. Die Studenten, die zu uns kommen, wollen nicht Geographen werden, sondern Manager. Sie haben Wirtschaftsgeographie zwar freiwillig als Nebenfach gewählt, wollen es aber in einem Semester hinter sich bringen. An unserem Institut muß man sich gut überlegen, was man den Studenten in diesen wenigen Stunden beibringen soll.

In dieser Situation habe ich im Lauf von 6 Jahren die Erfahrung gemacht, daß eine humanökologische Perspektive der Wirtschaft das ist, was ihren Horizont am meisten erweitert und was viele von ihnen - oft unbewußt - auch suchen.

Als humanökologische Perspektive der Wirtschaft wird hier eine Perspektive bezeichnet, die sowohl die Naturbedingtheiten der Wirtschaft und Gesellschaft versteht als auch diese Kenntnisse mit den menschlichen Bedürfnissen und Handlungszielen zu integrieren vermag. Vermutlich ist es nicht nur in Österreich so, daß eine solche Perspektive im Wirtschaftsstudium nicht vermittelt wird.

Eine zentrale Rolle im Rahmen der skizzierten humanökologischen Perspektive der Wirtschaft spielt ein richtiges Verständnis der natürlichen Ressourcen. Hierüber möchte ich heute ein paar Gedanken äußern:

1. In welchem konzeptuellen Verhältnis stehen die natürlichen Ressourcen zur gesamten natürlichen Umwelt bzw. zum Ökosystem? Was umfassen sie?
2. Wie knapp sind die natürlichen Ressourcen im Weltmaßstab? Aus Zeitgründen wird diese Frage nur für die sog. erschöpfbaren Ressourcen behandelt (in früheren Arbeiten befaßte ich mich mit einem Teilbereich der erneuerbaren Ressourcen, dem natürlichen Agrarpotential; vgl. Hofmayer, 1988a und b). Wie verläßlich sind Ressourcenprognosen?
3. Gibt es in der tatsächlichen Verbrauchsentwicklung von Energie- und Materialressourcen Anzeichen einer Wachstumsverlangsamung oder Trendumkehr? Wenn ja, aus welchen Gründen?
4. Als theoretisches Ergebnis aus diesen Fragen wird eine neue Terminologie und Klassifikation von Ressourcen und Rohstoffen vorgeschlagen, in welcher der humanökologischen Perspektive der Wirtschaft Rechnung getragen wird.

2 Terminologische Überlegungen zum Umwelt- und Ressourcenbegriff

Die natürlichen Ressourcen werden als Teil der natürlichen Umwelt betrachtet. Eine Klärung der inhaltlichen Definition von "natürlicher Umwelt" erfolgt am zweckmäßigsten nach ihren *Funktionen*, die v. a. in der umweltökonomischen Literatur differenziert wurden:

Tabelle 1. Funktionen der natürlichen Umwelt

1) *Lebenserhaltungssystem:* biogeochemische Kreisläufe und allgemeine Ökosystemfunktionen, also in erster Linie Bereitstellung von Atmungsatmosphäre, Wasser und organischer Nahrung, aber auch Abbau von toten Lebewesen;
2) *Naturressourcenangebot:* mineralische und organische Stoff- sowie Energieinputs für wirtschaftliche Produktionsprozesse, aber auch Bodenqualität und Biomasse sowie genetisches Potential;
3) *Natürliche Deponie:* Aufnahme-, Assimilations- und Absorptionsmedium für Abfall- und Restprodukte der ökonomischen Prozesse (Boden, Grund- und Flußwasser, Ozeane);
4) *Naturschätze:* Quelle direkten menschlichen Wohlergehens durch ästhetischen und geistigen Naturgenuß.

Quelle: Pearce 1988, S. 599[1]; Zimmermann u. Nijkamp 1986, S. 25 - 26

Natürliche oder Naturressourcen: Sie umfassen nach diesem Schema die Gesamtheit der materiellen Substanzen - alle Stoffe und Energien - , die als Inputs für Produktionsprozesse verwendet werden. Aufgrund des Gesetzes von der Erhaltung der

---

1 In seinem Buch "Environmental Economics" (Longman 1976, London, S. 1) bezeichnet Pearce dieselben 4 Funktionen kurz wie folgt: "life support system", "natural resources", "a sink" und "natural goods". Als Ökonom betrachtet Pearce diese 4 Funktionen der natürlichen Umwelt unter dem praktischen Gesichtspunkt, in und mittels welchem wirtschaftlichen und politischen Rahmen sie dauerhaft zur Verfügung gestellt werden können. Er kommt zu dem Schluß, daß die 3 letztgenannten Funktionen mit den bekannten Maßnahmen der "traditional welfare economics" - sicher nicht ohne Probleme, aber doch - gemanagt werden können. Das "life support system" jedoch paßt laut Pearce und anderen Ökonomen, v. a. der institutionalistischen Richtung, nicht in den Rahmen des vorherrschenden, neoklassischen ökonomischen Paradigmas. Als Gründe hiefür werden v. a. angegeben, daß das "life support system" nicht den Charakter von etwas Produziertem (keinen Produktcharakter) besitzt, und daß es sowohl in sektoraler als auch in zeitlicher Hinsicht eine Unteilbarkeit darstellt.

Materie (einschließlich der Energie) stammen sie letztlich vollständig aus dem Naturdargebot. Die getrennte Analyse von Stoffen (Materialien) und Energien kann zwar möglicherweise in einer theoretisch-physikalischen Analyse, wo beide als austauschbar angenommen werden, unterbleiben, bei der hier verwendeten funktionalen Betrachtungsweise ist sie jedoch essentiell. Zur Begründung genügt der Hinweis, daß bestimmte Werkstoffeigenschaften nicht gegen Energie austauschbar sind.

Ein Problem der obigen Abgrenzung ist, daß Luft und Wasser als lebenserhaltende Materien offensichtlich keine natürlichen Ressourcen sind. Meines Erachtens ist dieses Problem so zu lösen, daß Luft und Wasser eben beide Funktionen erfüllen: einerseits Lebenserhaltung, andererseits Input für Produktionsprozesse. Sie sind für die meisten notwendig, und in dieser Funktion sind sie sehr wohl natürliche Ressourcen.

Zum Gesamtsystem der natürlichen Umwelt: Gerade aus humanökologischer Sicht scheint mir folgende Tatsache beachtenswert: Von den 4 Funktionen, die die natürliche Umwelt erfüllt, hat nur die erste Bedeutung für alle Arten von Organismen (Pflanzen, Tiere, Mensch). Die übrigen 3 Funktionen ergeben sich aus *spezifisch menschlichen Ansprüchen*, die die übrigen Lebewesen nicht stellen und auch gar nicht stellen können. Nur der Mensch ist imstande bzw. hat das Bedürfnis, über das primäre Naturdargebot in den vorgegebenen biochemischen Kreisläufen hinaus weiter und tiefer in die Natur *sozusagen "extraktiv"* einzugreifen und sekundäre Stoff- und Energiekreisläufe für seine spezifischen Bedürfnisse auszulösen, *wobei deren Beherrschung allerdings nicht problemlos ist.* Diese spezifisch menschlichen Aktivitäten führen zur Errichtung und Gestaltung einer sekundären materiellen Umwelt (der Technosphäre), die für die menschliche Gesellschaft der Gegenwart essentiell ist.

Zur Bezeichnung der Humanumwelt: Hinsichtlich der funktionellen Vielfalt besteht also ein wesentlicher Unterschied zwischen der menschlichen Umwelt und den Umwelten der übrigen Lebewesen. Angesichts dieser Tatsache und der weltweit ausgedehnten *und unifizierenden* anthropogenen Einwirkung erscheint die Frage berechtigt, ob der aus der Analyse pflanzlicher und tierischer Populationen und Lebensräume abgeleitete Begriff "Ökosystem" eine adäquater Überbegriff für alle Arten von Umwelten ist. Möglicherweise trifft der Begriff "resource system" (vgl. etwa di Castri 1986, S. 319) besser den spezifischen Charakter der Humanumwelt im dargelegten Sinn.

3 Kritische Analyse der Verfügbarkeitsschätzungen mineralischer Rohstoffe

Untersuchungen über die verfügbare Menge einzelner "Ressourcen" in Form von Lagerstättenvorratsberechnungen oder Lebensdauerprognosen wurden und werden v. a. für die mineralischen "erschöpfbaren Ressourcen" angestellt. Am bekanntesten sind die von den Vereinten Nationen in unregelmäßigen Abständen veröffentlichten Schätzungen der globalen Reserven.

3.1 Bisherige Abschätzungen der Vorräte natürlicher Ressourcen

Bevor auf die Zahlen dieser Schätzungen eingegangen wird, seien die wesentlichen Charakteristika des Vorratsbegriffs in Erinnerung gerufen: Vorräte lassen sich vereinfacht als der technisch und ökonomisch gewinnbare Anteil der Ressourcen definieren. *Die verfügbaren Vorräte eines bestimmten Rohstoffs sind jedoch keine fixe Menge*, sondern können nur für einen bestimmten Zeitpunkt in Abhängigkeit sowohl von *technischen* als auch *ökonomischen* Faktoren jeweils ad hoc bestimmt werden. Die Faktoren, die die Vorratsmenge (engl.: "reserves") bestimmen, zeigt das bekannte McKelvey-Diagramm (Abb. 1).

Dieses einfache Schema wurde ursprünglich zur Bewertung einzelner Lagerstätten bestimmter Rohstoffe entwickelt, wobei einerseits nach Wahrscheinlichkeit bzw. Gewißheit des Vorkommens - in der Horizontalen - , andererseits nach der Rentabilität einer möglichen Gewinnung - in der Vertikalen - differenziert wird. Der fortschreitende Abbau einerseits, und andererseits die laufende Lagerstättenerkundung führen zu Veränderungen der bekannten Quantität und Qualität, also zu Neubewertung der Lagerstättenvorräte und damit zu einer Verschiebung der "resource / reserve"-Grenze in der Waagrechten, eine Preisveränderung des abgebauten Rohstoffs sowie geänderte Gewinnungstechniken bzw. -kosten führen zu Verschiebungen dieser Grenze nach oben oder nach unten. Man kann dieses Schema m. E. jedoch auch zur Bewertung der globalen Lagerstättenvorräte eines Rohstoffs verwenden, wenn man in der Waagrechten zusätzlich den Einfluß der Entdeckung neuer Lagerstätten auf der ganzen Erde, und in der Senkrechten zusätzlich sämtliche Einflüsse, die zu Rentabilitätsänderungen führen - also neben Preisänderungen v. a. die Erfindung und Anwendung neuer Gewinnungs-, Aufbereitungs- und Transportverfahren - berücksichtigt. Durch alle diese Faktoren ändert sich die rentabel gewinnbare Teilmenge der gesamten vorhandenen Rohstofflagerstätten.

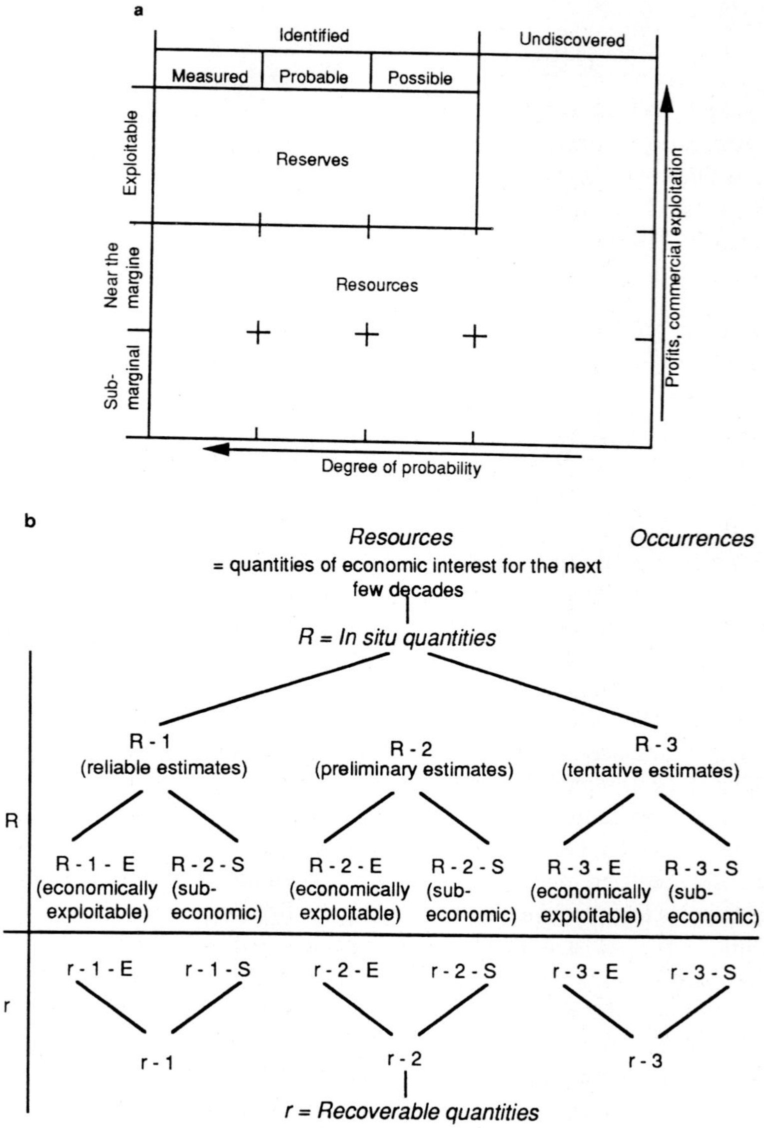

Abb. 1a, b. Ressourcen-/Reserven-Diagramm. **a** nach McKelvey, **b** nach UNO-Klassifikation

Auch die übrigen international verwendeten Klassifikationen natürlicher Ressourcen beruhen auf demselben Differenzierungsprinzip: einerseits nach Gewißheitsgrad bzw. Wahrscheinlichkeit der Lagerstättenvorräte, andererseits nach deren ökonomischer und technischer Bauwürdigkeit. *So differenziert z. B. die von den Vereinten Nationen erarbeitete Klassifikation die Vorräte nach der Wahrscheinlichkeit in "reliable", "preliminary" und "tentative", nach der technischen Bauwürdigkeit in "in situ" und "recoverable" und nach der ökonomischen Bauwürdigkeit in "exploitable" und "subeconomic", vgl. Abb. 1a).*

Dieses Schema wurde für feste mineralische Rohstoffe entwickelt, die entweder in Ganglagerstätten unterschiedlichen Reinheitsgrades (Typus: Erze) oder auch in Nichtganglagerstätten, also regelmäßig oder unregelmäßig begrenzt, vorliegen. Der globale Gesamtvorrat in solchen Lagerstätten ist durch die Zusammensetzung der Erdkruste gegeben, d. h., er ist bei den allermeisten Mineralien praktisch unlimitiert (vgl. den Begriff der "ultimate recovery"). Bei diesen Lagerstätten gibt es ein Kontinuum des Wertstoffgehalts (Vererzungsgrades), so daß nicht nur Abbau und Neuentdeckungen, sondern auch jede Preisänderung oder Abbautechnologieverbesserung direkt zu einer Verschiebung der Bauwürdigkeitsgrenze und damit zur Änderung der Vorratsmenge führen.

Nicht direkt anwendbar erscheint das Schema auf flüssige oder gasförmige Bodenschätze, die nur entweder vorhanden oder nicht vorhanden sein können (Erdöl- und Erdgasvorräte; hierüber später).

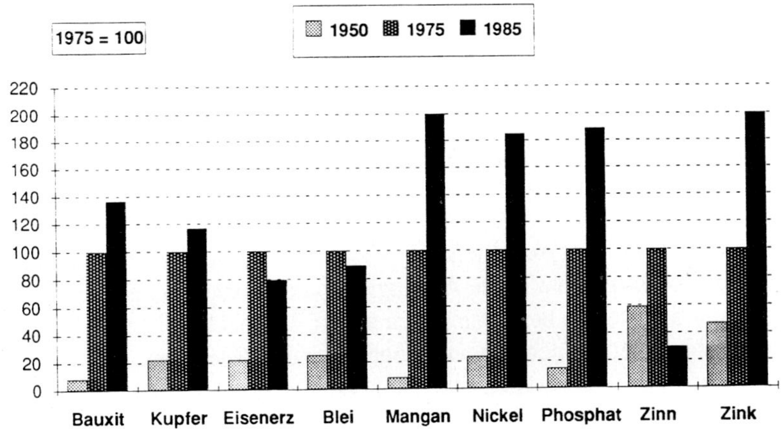

Abb. 2. Schätzungen der Weltvorräte ausgewählter Rohstoffe zu verschiedenen Zeitpunkten: 1950, 1975 und 1985. (Quelle: 1950: Tilton 1977, S. 10; 1975: Commodity Data Summaries, US-Bureau of Mines 1977; 1985: Mineral Commodity Summaries, US-Bureau of Mines 1986)

Das Diagramm zeigt für die Summe der Weltvorräte, die zu den Zeitpunkten 1950, 1975 und 1985 geschätzt wurden, nicht, wie eigentlich anzunehmen wäre, einen abnehmenden, sondern einen zunehmenden Trend, der bei den meisten mineralischen

Rohstoffen auch in jüngster Zeit anhält. Der ungewichtete Durchschnittsindex der Vorratsmenge der dargestellten 9 Rohstoffe[2] stieg von 1975 (= 100) bis 1985 auf 136 an. Wichtiger als das Ausmaß ist hier der Trend: solange eine Zunahme der bekannten Vorräte herrscht, ist jede Sorge um eine Verknappung des Rohstoffs bedeutungslos.

Die einzige wesentliche Abnahme ergab sich beim Rohstoff Zinn. Dafür ist jedoch keineswegs eine Erschöpfung der Lagerstätten verantwortlich, im Gegenteil: Am Zinnmarkt herrscht weltweit ein Überangebot, wie der gewaltige Preisverfall dieses Rohstoffs in den Jahren 1985 bis 1989 zeigte[3]. An diesem Beispiel erkennt man 2 Tatsachen: Die entscheidende Bedeutung ökonomischer Faktoren für die Quantität der verfügbaren Ressourcen (vgl. McKelvey-Diagramm) und die völlige Unangebrachtheit einer Deutung von Vorratsschätzungen als Lebensdaueraussagen. *Dies ist einfach nicht zulässig.*

Betrachten wir nun kurz die Situation bei *Erdöl und Erdgas*, deren Lagerstätten offensichtlich anderen Charakter haben. Hier kann eine Vorratsmehrung nicht durch "Ausweitung" auf Lagerstätten geringeren Gehalts, aber sehr wohl durch Neuentdekkungen und Preiserhöhungen - sowie durch die stetige technische Verbesserung des Entölungsgrades - erfolgen. Für diese 2 Rohstoffe liegen seit mehreren Jahrzehnten sogar jährliche Vorratsschätzungen vor *(für Öl seit den späten 40er Jahren, für Gas seit Ende der 60er Jahre; die diesbezüglichen UN-Statistiken fußen auf den Fachzeitschriften "World Oil" und "Oil & Gas Journal").* Ihre Ergebnisse zeigt - in Fünfjahresabständen seit 1950 - das folgende Diagramm (Abb. 3).

Es zeigt sich, daß auch die "proved reserves" der 2 meistgefragten Energieträger seit 40 Jahren keinem abnehmenden, sondern einem zunehmenden Trend folgen, der im Ausmaß mit dem der übrigen Rohstoffe durchaus vergleichbar ist. Im Zeitraum 1975 bis 1985 stieg der Index für Erdöl auf 106, bis 1989 auf 152; die Werte für Erdgas betragen 1985 156, 1989 179.

Es resultiert also offensichtlich aus der Entdeckung neuer Lagerstätten und aus der Neubewertung der rentabel gewinnbaren Vorräte aufgrund aktueller Preise und Abbautechniken insgesamt ein größerer Zuwachs als die bis in die jüngste Vergangenheit von Jahr zu Jahr angestiegenen Abbaumengen ausmachen. Auch hier gibt es bisher keine Anzeichen einer direkten Mengenverknappung.

Bei der Erklärung dieses erstaunlichen Phänomens wird man, zusätzlich zur bereits dargelegten technisch-ökonomischen Abhängigkeit der Vorratsmengen, auch die Herkunft dieser Vorratsdaten zu berücksichtigen haben. Prospektion ist eine ständige Aktivität der Bergbauunternehmen, sie wird angesichts der gewaltigen Erschließungskosten von Öl- und Gasfeldern so betrieben, daß wenn möglich Vorräte im Ausmaß der Förderung mehrerer Jahrzehnte bekannt sind. Tatsächlich stehen die Vorräte in einer

---

2 Es wurden jene nichtenergetischen Rohstoffe ausgewählt, die im Weltexportwert an der Spitze stehen.

3 Wegen des Preisverfalls wurde Zinn an der London Metal Exchange zwischen Oktober 1985 und Juni 1989 gar nicht gehandelt.

ziemlich konstanten Beziehung zur Fördermenge, *wie die untenstehende Abbildung zeigt (Abb. 3a)*: Diese Relation - die natürlich nicht als Lebensdauer interpretiert werden darf - variierte bei Erdöl im Zeitraum 1950 bis 1989 nur zwischen 29 und 39 (ohne erkennbare Auf- oder Abwärtstendenz), bei Erdgas zwischen 43 und 56 (Zeitraum 1970 bis 1989, mit Zunahmetendenz).

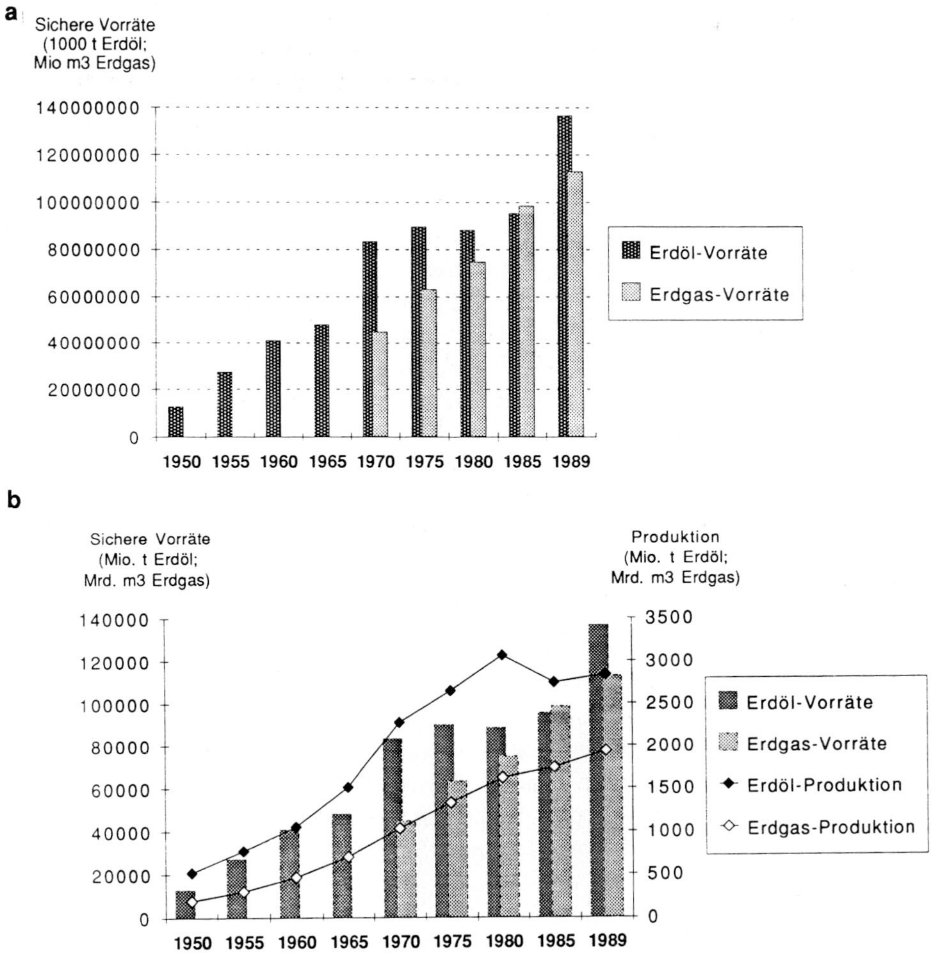

Abb. 3. a Globalschätzungen der Vorräte von Erdöl und Erdgas, 1950 (1970) bis 1989, **b** Weltvorräte an Erdöl und Erdgas 1950 - 1989. (Quelle: Oil and Gas journal, verschiedene Jahrgänge)

3.2 Die Problematik von Langfristprognosen - die Bedeutung von Substitutionen

Die zusätzliche Problematik langfristiger Ressourcenprognosen liegt, über das bereits Gesagte hinaus, in der möglichen *Substitution von Rohstoffen* begründet, die auch tatsächlich permanent stattfindet. Was der Mensch sucht, ist ja nicht ein bestimmter Rohstoff, sondern nur ein physisches Medium zum Zweck der Befriedigung von Bedürfnissen oder der Erbringung gewisser Dienstleistungen (benötigt werden einerseits Energie, andererseits Stoffe mit bestimmten Eigenschaften, seien es natürliche Rohstoffe oder - häufiger - aus Rohstoffen hergestellte Werkstoffe). Daraus folgt, daß nicht nur die Höhe der künftigen Nachfrage und das Mengenverhältnis der Rohstoffe, sondern auch die Arten von Rohstoffen überhaupt, die in fernerer Zukunft nachgefragt werden, kaum prognostizierbar sind.

Die Geschichte der Menschheit beweist zu Genüge, daß kaum ein Rohstoff längere Zeiten hindurch unangefochten als Ressource gilt, sondern irgendwann durch einen anderen substituiert wird. Folgende Gründe können dazu führen (vgl. Tabelle 2).

Diese Übersicht zeigt, daß nur in einem dieser Fälle die physische Knappheit des Rohstoffs das auslösende Moment für Substitutionen ist, und es ist schwer, in der Geschichte eindeutige Beispiele für totale Erschöpfung zu finden *(möglicherweise war es bei den prähistorischen Feuersteingruben so)*; denn noch vor dem Eintreten der totalen Erschöpfung greift eine Rohstoffsubstitution des Typs (b) oder (c) Platz. *Das menschliche Ingenium ist eindeutig der wesentliche Faktor für erfolgreiche Substitution.*

Im einzelnen sind auch hier die Wechselbeziehungen äußerst komplex. Aus jeder neuen Rohstoffverwendung folgen zumindest quantitative, häufig aber auch qualitative Änderungen der Bedarfsstruktur an anderen Rohstoffen. Als Beispiel für eine unerwartete, aber in naher Zukunft wahrscheinliche Rohstoffsubstitution kann die Nutzung der Hochtemperaturleiter, die ab 1986 bis heute entdeckt wurden, gelten. Diese Materialien versprechen, von anderen möglichen Anwendungen abgesehen (vgl. hierzu etwa Priest 1989, Katauskas 1990), eine sprunghafte Verbilligung der Energietransmission und -speicherung, die nach Meinung der US-amerikanischen National Economic Research Inc. zu einem höheren Anteil der Elektrizität an der Nutzenergie führen wird, was u.U. die Verwendung von fossilen Brennstoffen überflüssig machen kann (Netschert 1988). In den zahlreichen aufwendigen Energieprognosemodellen, die in den 70er und 80er Jahren publiziert wurden, sucht man die Auswirkungen dieser neuen Rohstoffart vergeblich[4].

---

4 Vgl. als Beispiel unter vielen: Häfele W et al. (1981) Energy in a Finite World, vol 1 ("Paths to a Sustainable Future") und vol 2 ("A Global Systems Analysis"). Ballinger, Cambridge, MA, for the IIASA.

Tabelle 2. Mögliche Ursachen von Rohstoffsubstitutionen

---

a) Erschöpfung der natürlichen Lagerstätten
b) Entdeckung eines neuen Rohstoffs
c) günstigere Verfügbarkeit eines Konkurrenzrohstoffs
d) umweltschutzmotivierte Substitution
Quelle: eigener Entwurf[5]

a) *Erschöpfung der natürlichen Lagerstätten*: Dies gilt insbesondere für jene Rohstoffe, die überhaupt nicht recyclebar bzw. zum jeweiligen Zeitpunkt de facto nicht recyclierbar sind.
b) *Entdeckung eines neuen Rohstoffs*, der noch bessere Eigenschaften für den gesuchten Zweck aufweist bzw. zu geeigneteren Werkstoffen verarbeitet werden kann als der bisher verwendete.
c) *Günstigere Verfügbarkeit* bzw. Verbilligung *eines* bereits bekannten *Konkurrenzrohstoffs*, sei es durch Entdeckung neuer Lagerstätten oder durch neue Gewinnungs- und/oder Verarbeitungstechniken.
d) *Umweltschutzmotivierte Substitution*: Ein weiterer Grund für die Substitution kann schließlich darin liegen, daß der Mensch die schädlichen Nebenwirkungen der Nutzung eines Rohstoffs - Emissionen und/oder Abfälle - bemerkt, nicht mehr toleriert und mangels anderer Lösungsmöglichkeiten (Vermeidungsstrategien waren nicht erfolgreich) einen neuen Rohstoff verwendet. Eine andere Form umweltschutzmotivierter Substitution ist die Wiederverwendung von nicht mehr gebrauchten Werkstoffen als Sekundärrohstoffe im Rahmen des Recyclings.

Obiges Schema (Tabelle 2) berücksichtigt nur die zwischen Rohstoffen erfolgenden Substitutionen. Substitutionen betreffen aber auch *Güter*. Meist spricht man dann von Innovationen und übersieht darüber leicht, daß hinter jedem erfolgreich eingeführten Produkt ein oder mehrere andere aus dem Markt geworfene stehen. Dies hat meist ebenfalls Folgen für die Ressourcennutzung, und zwar umso größere, je verschiedener ("neuer") das neue Produkt ist.
Andrerseits bestehen ökonomische Beharrungskräfte, die gegen allzu rasche Substitutionen Widerstand leisten.

Generelle Aussagen sind hier nicht möglich. Es ist für jeden Substitutions- bzw. Innovationsfall zu untersuchen, welche Auswirkungen er auf den Rohstoffbedarf hat. Das Problem ist eben, daß Entdeckungen verschiedenster Art, die zu Substitutionen und Innovationen führen, nicht prognostizierbar sind. Langfristprognosen der Ressourcennutzung sind nicht nur mit vielen Unsicherheiten, sondern mit sicheren Ignoranzen behaftet.

---

5 Für eine andere Typologie von Rohstoffsubstitutionen vgl. Rees (1985, S. 37-39).

Im folgenden Abschnitt wird für die wichtigsten Mineralrohstoffe untersucht, ob sich in den Verbrauchstrends der letzten Jahre Substitutions- bzw. Recyclingeffekte erkennen lassen.

4 Trends im Weltverbrauch an mineralischen Energie- und Materialrohstoffen

Bei den meisten natürlichen Rohstoffen stiegen Produktion und Verbrauch in der Zeit seit 1945 stark an. Dies ist nicht verwunderlich angesichts des wirtschaftlichen Wiederaufbaus, der in Europa bis Mitte der 60er Jahre dauerte, der globalen Aufwärtsentwicklung, die zur Industrialisierung vieler Entwicklungsländer führte, und - vor allem - angesichts der Verdoppelung der Weltbevölkerung in diesen 4 Jahrzehnten.

Eine Identifizierung von eigentlichen Verbrauchstrends anhand von Globalstatistiken, wie im vorliegenden Fall, kann aus den rohen Absolutzahlen kaum gelingen; mehr Aufschluß geben die Daten der Rohstoffproduktion[6] pro Kopf.

4.1 Verbrauchsentwicklung der mineralischen Energieträger

Die folgende Graphik (Abb. 4) zeigt die langfristige Entwicklung des Pro-Kopf-Verbrauchs der 4 wichtigen mineralischen Primärenergieträger in Gewichtseinheiten[7]. Es ist deutlich erkennbar, daß der bis 1980 stark ansteigende Energiebedarf ausschließlich durch Erdöl und Erdgas gedeckt wurde, während Steinkohle und Braunkohle gleichbleibende Beiträge zum Energieverbrauch pro Kopf leisteten. Ebenso eindeutig ablesbar ist der Ölschockknick zwischen 1970 und 1975, der das exzessive Wachstum des Erdölverbrauchs in den Jahrzehnten zuvor wesentlich verlangsamte. Die Zunahme der Energieverbrauchs im Zeitraum 1970 bis 1980 wurde am stärksten durch Erdgas abgedeckt. Diese Substitution erklärt sich einerseits durch die Ölpreiserhöhung, andererseits durch die Entdeckung neuer Gasfelder (Stichwort: Nordsee).

---

6 Bei weltweiter Betrachtung kann der Verbrauch gleich der Produktion angenommen werden.

7 Umrechnungsschlüssel für Erdgas: 1000 m^3 = 1 t.

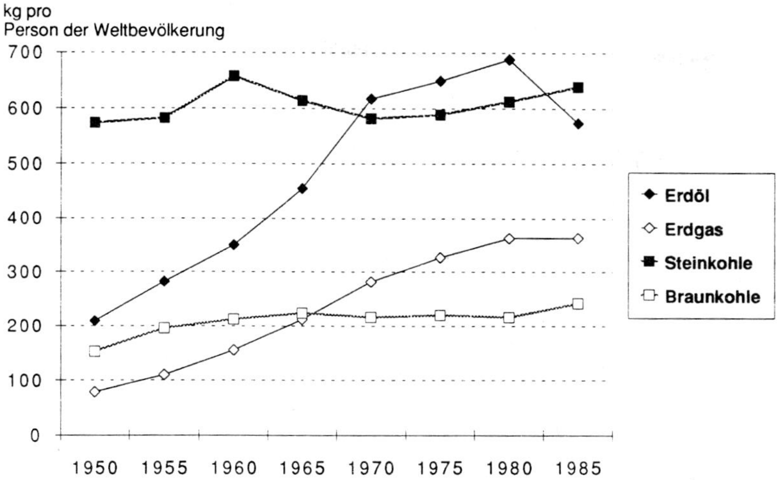

Abb. 4. Pro-Kopf-Weltproduktion mineralischer Energieträger, 1950 - 1985. (Quelle: UN Statistical Yearbook, vols. 1952 - 1986)

Seit 1980 ist der Pro-Kopf-Verbrauch an mineralischen Energierohstoffen im Weltmaßstab nach jahrzehntelangem steilen Wachstum erstmals zurückgegangen. Dieser Rückgang wurde durch den relativ geringen Anstieg anderer Energieträger (Uran, Wasserkraft) nicht völlig ausgeglichen. Er resultiert hauptsächlich aus der Energieeinsparung. So sank z. B. in der bundesdeutschen Industrie zwischen 1974 und 1984 der Endenergieverbrauch um 19 %, und da gleichzeitig die industrielle Produktion um 8 % anstieg, gelang dadurch eine Reduktion der Energieintensität ("Energy-output-ratio") um 25 % (Matthies 1987). Das Potential für weitere Einsparungseffekte ist v. a. bei Privathaushalten und Kleinverbrauchern sowie im Verkehrsbereich groß und noch kaum ausgeschöpft.

Angesichts des zunehmenden sozialen Drucks gegen die Verwendung umweltschädlicher fossiler Brennstoffe bestehen gute Chancen, den Gesamtverbrauch dieser Energieträger pro Kopf der Weltbevölkerung in Zukunft weiter abzusenken.

4.2 Verbrauchsentwicklung der übrigen mineralischen Rohstoffe

Im folgenden sei die Entwicklung im Bereich der *übrigen mineralischen Rohstoffe* ("nonfuel mineral resources") erörtert, die wesentlich anderen Rahmenbedingungen unterlag. Hier kam es zu keinerlei Engpässen, und der gewichtete reale Preisindex der 10 wichtigsten Rohstoffe lag 1985 sogar niedriger als 1950 (Mikesell u. Whitney 1987, S. 14).

Die Abb. 5 zeigt die globalen Trends in der Primärproduktion dieser Rohstoffe im gleichen Zeitraum. Das Diagramm ist aus Maßstabsgründen zweigeteilt: oben die 3 in großen Massen abgebauten Primärrohstoffe Eisenerz (nur Fe-Inhalt dargestellt), Phosphate und Bauxit (beide mit Gesamtgewicht dargestellt), unten die wichtigsten Stahlveredler und Buntmetalle.

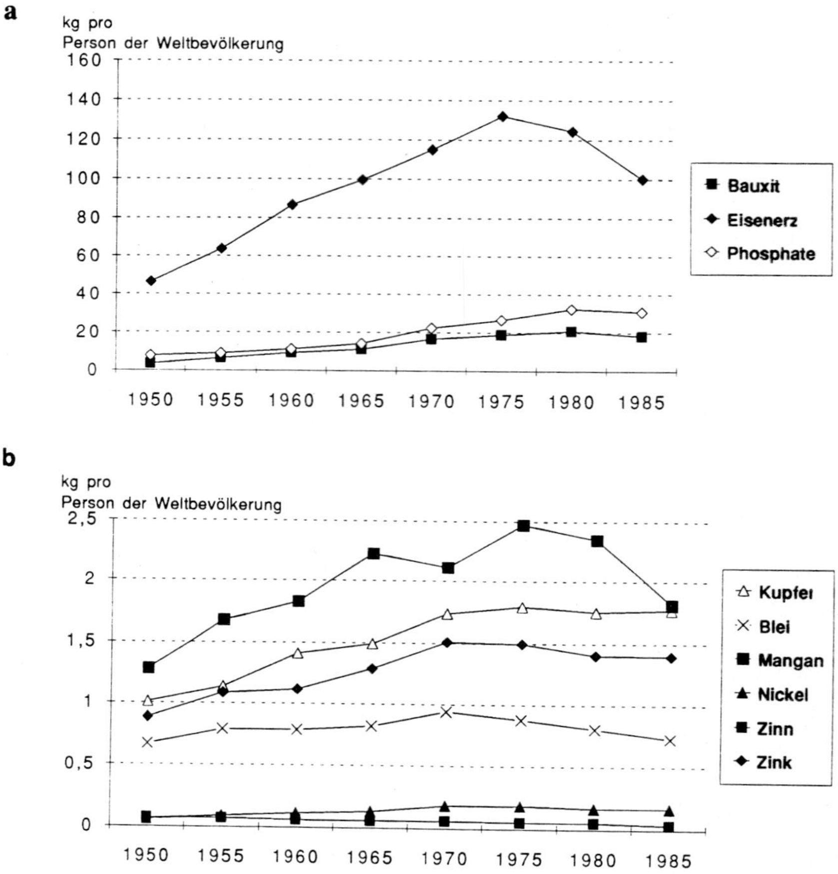

Abb. 5a, b. Pro-Kopf-Bergwerksproduktion mineralischer Rohstoffe 1950 - 1985. **a** Eisenerz, Bauxit, Phosphate, **b** Buntmetalle und Stahlveredler. (Quelle: UN Statistical Yearbook, vols. 1952 - 1986; Metallstatistik (Frankfurt), verschiedene Jahrgänge)

Beide Diagramme zeigen eine generelle, starke Zunahme des Rohstoffverbrauchs bis 1980 und seither eine durchgehende Abnahme. Damit verlief der langfristige Trend im wesentlichen parallel zum Energieverbrauch, was die enge Interdependenz der beiden materiellen Kategorien im Produktionsprozeß bestätigt. Im einzelnen war der Verbrauchszuwachs bei den Massenmineralen deutlich stärker als bei den übrigen Mineralien. Die Bauxitproduktion erlebte zwischen 1950 und 1980 eine Versechsfachung, die Phosphatproduktion eine Vervierfachung. Darin spiegeln sich der gewaltige globale Boom der Aluminiumverwendung und das Vordringen der mineralischen Düngung auch in Entwicklungsländern. Bei Eisen, dem zweithäufigsten Metall der Erdkruste, kam es fast zu einer Verdreifachung bis 1975, es setzte jedoch schon früher als bei anderen Rohstoffen ein Rückgang ein.

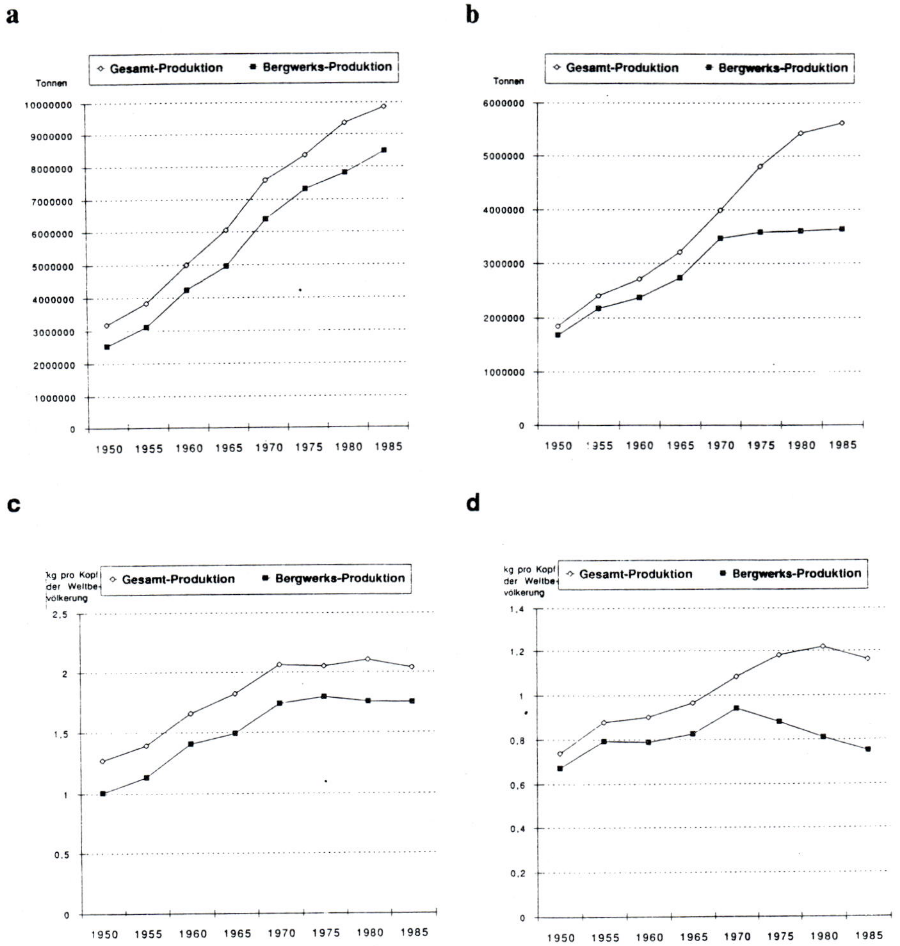

Abb. 6a-d. Bergwerks- und Gesamtproduktion von Kupfer und Blei 1950 - 1985, **a, b** Globaldaten absolut und **c, d** pro Kopf. (Quelle: wie oben in Abb. 5a, b)

Die in wesentlich geringeren Mengen abgebauten übrigen Metalle erreichten, bezogen auf die Bevölkerung, nur geringe Verbrauchsanstiege, die Maxima der Nachkriegszeit lagen zumeist unter dem Zweifachen von 1950 (einzige Ausnahme: Ni). Die Stahlveredler Mangan und Nickel zeigen die erwartete Bindung an den Eisenverbrauch. Der Pro-Kopf-Verbrauch an Kupfer und Zink stagniert seit etwa 1970, jener von Blei geht seit diesem Zeitpunkt eindeutig zurück; bei Zinn, das nur in geringen Mengen benötigt wird, begann der Rückgang schon 1955.

Eine *Erklärung dieser Trends* hat, abgesehen vom gesamtwirtschaftlichen Wachstum (vgl. Energieverbrauchsentwicklung), einerseits Substitutionen zu berücksichtigen. Solche sind eindeutig verantwortlich für den Verbrauchsrückgang von Blei, da dieses bei der Produktion gesundheitsgefährdende Metall sukzessive eliminiert wird (aus Leitungsrohren und Treibstoffen); Blei wird immer mehr vom Wertstoff zum Problemstoff[8], ein Schicksal, das schon manchem Rohstoffen (Cadmium, Asbest) zustieß. - Auch zwischen den Metallen der Stahlveredlergruppe bestehen vielfache Substitutionsmöglichkeiten. Die besonders hohen Zuwachsraten von Bauxit und Phosphaten sind andererseits auch dadurch erklärbar, daß diese Mineralien de facto gegenwärtig unsubstituierbar sind (vgl. U.S. Bureau of Mines, Mineral Commodity Summaries 1990).

Andererseits bieten die metallischen Mineralien, im Gegensatz zu den Energieträgern, die Möglichkeit zur Rückgewinnung (Recycling). Die derzeit in den Industrieländern erreichten Rückgewinnungsraten liegen zwischen 33 % (Zink) und 55 % (Blei, Zinn), im Schnitt der wichtigen Metalle bei rund 40 %; weitere Steigerungen sind möglich, hängen aber verstärkt von der Kooperation der Konsumenten ab.

Aus dem zunehmend verbreiteten Recycling der Metalle folgt aber, daß die Mengen von Gesamtproduktion (Hütten- oder Raffinadeproduktion) und primärer Bergwerksproduktion immer weiter auseinanderklaffen. Diese Tatsache wird in Abb. 6 für 2 Rohstoffe illustriert. Während bei Kupfer sich die "Schere" zwischen den zwei Produktionsarten nur langsam öffnet, hat bei Blei die systematische Rückgewinnung aus Altbatterien die Bergwerksproduktion so stark beeinträchtigt, daß sie nicht nur pro Kopf deutlich zurückging, sondern auch absolut im Weltmaßstab seit etwa 1970 stagniert (Abb. 6b). Um den Gesamtverbrauchstrend der Konsumenten abzuleiten, ist nicht die Bergwerks-, sondern die Gesamtproduktion heranzuziehen.

4.3 Zusammenfassung: Laufende Trends des Naturressourcenverbrauchs und ihre Erklärungsfaktoren

Die bisherigen Erkenntnisse lassen sich wie folgt zusammenfassen:

1. Effizienzuntersuchungen im Bereich der natürlichen Ressourcen haben die unökonomische Verwendung von Material und Energie, die Möglichkeiten von Substitutionen v. a. im Energiebereich und die Möglichkeiten der Materialaufwandsreduktion durch verschiedene Formen des Recyclings aufgezeigt.
2. Jene Verfügbarkeitsuntersuchungen, die eine baldige weltweite Verknappung natürlicher Ressourcen (im Sinne einzelner Rohstoffe) prognostizieren, übersehen

---

8 Die Vorkommen werden vielfach nur abgebaut, weil Zinkerz mit Bleierz kombiniert ist (Weber 1988, und mündliche Auskünfte 1990).

sowohl die technische und ökonomische Bedingtheit der relevanten Reservenmengen als auch die permanente Substituierung von Rohstoffen und von Produkten.

3. Die gewaltigen Energie- und Materialverbrauchszunahmen der "Überflußgesellschaft" der 60er und frühen 70er Jahre haben sich in den 80er Jahren deutlich abgeschwächt; im Zeitraum 1980 bis 1985 kam es bei den meisten Rohstoffen zu einer Verringerung des Primärverbrauchs pro Kopf. Als Hauptursachen konnten Substitutionen, im Fall der Metallrohstoffe auch Recycling, nachgewiesen werden.
   Bei Angaben über Produktion und Verbrauch der mineralischen Materialien ist wegen des zunehmenden Recyclings immer genau zu prüfen, ob sie sich auf den Rohstoffverbrauch im engeren Sinne (Primärmetalle, aus Bergwerksproduktion) oder auf den Gesamtverbrauch der Wirtschaft (inkl. rückgewonnenem Material) beziehen.
4. Die Verwendung neuer Rohstoffe erfolgte in der Vergangenheit generell ungehindert; ökonomisch motivierte Substitutionen konnten ohne institutionelle Beschränkungen stattfinden. Für die Zukunft ist vermehrt mit steuernden Einwirkungen aus Umweltschutzgründen zu rechnen, was zu einem Anwachsen emissionsverhindernder Substitutionen und zu einer Abnahme von an sich möglichen Substitutionen anderer Art führen wird.

5 Wahrscheinliche zukünftige Tendenzen der Naturressourcenverwendung

Aus den aufgezeigten Entwicklungen sind folgende trendmäßigen Auswirkungen auf die Naturressourcennutzung im Weltmaßstab zu erwarten:

Aus der *Perspektive "Effizienzsteigerung"* werden angesichts der gegenwärtigen Kostenstruktur (rund 80 % Energieaufwand, nur knapp 20 % mineralischer Rohstoffaufwand) v. a. im Energiebereich Einsparungen erfolgen.

Bei den Produktionseinheiten wird es dadurch zu einer kostengünstigeren Kombination von Inputfaktoren kommen, die im einzelnen sehr verschiedenartig ausfallen kann. Im Materialbereich werden teure und/oder transportkostenintensive Rohstoffe tendenziell substituiert werden, wobei das Recycling in allen Formen zunehmen dürfte. In der Energieversorgung der Betriebe wird das Umsteigen auf einen billigeren Energieträger oder auf eine kostengünstigere Endenergieform bewirkt werden; die Auswirkungen auf den Energierohstoffmix hängen sehr stark von der künftigen Preisgestaltung ab.

Gesamtwirtschaftlich werden aus dieser Sicht die standörtlich unterschiedlichen Verfügbarkeiten bzw. trade-offs der Primärenergieträger wieder stärker zum Tragen kommen; daraus dürfte eine stärkere räumliche Diversifizierung der Energiequellennutzung resultieren, mit großräumig klimabedingten Präferenzen und besserer Ausnutzung lokaler Energiequellen. Es ist also tendenziell mit mehr Nutzung von Wasserkraft in Feuchtgebieten, von Solarenergie in Trockengebieten zu rechnen[9].

Aus der *"Umweltschutz"-Perspektive* sind entsprechend der Emittentenstruktur die größten Änderungen in den Bereichen Produktion und Verkehr zu erwarten:

1. In der Produktion wird die Vermeidung der Schadstoffemissionen unmittelbar zu verstärktem Materialbedarf für Filter führen; damit sind bestimmte Metalle stärker gefragt; in vielen Fällen bewirkt dieses Ziel aber auch die Verwendung schadstofffreier Energieträger und Anwendung anderer Produktionsverfahren mit geänderten Roh- und Hilfsmaterialanforderungen. Aus dieser Perspektive ist eine eindeutige Hinwendung zur Solarenergie und sowohl "sauberen" als auch erneuerbaren Energiequellen und zu sauberen Endenergieformen - also elektrischem Strom - zu erwarten.
2. Im Bereich der Transporte aller Art ist eine Verlagerung in Richtung emissionsarmer Verkehrsmittel zu erwarten.

Ob die von manchen Autoren geforderte Schaffung von bzw. Rückkehr zu lokalen Kreisläufen in der Wirtschaft in Summe auch zu einer Abnahme des Verkehrsaufkommens führt, erscheint zweifelhaft: die Vervielfachung von Produktionsstandorten bedingt c. p. eine Vervielfachung des Antransports von Vorprodukten, da ja viele Rohstoffe nicht lokal verfügbar sind.

---

[9] Ein anschauliches Beispiel möglicher derartiger Ressourcennutzung bieten die riesigen Sonnenkollektorenflächen in den "solar landscapes" der südkalifornischen Wüste, z. B. im Raum Carissa Plains (Hubbard 1989).

Eine weitere bereits stattfindende Entwicklung, die ebenfalls der Effizienzsteigerung dient, ist die Einführung automatisierter Produktionstechnologien. Die großvolumigen monofunktionalen Maschinen werden zunehmend durch flexible computergesteuerte Fertigungsautomaten abgelöst, was den Materialaufwand für Produktionsmittel (Stahlbedarf usw.) wesentlich reduziert.
Obwohl über künftige Substitutionen nichts Sicheres gesagt werden kann, ist mittelfristig mit der Durchsetzung von hochtemperaturleitenden metallischen Werkstoffen v. a. in den Bereichen Energietransmission und Verkehr ("Maglev-Trains") zu rechnen. Dies wird zu einem Rückgang der Nachfrage nach Kupfer, z. T. auch nach Aluminium führen.

Fragt man nach den tieferliegenden Erklärungsfaktoren, die die Veränderungen im Ressourcenverbrauch der letzten Jahrzehnte steuerten, so lassen sich 2 identifizieren, die beide im Bereich der menschlichen Handlungsziele lokalisiert sind, aber auf verschiedenen Motivationsebenen:

1. *Betriebswirtschaftliches Maximierungsstreben* (Gewinn-, Umsatz- oder Marktanteilsmaximierung). Dieser ökonomische Basisantrieb äußert sich - wie in vergangenen Zeiten auch - in den beiden Zielen Produktverbesserung und Kosteneinsparung. Diese Ziele waren und sind eine Quelle vieler Innovationen, aus denen ressourcenrelevante Substitutionen hervorgehen.
2. *Schutz des Lebenserhaltungsteilsystems der natürlichen Umwelt* vor schädlichen Einflüssen. Dieses in der klassischen Ökonomie nicht bekannte Ziel äußert sich ebenfalls in der Initiierung wesentlicher technisch-organisatorischer Neuerungen: Verstärkte Rückgewinnung von Materialien, Anvisierung einer möglichst rückstandsfreien (Kreislauf-)Wirtschaft und starke Förderung einer emissionsfreien Produktions- und Verkehrstechnik. Mit diesem Ziel wurde eine zusätzliche Quelle von Innovationen und Substitutionen erschlossen.

Mit diesen Bemerkungen ist ansatzweise aufgezeigt, daß die beiden Handlungsziele ökonomische Maximierung und Umweltschutz, die häufig als schwer vereinbar angesehen werden, im Bereich der Naturressourcennutzung zu weitgehend gleichgerichteten Folgen führen: nämlich zu einem generell sparsameren Umgang mit natürlichen Ressourcen - auch von daher sind Verknappungssorgen unbegründet -, begleitet von beträchtlichen Verschiebungen in der Nachfrage nach einzelnen natürlichen Rohstoffen - welche nichts anderes als Variationen im langfristigen Substitutionsprozeß der Naturressourcen sind.

6 Folgerungen für die Inhaltsbestimmung und Klassifikation von Ressourcen

6.1 Gesichtspunkte der Ressourcendefinition und -klassifikation

Es ist hier nicht der Platz für einen Überblick über die Fülle der Definitionen und Klassifikationen, die v. a. in der ökonomischen Literatur geboten werden. Ich verweise auf die Handbücher der Ressourcenökonomie und auf die Diskussionen in einschlägigen Fachzeitschriften. Wichtige aktuelle Diskussionspunkte sind die begriffliche Trennungslinie zwischen Humanressourcen und Naturressourcen und die Rolle und Reichweite der Technologie im Ressourcenprozeß (vgl. z. B. die Beiträge im Journal of Economic Issues, Nr. 3 und 4, 1987). Das verbreitetste Gliederungskriterien der Naturressourcen in der Literatur ist nach wie vor die Erhaltbarkeit (erneuerbare / nicht erneuerbare Ressourcen).

Am wesentlichsten für eine Inhaltsbestimmung erscheint nach dem Dargelegten *jedoch nicht die Erhaltbarkeit, sondern* der *instrumentelle oder Hilfsstoffcharakter* aller materiellen und energetischen Rohstoffe, der durch deren Substituierbarkeit eindeutig belegt wird. Der US-amerikanische Ressourcenökonom Simon spricht in diesem Sinne von "resources as services". (Simon 1981)

Als Konsequenz daraus ergibt sich die folgende terminologische Präzisierung für natürliche Ressourcen und Rohstoffe. *"Ressource"* (im Sinne von natürlichen Ressourcen) ist der Überbegriff für sämtliche Rohstoffe, die zu einer bestimmten Bedürfnisbefriedigung bzw. Dienstleistung verwendet werden. Die Abgrenzung von Ressourcenarten richtet sich demgemäß nach den Grundfunktionen menschlichen Lebens und Wirtschaftens. Ressourcen in diesem Sinn sind weitgehend unabhängig von zivilisatorisch-technologischen Rahmenbedingungen und daher auch nicht substituierbar. *"Rohstoffe"* hingegen sind die konkreten materiellen Mittel der Anspruchserfüllung bzw. Bedürfnisbefriedigung, die vom jeweiligen technologischen Entwicklungsstand abhängig und substituierbar sind.

6.2 Ein Diskussionsvorschlag zur Ressourcenklassifikation

Einen Versuch einer Ressourcengliederung nach diesem Kriterium zeigt die folgende Übersicht (Tabelle 3).

Dieser Klassifikationsvorschlag spezifiziert etwa 25 grundlegende Anforderungsbereiche, welche als mit der menschlichen Existenz unmittelbar gegeben angesehen werden; sie lassen sich 7 Grundfunktionen[10] zuordnen. Die Erfüllung der Bedürfnisse erfordert materielle Mittel (Geräte), die wiederum bestimmte Roh- und Werkstoffe benötigen.

Die konkreten Mittel sind auf der Mikroebene v. a. vom individuellen Bedarf, auf der globalen Ebene vom zivilisatorischen Entwicklungsstand abhängig. Generell gilt, daß ein Mehr an Güterbedürfnissen auch ein Mehr an Energiebedarf mit sich bringt.

---

10 Die als Nummer 8 spezifizierte Grundfunktion, die die Waffenproduktionsressourcen enthält, wird nicht als unerläßliche Funktion der menschlichen Gesellschaft angesehen. Sie ist aber angeführt, weil auf sie ein wesentlicher Teil des Naturressourcenverbrauchs entfällt.

Tabelle 3. Arten der natürlichen Ressourcen - Klassifikation der Stoff- und Energieressourcen nach Grundfunktionen und Anforderungsbereichen

Grundfunktion	Ressourcenart[a)] (*R/W = Rohstoffe/Werkstoffe; NE = Nutzenergie*)	Derzeit meistverwendete natürl. Rohstoffe (*Grundstoffe*)	Substituierbarkeit
1 Lebenserhaltung	Atmosphäre mit Atmungsqualität für Menschen (in ausreichender Quantität und Qualität)	Luft	*N*
		Wasser	*N*
	Rohstoffe f. Ernährung	Landflächen; Kulturpflanzen, -tiere	*(n)*
	NE (Wärme) für Kochen und Heizen	Holz, diverse NE-Formen	*J*
	R/W für Heilmittel	Erdöl	*J*
	R/W für Bekleidung	Pflanzenfasern	*(j)*
2 Zusatzenergie	Rohstoff für NE-Erzeugung (Energiekonversion)	Erdöl, Kohle	*J*
	R/W für NE-Erzeugungsanlagen	Eisen u. a. Metalle	*(j)*
	R/W f. Leitung und Transport von Nutzenergie	Kupfer, Eisen	*J*
3 Wohnen	R/W für Baustoffe aller Art	div. Steine u. Erden	*J*
	NE f. Beleuchtung, Reinigung, Entsorgung	elektr. Strom	*J*
	R/W f. Beleuchtung, Reinigung, Entsorgung	Metalle, Erdöl	*(j)*
4 Güterproduktion	NE f. Materialtransformierungen aller Art	div. Primärenergieträger	*J*
	R/W f. Produktionsanlagen und Werkzeuge	diverse Metalle	*J*
	R/W f. Festhalten/Speichern von Stoffen aller Art (feste / flüssige / gasförmige, mit unterschiedl. Eigenschaften)	Metalle, Erdöl	*J*
5 Transporte	Treibstoff/NE z. Bewegen v. Waren u. Menschen	Treibstoffe aus Erdöl	*J*
	R/W f. Transportmittel von festen Stoffen	Metalle (Fe), Kautschuk	*(j)*
	R/W f. Transport v. Flüssigkeiten und Gas	Metalle (Al)	*(j)*
6 Freizeit	Rekreation und Kräfteregeneration	"unberührte" Natur	*J (?)*
	Unterhaltung und Abwechslung	Erdöl f. Treibstoff u. Kunststoffe	*(n)*
7 Information und Kontrolle	Printmedien	Holz	*(j)*
	R/W f. Informationstransmission	Kupfer	*J*
	R/W f. Umweltbeobachtung i. w. S.	div. Metalle	*(j)*
	R/W für Informationsspeicherung und -verarbeitung	Quarz	*(j)*
8 Sonstiges	*Waffenproduktion*	*Eisen*	*J*

Quelle: eigener Entwurf unter Benutzung von Hölzl (1989), IIASA-WELMM (RR 76-79), International Commodity Classification SITC-revised 3; Angaben über Substituierbarkeit nach: Grundlagen der Rohstoffversorgung, Heft 1 (1981), Mineral Commodity Summaries 1990.

a)Anmerkung: Manche Ressourcenarten können mehreren Grundfunktionen zugeordnet werden; um die Tabelle nicht mit Wiederholungen zu belasten, sind sie nur bei der vermutlich wichtigsten davon angeführt.

Die Anordnung der Grundfunktionen von oben nach unten ist so gewählt, daß die Entwicklung von subsistenzorientierten Gesellschaften mit geringem Energie- und Stoffbedarf zu den industrialisierten und Dienstleistungsgesellschaften, die nur mit viel zugeführter Energie funktionieren können, angedeutet wird.

In der Übersicht wurde versucht, für jede Ressourcenart (= Anforderungsbereich) jenen Rohstoff oder jene Rohstoffe anzugeben, die derzeit weltweit am meisten gebraucht werden. Ebenfalls vermerkt ist die Substituierbarkeit der gegenwärtigen Hauptrohstoffe. Diese Angaben sind als Grobeinschätzungen zum derzeitigen Kenntnisstand zu verstehen, und es werden 4 Grade der Substituierbarkeit unterschieden, von vollständiger Substituierbarkeit mit heute bereits bekannten Rohstoffen (J) bis zu Nichtsubstituierbarkeit (N). Hiebei fällt auf, daß nur die lebenserhaltenden Atmungs- und Trinkressourcen (Luft und Wasser) nach heutigem Wissensstand durch keinen anderen Stoff ersetzbar sind; bei ihnen sind daher "Ressource" und "Rohstoff" identisch. Nicht absolut unsubstituierbar sind hingegen bereits die derzeitigen Hauptrohstoffe der Nahrungsressourcen, da erwiesenermaßen die Eiweißgewinnung aus Einzellern, die sich von Erdöl nähren und dabei vermehren, in Mengen, die zur Ernährung der ganzen Menschheit ausreichen würde, möglich ist. Bei allen übrigen Ressourcenarten ist die Substitution von Rohstoffen nicht nur möglich, sondern erfolgt in den meisten Fällen auch laufend (vgl. oben).

Nach meiner Meinung bietet diese terminologische Präzisierung und funktionale Klassifizierung der natürlichen Ressourcen eine Möglichkeit, Fragen der Ressourcen- und Rohstoffproblematik in Zukunft in eindeutigerer Weise zu behandeln.

Literaturverzeichnis

(ohne Autor) Energieverbrauch in der Bundesrepublik Deutschland nach Anwendungsbereichen im Jahre 1987. *Elektrizitätswirtschaft, Bd 88(5)*: 254-263

Alexandersson G, Klevebring B-I (1978) World Resources: Energy and Minerals. De Gruyter: Berlin New York

di Castri F (1986) Commentary (on C.S.Holling). In: Clark WC, Munn RE (eds) *Sustainable development of the biosphere*. Laxenburg (Österreich) und Cambridge (England): IIASA und Cambridge Univ. Press, p 317-320

Eurostat (Hrsg) (1988) Energiebilanzen: Prinzipien und Methoden. Bundesanzeiger, Köln

Faber M, Stephan G (1989) Volkswirtschaftliche Betrachtungen zum Materialrecycling. *Müll und Abfall 3*: 98-104

Goeller HE, Weinstein AM (1976) The Age of Substitutability. *Science 191*: 683-689

Grundlagen der Rohstoffversorgung (1981) Verwendung und Verbreitung mineralischer Rohstoffe sowie statistische Daten zur Rohstoffversorgung Österreichs. Bundesministerium für Handel, Gewerbe und Industrie, Wien, H 1

Hofmayer A (1988a) Das agrarische Nutzungspotential, eine vernachlässigte Ressource. In: Frank H, Plaschka G, Rößl D (Hrsg) *Umweltdynamik. Beiträge aus wirtschaftlicher und rechtlicher Sicht*. Springer, Wien New York, S 313-339

Hofmayer A (1988b) Bewertung der natürlichen Agrarressourcen - ein Vergleich ausgewählter Untersuchungen aus methodischer Sicht. *Wirtschaftsgeographische Studien 15/16*: 17-38

Höffe O (1981) Sittlich-politische Diskurse. Suhrkamp Taschenbuch Wissenschaft, S 380

Hölzl J (1989) Einführung in die Warenlehre. Oldenbourg, München Wien

Hubbard HM (1989) Photovoltaics Today and Tomorrow. *Science 244*: 297-304
Huber J (1989) Eine sozialwissenschaftliche Interpretation der Humanökologie. In: Glaeser B (Hrsg) *Humanökologie - Grundlagen präventiver Umweltpolitik*. Westdt. Verlag, Opladen, S 57-75
(IIASA-WELMM:) Grenon M, Lapilonne B (1976) The WELMM approach to energy strategies and options. IIASA, Laxenburg (= RR 76-79)
Katauskas T (1990) Superconductivity: A status report. *R&D Magazine, February*, p 118-122
Leipert C (1986) Social Costs of Economic Growth. *Journal of Economic Issues, 20:* 109-131
Leipert C (1989) Die heimlichen Kosten des Fortschritts - Wie Umweltzerstörung das Wirtschaftswachstum fördert. Fischer, Frankfurt
Matthies K (1987) Energieeinsatz und Umweltbelastung in der Bundesrepublik - Entwicklung seit der ersten Ölpreiskrise. *Hamburger Jahrbuch für Wirtschafts- und Gesellschaftspolitik, Bd 32*, S 131-144
McKelvey VE (1973) Mineral potential of the United States. In: Cameroon EN (ed) *The mineral positions of the United States 1975 - 2000*. University of Wisconsin Press, Madison
Metallgesellschaft (Hrsg) (1981) Metallstatistik 1970 - 1980. Metallgesellschaft, Frankfurt
Mikesell RF, Whitney JW (1987) The world mining industry. Allen & Unwin, Boston
Netschert BC (1988) Energy implications of the advances in superconductivity technology. *The Energy Journal 9(2):* 45-56
Nolte RF (1982) Innovation und Umweltschutz. Technologische und ökonomische Aspekte, dargestellt anhand ausgewählter Beispiele aus der Praxis. In: Uhlmann AA, Zimmermann K (Hrsg) *Umweltpolitik im Wandel. Von Beschäftigungseffekten zu Innovationswirkungen des Umweltschutzes*. Campus, Frankfurt/Main, S 77-95
Pearce DW (1976) Environmental Economics. Longman, London
Pearce DW (1988) Economics, equity and sustainable development. *Futures, December*, p 598-605
Penning, J (1987) Argumente zum Recycling-Papier. In: "Einsatz von Recycling-Papieren in Verwaltung und Industrie", Symposiumbericht, hg. v. Ministerium für Umwelt, Raumordnung und Bauwesen Saarland, Saarbrücken, S 1-16
Priest D (1989) The Status of Superconductivity. *Manufacturing Engineering, July, S* 73-75
Rees J (1985) Natural Ressources: allocation, economics and policy. Methuen, London
Schmidt RH (1989) Natural resources and regional growth. *Economic Review of Federal Reserve Bank of San Francisco 4:* 3-19
Siebert H (1978) Ökonomische Theorie der Umwelt. Tübingen
Siebert H (1983) Ökonomische Theorie natürlicher Ressourcen. Tübingen
Simon JL (1981) The Ultimate Resource. Princeton Univ Press, Princeton, S 46-53
Spaemann R (1986) Moralische Grundbegriffe. 3. Aufl, München
U.S. Bureau of Mines (ed) (1990) Mineral commodity summaries 1990. Washington, DC
United Nations, Statistical Yearbook, vols 1950 ff New York
Weber L, Pleschiutschnig I (1990) Welt-Bergbau-Daten. Reihe A, H 5, Bundesministerium f. wirtschaftl. Angelegenheiten, Wien
Weber L (1988) Das Rohstoffangebot der Erde. Unveröff. Vortragsmanuskript zum Symposium "Neue Rohstoffe für neue Technologien", Wien, 34 S
Winter C-J (1990) Die Hälfte des Energieverbrauchs läßt sich einsparen (Interview durch R Donnerbauer). *VDI-Nachrichten 44 (14):* 32
Zimmermann EW (1964) Introduction to World Resources. Harper & Row, New York
Zimmermann K, Nijkamp P (1986) Umweltschutz und regionale Entwicklungspolitik - Konzepte, Inkonsistenzen und integrative Ansätze. In: Zimmermann K, Nijkamp P, Fürst D,*Umwelt - Raum - Politik, Ansätze zu einer Integration von Umweltschutz, Raumplanung und regionaler Entwicklungspolitik*. Ed Sigma (Wissenschaftszentrum Berlin, Internationales Institut für Umwelt und Gesellschaft), Berlin, S 19-101

Anthropo-ecological approach as a theoretical background for political decision-making on solving the ecological problems[1]

Jaroslav Stoklasa, PhD.,
Legerova 45, CSFR-12000 Praha 2
Office: Federal Committee for the Environment, Slezská 9, CSFR-120 29 Praha 2
Tschechoslowakei

Abstract

At the beginning of the 1970s was in the Institute of Landscape Ecology of the Czechoslovak Academy of Sciences developed a theoretical and methodological model called the anthropo-ecological system based on the principle of interregulation between three subsystems (biosphere, technosphere, anthropospere). The most important principle between them is the interregulation between biological and economical reproduction processes in the system, based on energo-material and information flows as a background for development. This theoretical approach was later used for methodology and preparing background papers for decision-making. The problem was to coordinate the different approaches of specialized scientific disciplines of nature and social sciences. The background paper has to be prepared on three levels: (1) synthesis of different scientific disciplines and experiments, (2) synthesis from the point of view of biosphere (natural sciences), technosphere (technical and branch-economy); and anthroposphere (social and macroeconomy); (3) anthropoecological synthesis assessing and combining all three approaches in a complex background paper. It has to describe the problem, the solutions propsed in several variants showing all consequences. Every decision based on this material had to be considered as an "experiment pro future" and its results constantly followed in its results in the whole anthropo-ecological system as a kind of "circular process of cognition and decision-making".

1 already published in: Mikael Sandberg (ed) (1990) Reports from the Interdisciplinary Seminar on the Soviet Union and Eastern Europe at the University of Göteborg. No 2, Sweden.

1 Introduction

By the year 1971 the Institute of Landscape Ecology had been founded as an interdisciplinary institute within the Csechoslovak Academy of Sciences for investigation of the methods for solving environmental problems. The Department of Anthropoecology was oriented from the beginning on the theoretical and methodological approaches to these questions and the synthesis of biological and socio-economic scientific results to prepare background material for the political decision-making on solving the environmental problems. Then we formulated a theoretical and methodological model which we called the anthropo-ecological system (Petz u. Stoklasa 1972), to which we later developed further during the time (Stoklasa 1979). This theoretical and methodological approach was used in the few last years to prepare the interdisciplinary background-papers for political decision-making to solve of the environmental problems in Czechoslovakia and was applied in different case-studies as environmental impact assessment (e. g. 3).

2 Decision-making on solution of ecological problems

Decision-making on the near- or long-term goals of socio-economic development is based on the knowledge of needs of the society and their development, and also on knowledge of the limited factors. On a general plane, it is possible to discuss the target behavior of a system in a certain environment and adaption to changed conditions. The energo-material and information links of the system and its environment, influence and impose limits upon its behavior. Consequently it is necessary to obtain information about the limits as well as about the necessary adaption mechanism.

From the viewpoint of socio-economic development, these include firstly the barriers of *natural conditions* whose laws must be learnt so as to prevent damage to them, and secondly the acquisition of new *technical solutions* for optimizing the relation of needs and techniques for their satisfaction within the framework of a comprehensively conceived anthropo-ecological system. The basis therefore is the *process of cognition* of the natural and social laws and their integration in trajectory variants as the basis for the social decision-making process with a view to determining long-term goals and the stages of their gradual attainment.

3 Interdisciplinary anthropo-ecological documents for political decision-making

One of the serious problems of the decision-making process in solving of ecological problems is the quantity and diversity of the relevant data, their excessive specialization and so limited utility for decision-making. Many scientists agreed for many years that the study and solution of environmental problems was no longer exclusively the affair of one scientific discipline but that they were essentially the subject of an interdisciplinary approach. Practically all branches of natural and social sciences intervene in their solution.

This is certainly a generally acceptable view, but in its implementation one meets with complicated obstacles. Not only for the problem of the specialized terminology of different scientific disciplines where the same terms sometimes have totally different content, but mainly because of different methods of research, experiment, assessment and interpretation of the results. Even the results of the study of one object, e. g., a water reservoir will be competely different according to the points of view of each scientific discipline. It is possible that the decision makers could obtain from the specialists proposals for different, if not contradictory, measures, some solutions mutually excluding each other, (e. g., such as recreational use of drinking water reservoir).

Here we come to the important task for science in social practice and, at the same time, to the methodological problems arising in the preparation of such an interdisciplinary document. It is not only a matter of a different "language" of different scientific methods in individual disciplines, but it sometimes concerns the debate on the fundamental issues of the scientific work (Blazek, Petz and Stoklasa 1973). When has an "exact" scientist the right or the duty to come out of the shell of his narrow and countlessly verified laboratory experiment to take up an attitude to an issue which is only vaguely related to his subject, and therefore only lends itself to a remote analogy? And yet who has the right to derive such an analogy, if not the specialist in the respective field?

Consequently, conflicts occur among specialists of the natural and social sciences, when each is trying to impose the priorities of his viewpoint as the "nation-wide" interest. Another problem of such an interdisciplinary cooperation is the discussion between the "analysts" and "synthesists" in each individual scientific discipline of both groups. In social sciences as well there are experts, specialized in some spatial problems, who study the most minute details and there are also natural scientists with a broad ecological orientation and an insight into several scientific disciplines. The "analysts" reproach these "encyclopedists" for "knowing nothing about everything", while the "synthesists" laugh at the narrow specialists for "knowing everything about nothing". The discussion sometimes goes as far as the issue of "science and non-science", where only exact experimental work is considered as scientific, while its processing as a basis for decision-making is considered as non-scientific compilation.

In our opinion this discussion is totally pointless. Clearly, science can only progress through analytical and experimental work in the search for fundamental knowledge and laws. Different scientific disciplines have their different methods in analysis, their experiments and their laboratories. Such methods traditionally existes in the natural sciences but they are being continuously expanded by more exact methods and accurate equipment. The experiment takes place in exactly defined conditions and must be reproducible to be conclusive.

In social sciences the experiment, if it is at all feasible, cannot be repeated because a socio-economic process cannot be enclosed in laboratory. Very often, in the time between the start of the experiment and its assessment, changes take place which affect the results, or the views of the respondents, even in the most careful selection, can only partially reflect the authentic opinions of a broader population.

In preparing data for decision-making concerning the environment we have to realize that the relations between social and economic development and the environment are influenced not only by natural but also by socio-economic processes. The later are the result of decision-making at very different levels, from the individual and groups to society as a whole. Furthermore, these decisions are influenced by a hierarchy of values - individual and collective - by various stimuli (economic, legal, ethical etc.), at the level of society by short-term and long-term goals and the ways to their achievement. It is impossible to test these decisions out in advance or on "a small scale", or in a laboratory, because the real condition at the time of their implementation and of the assessment of their results are mostly quite different than they were at the time they were made.

Consequently, we must consider every decision made in relation to the environment as an *"experiment for the future"*, constantly follow up its consequences on the environment and adapt further decision-making accordingly. It is a kind of *"circular process of cognition and decision-making"* (Fig. 1) which also serves to avoid previous mistakes at each new step. Hence the need for a close relation between science and social practice. Science is to be expected to prepare objective interdisciplinary data based on the most recent scientific knowledge as a basis for the decision-making. But at the same time science should follow the effect of the decisions in practice and work out the necessary suggestions for adaption of the further decision-making process.

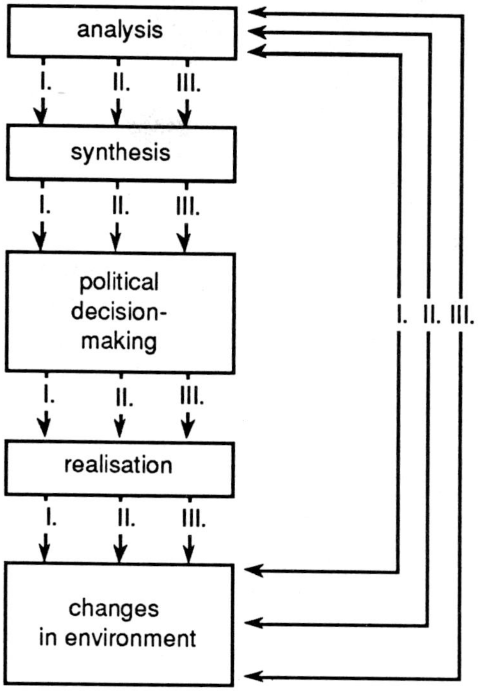

Fig. 1. Circular process of cognition and decision-making

The scientific background document for political decision-making must essentially be processed on the basis of basic research work, the study of the laws of phenomena and processes. This knowledge must serve as the starting point for the given task and be completed by studies in the respective territory. Theses studies must be carried out in the individual branches of natural and social sciences but directly oriented on the issue to be dealt with and the future synthesis of data and material. The choice of scientific disciplines and of the specialists who will work on the project depends on the nature of the problems and the aims of its solution. This condition is often difficult to fulfil and often one must make do with specialists who happen to be available or are ready to devote their time and work to the problem.

The individual branches should process the studies and proposed measures according to their professional viewpoints into a *first synthesis* (1. Level see Fig. 2). This synthesized material must be incorporated into a *second level of synthesis* where the given task is assessed from the point of view of the biosphere (synthesis of natural science), the technisphere (technical and economic synthesis) and the anthroposphere (social and economic synthesis). In the event of less extensive tasks or for lack of time and specialists the first and second levels of synthesis can carried out in a single phase.

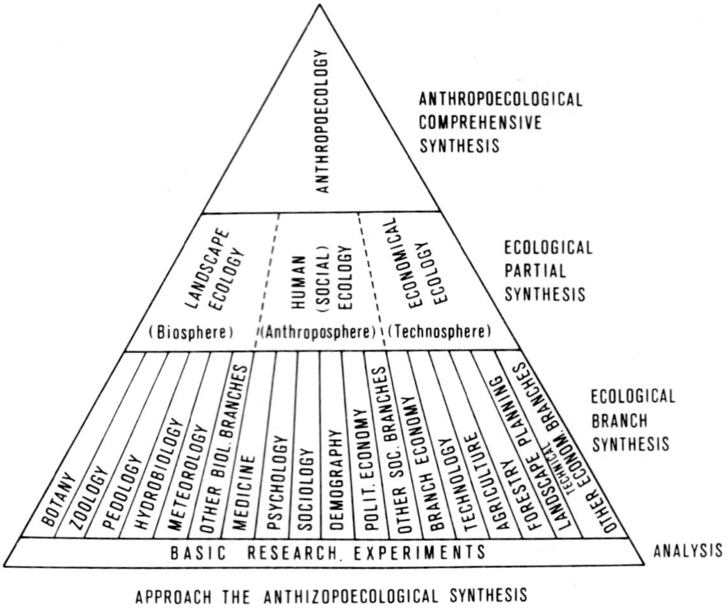

Fig. 2. Approach to the anthropo-ecological synthesis

All this material must then be processed into the third level of *anthropo-ecological synthesis*, which should combine all three viewpoints and respect all the complicated relations within the systems. Only such a complex, scientifically founded material, has the necessary value for the decision-making bodies. It should have the following structure:

1. *Description of the problem:* A description of the present state, possibly its cause and development, the description of ecological, economic and social circumstances. >It is not enough to state thet certain kinds of plants or animals are threatened, but it is necessary to show what impact this threat can have on the health of the population or on the landscape´s ecological balance as well as on further socio-economic development. It is necessary to present also an economic quantification of those impacts which could be economically calculated and to ennumerate all other unquantifiables, at least as a supplementary argument.
2. *Proposals for solution:* which should be based on the combined anthropo-ecological synthesis and be presented in the form of several alternatives, one of which should show the situation which would develop if no measures were to be taken at all. Each alternative should indicate its possible ecological, economic and social, negative consequences. It must also indicate resulting needs and measures, such as changes in technologies, capacties of production, manpower, investment, legal and economic measures and costs etc.

As explained the first level of synthesis is processed by specialists on the basis of studies and practical assessments by individual scientific disciplines. The second level of synthesis is carried out by more broadly oriented specialists of the natural and social sciences, who have a clear view of the relations among the individual disciplines. The anthropo-ecological synthesis should be performed by experienced specialists who fulfil the following conditions:

1. To have a broad overview and knowledge of the laws of natural and social processes and their relations. They should "know a great deal about many things".
2. To be able to read and understand the papers of different scientific branches in their respective specialized "language" or terminology. They schould be in a position to raise questions and discuss with experts.
3. The capability of selecting realistic alternatives from the partial synthesis not only from the ecological, but also from the technical, economic and social points of view, assess their economic and ecological impacts and derive a prognosis of development.
4. To formulate selected results and proposals at a high professional level but in a simple language understandable to non-specialists, with brief and well founded arguments. The politicians have no time to read extensive scientific studies!
5. To have the courage to propose solutions where science has not yet provided sufficient exact and experimentally verified resilts and it is therefore necessary to make a decision on the basis of analogies and incomplete scientific information. To postpone a decision until the assessment of long-term experiments could cause far greater damage than solution adopted on the basis of contemporary, though incompete knowledge.
6. To risk expressing the objective scientific truth, though it may be umpopular and some politicians maynot like to hear it. Correct decision-making is only possible on the basis of objective and realistic information.

References

Petz J, Stoklasa J (1972) Natural and artificial systems in man´s living environment. In: Swedish-Czechoslovak Symposium on Ecology, Liblice, Institute of Landscape Ecology CSAS, Praha

Stoklasa J (1979) Anthropo-ecological approach as a possible methode of intgration between biological and economic development. In: Methods and strategies for intgrated development, FOL, ONB/Mab UNESCO, Arlon/Belgium

Stoklasa J, Duinker P (1988) Social and economic consequences of forest decline in Czechoslovakia. Working Paper, vol 28, International Institute for Applied Systems Analysis, Laxenburg/Austria

Blazek B, Petz J, Stoklasa J (1973 and 1974) Anthropo-ecological decision-making; on the anaysis of implicit assumptions intervening between biological and economic approaches in anthropo-ecological decision-making. (1973) Svensk Geografisk Arsbok, Lund 49, 7 - 13, (1974) Lund studies in geography, Ser B., Human Geography, The Royal University of Lund, 40

Humanökologie "zwischen Theorie und Praxis[1]": emanzipatorisch oder entmündigend? - Ein Versuch, den Teufel an die Wand zu malen

Wolfgang Zierhofer
Geographisches Institut der ETH, Winterthurerstr. 190, CH-8057 Zürich

Abstract

Since the destruction of the environment is perceived as a existential and urgent problem for humankind, one might address to human ecology the claim, it should no longer waste its time handling theoretical matters but to contribute to the solution of the environmental crisis and finally show the politicians what they have got to do. This claim could mean, that in this difficult situation, the scientists should take the reins in their hands and that experts should make decisions instead of lay people.

I regard this opinion first as latently existing and second as erroneous or even dangerous. It implies a conception of science which is open to its instrumentalization. In particular, this claim means, that the organisation of a life-form should be derived only from scientific knowledge. Although it seems that the distinction of factual statements and value statements cannot be founded *logically* and although a majority of scientists believe in the impossibility of a non-normative science, I try to show that the distinction of facts and value judgements is *pragmatically* reasonable. This distinction can be traced back to an interest in rational communication, an emancipation. The historical process of differentiation of the political and the scientific system is oriented to these very values. Insofar as science only makes sense, if its statements do not claim the same validity as value judgements. If this nevertheless happens, science becomes an instrument of particular political interests. The experts keep the decision-making power and tacitly push through their own values which contributes to the incapacitation of lay actors. As a consequence of the existential dimension of the environmental problems, high expectations are addressed to human ecology. Since human ecology is a young discipline and in some aspects close to esoteric, anthroposophy and new age it is, compared with disciplines of a consolidated research-tradition, more exposed to the danger of instrumentalization. In this respect I propose to discuss the value-problematic and to reflect the role of the discipline in society.

[1] Dieser Beitrag ist eine erweiterte und überarbeitete Fassung eines kritischen Statements, das ich in einer Plenumsdiskussion am Symposium "Humanökologie zwischen Theorie und Praxis" 1990 in Bad Herrenalp (BRD) abgegeben habe.

1 Einleitung: Zur Werteproblematik einer praxisrelevanten Humanökologie

Umweltprobleme sind existentielle Probleme der Gattung Mensch. Und die Zeit drängt. So könnte an die Humanökologie etwa die Forderung gerichtet werden, sie solle einen Beitrag zur Bewältigung der Umweltkrise leisten und endlich den PolitikerInnen zeigen, was zu tun sei, anstatt ihre Zeit mit theoretischen Erörterungen zu verschwenden. Diese Forderung läßt sich im Sinne einer konsequenten Ausrichtung der Forschung nach den praktischen Problemen verstehen. Es könnte damit aber auch gemeint sein, daß in dieser schwierigen Situation die WissenschaftlerInnen das Heft in die Hand nehmen sollten, um als ExpertInnen für andere die Entscheidungen zu treffen.

Genau diese zweite Interpretation erachte ich erstens als latent vorhanden und zweitens als irreführend bis gefährlich. Sie impliziert ein Wissenschaftsverständnis, das sich (ungewollt?) seiner Instrumentalisierung bis hin zu totalitären Tendenzen öffnet. Im Kern besagt diese Forderung nicht mehr und nicht weniger, als daß die Gestaltung einer Lebensform - von der individuellen bis zur gesamtgesellschaftlichen Ebene - aus wissenschaftlichen Kenntnissen abgeleitet werden solle.

Letztlich soll aufgrund einer Situationsdefinition - z. B.: Worin besteht die Umweltproblematik? - über lebenswertes und weniger lebenswertes Leben entschieden werden. Jede Situationsdefinition drückt sich aber in einem begrifflichen Rahmen aus, der die Realität notgedrungen selektiv repräsentiert. Das begrifflich Hervorgehobene und sein "dunkler" Hintergrund leiten sich von Interessen und Wertungen ab. In diesem Sinn kann es für die Wissenschaft weder Objektivität noch Wertfreiheit geben.

Trotzdem möchte ich im folgenden Argumente dafür anführen, daß die Aufgabe der Wissenschaft nur darin bestehen kann, für das Erreichen hypothetischer oder vorgegebener Ziele, mögliche Wege vorzuschlagen und nicht darin, zwischen Werten, die in der Lebenspraxis verwirklicht werden sollen zu entscheiden, oder gar solche zu begründen. Das schließt jedoch nicht aus, daß Werte und Politiken wissenschaftlich auf ihre Konsequenzen und Konsistenz hin untersucht bzw. kritisiert werden. In diesem speziellen Sinn versuche ich das Postulat der Wertfreiheit zu verteidigen.

Dazu werde ich in einem ersten Schritt auf die Möglichkeit der Unterscheidung von wertenden und sachbezogenen Aussagen und auf den Begriff der Wertfreiheit eingehen. Zweitens werde ich den Teufel an die Wand malen und mit der Eugenik ein Beispiel für die Tragweite möglicher Konsequenzen eines unbemerkten Verlusts der Unterscheidung von Sachverhalten und Werturteilen geben. Dann werde ich auf einige Eigenschaften der Disziplin Humanökologie hinweisen, die sie gegenüber anderen Disziplinen für die Vereinnahmung durch partikulare Interessen etwas anfälliger machen könnte. Schließlich möchte ich Mut machen, für eine politische Praxis, die sich aus den unangemessenen und überflüssigen Bemutterungen der Wissenschaft befreit.

2 Rationale Kommunikation und Emanzipation

Das Postulat der Wertfreiheit wurde durch verschiedene Prozesse - z. B. Positivismusstreit, Feyerabends Antirationalismus, Kuhns Konzept wissenschaftlicher Revolutionen, div. Pluralismen, Relativismen und Vulgärmarxismen - so weit erodiert, daß sich die Unmöglichkeit der Wertfreiheit unter WissenschaftlerInnen als Gemeinplatz eingenistet hat. Mit der Sprechakttheorie wurde sogar die Unterscheidung von sachbezogenen (deskriptiven) und wertenden (präskriptiven) Aussagen hinfällig (Searle 1988 S. 199 ff).

Obwohl sich weder das Postulat der Wertfreiheit noch die Unterscheidung von präskriptiven und deskriptiven Aussagen rein logisch begründen lassen, sind sie nicht ohne guten Grund vertreten worden. Sie lassen sich als Konsequenzen von alltagsweltlichen Werten unserer modernen Lebenswelt auffassen, die letztlich dem Unternehmen Wissenschaft insgesamt Sinn und Legitimität verleihen.

In der Tradition von Weber und Habermas gelten die Rationalisierung der Lebenswelt, eine Orientierung an Reflexion und Lernprozessen sowie die Ausdifferenzierung von funktional definierten Handlungssystemen als wesentliche Voraussetzungen der Moderne. Unter Rationalisierung der Lebenswelt versteht Habermas (vgl. 1988, Bd. 1, S. 108 ff) eine Ausdehnung des Raums für argumentativ erzielte Verständigung auf Kosten der traditionell ererbten und unhinterfragten Einverständnisse (Lebenswelt). Diesem Prozeß liegt u. a. auch die Ausdifferenzierung der Unterscheidung der 3 Welten auf die sich Handlungen beziehen können und von 3 korrespondierenden Geltungsansprüchen zugrunde. Es handelt sich dabei um a) die Welt der objektiven Gegebenheiten und den Geltungsanspruch der Wahrheit bzw. Wirksamkeit, b) die intersubjektive Welt und den Geltungsanspruch der normativen Richtigkeit und c) die Welt subjektiver Empfindungen und den Geltungsanspruch wahrhaftigen Ausdrucks. Nach Habermas zeichnet sich das auf rationale Verständigung abzielende, kommuni-kative Handeln, dadurch aus, daß es alle 3 Weltbezüge unterscheidet.

Die Unterscheidung von Sachaussagen, Wertungen und Expressionen macht folglich gegen alle aussagenlogisch verengte Kritik einen pragmatischen Sinn. Inwiefern eine rationale Gestaltung von Interaktionen insgesamt sinnvoll sein kann und ob Rationalität als Wert begründbar ist, sind andere Fragen. Das "Projekt Aufklärung", als Ausgangspunkt der Moderne und durch sie fortgesetzt, hat sich jedenfalls der Rationalität verschrieben. Nicht als letzten Wert an sich, sondern eher als Mittel zur Emanzipation des Menschen als Gattung und als Individuum. Erhofft wurde die Befreiung von vermeintlichen gesellschaftlichen und natürlichen Zwängen, angestrebt und erkämpft wurden auch die heute selbstverständlich erscheinenden Ideale des Antidogmatismus, der individuellen Selbst- und Mitbestimmung.

Diese Ideale legitimieren letztlich auch das relativ autonome Handlungssystem Wissenschaft. Die Autonomie von Handlungssystemen wie Ökonomie, Verwaltung, Politik, Militär, Wissenschaft etc. ermöglichte erst ihre ungeheure Effizienzsteigerung, beruht aber im Wesentlichen darauf, daß sie sich prinzipiell auf die Erfüllung einer legitimen Funktion beschränken. Die Wissenschaft kann nun als institutionalisierter Lernprozeß für sachbezogenes Handeln begriffen werden. Rationales Lernen stellt sich durch Reflexion und Empirie ein. Ein reflexiver Akt kann aber nur dann rational sein (was hier mit erfolgreich zusammenfällt), wenn er nicht an anderen, als den Erkenntnisinteressen orientiert ist. Alles andere steigert die Chance der Selbsttäuschung. Die Unterscheidung von Sachverhalt, Norm und Ausdruck, sowie die Aussetzung direkter alltagsweltlicher Interessen sind damit wichtige Voraussetzungen für die Legitimität wissenschaftlichen Handelns und den Geltungsanspruch wissenschaftlicher Aussagen. In diesem Sinn verstehe ich das Postulat der Wertfreiheit[2] als Ausdruck der emanzipatorischen Idee.

Die Unvermeidlichkeit, mit jedem Sprachgebrauch die kulturell "sedimentierten" Interessen an Erkenntnis und Handlungskoordination auszudrücken, ist mit dem so verstandenen Postulat der Wertfreiheit durchaus verträglich. Es leitet sich daraus höchstens ein Postulat zur Reflexion der Implikationen des Begriffsapparates ab. Mit dem Geltungsanspruch wissenschaftlicher Aussagen (Wahrheit) aber Normen zu erlassen oder Werturteile zu fällen, läuft m. E. auf eine Entmündigung der Laiengemeinschaft hinaus. Die funktionale Trennung von Politik und Wissenschaft ist eine kulturelle Leistung, die vielleicht nicht so schnell aufs Spiel gesetzt werden sollte. Institutionen sind jedoch weder notwendigerweise an Orte und Zeiten, noch an Personen gebunden, sondern nur an die Geltungsansprüche von Handlungen - im Falle von Politik und Wissenschaft: von Sprechakten.

3 Eugenik: Idealtyp des wissenschaftlichen Totalitarismus

In diesem Abschnitt möchte ich - exemplarisch einsichtig und abschreckend - auf die möglichen Konsequenzen eines unsorgfältigen "wissenschaftlichen" Umgangs mit Wertungen hinweisen. Der in diesem Zusammenhang spezifische Sinn der oben verwendeten Begriffe der "Instrumentalisierung" und der "totalitären Tendenzen" soll im folgenden nun etwas näher bestimmt werden. Instrumentalisierung stellt sich dann ein, wenn mit dem Geltungsanspruch wissenschaftlicher Aussagen implizit partikuläre Interessen legitimiert werden. Dies ist z. B. der Fall wenn Schadstoffgrenzwerte oder andere Normen von ExpertInnen ohne explizit politisch legitimiertes Ziel gesetzt werden. Typischerweise ist dann jeweils die Rede davon, daß sich die PolitikerInnen in ihren Entscheiden auf die Urteile von ExpertInnen verlassen hätten. Totalitär werden solche Vorgänge, wenn eine Sichtweise für sich universale Gültigkeit in Anspruch nimmt und sich als Maß für die Gesamtheit einer Lebensform gegen andere Wertauffassungen durchsetzt.

Die "humangenetisch modernisierte Eugenik" (vgl. Beck 1988, 31 ff) soll uns in diesem Zusammenhang als Idealtyp schleichender Totalisierung dienen. Ihre Struktur ist etwa folgende: Anhand der wissenschaftlich definierten Normalität wird unter dem Mantel der Humanität lebenswertes Leben von nicht lebenswertem unterschieden um

2 Die Konnotationen des Wortes "Wertfreiheit" verleiten zu Mißverständnissen. Gemeint ist ein Wechsel der Handlungsorientierung vom System alltagweltlicher Relevanzen zum System wissenschaftlicher Relevanzen, wie sie durch die Tradition von Begriffen, Theorien (bzw. bisherigen Erkenntnissen), Forschungsthemen und Arbeitsweisen gegeben sind.

letzteres humangenetisch zu verhindern. Die Legitimationsfrage scheitert an der moralischen Unmöglichkeit "für Erbkrankheiten" einzustehen und andererseits an der Inkompetenz über Standardabweichungen, Signifikanzniveaus und andere kodierte Definitionsverfahren des Zumutbaren zu urteilen. Das Ob-, Wie- und Warumüberhaupt des menschlichen Subjektes von morgen wird unter Gesichtspunkten partikularer und evtl. sogar sachfremder Interessen - z. B. wissenschaftliche Karriere, Rentabilität von Investitionen - unter Ausschluß der Öffentlichkeit vorweg entschieden.

Was sich am Beispiel der Gentechnologie deutlich und bedrückend zu erkennen gibt, ist jedoch strukturell verwandt mit vielen anderen normativen Funktionen, die wissenschaftliche Disziplinen gegenüber der Alltagswelt erfüllt haben, noch erfüllen und gewiß in Zukunft noch erfüllen werden. Die Problematik Gentechnologie stellt keinen Einzelfall, sondern nur einen aktuell brisanten Fall dar. Gerade die Geschichte der Sozial- und Wirtschaftswissenschaften ist Reich an Beispielen von implizit normativ angelegten Theorien und Begriffen: Sozialdarwinismus, teleologische Geschichtsauffassungen und Entwicklungsmodelle, der Universalitätsanspruch des Rationalen, Harmonie- und Gleichgewichtsmodelle, Theorien der Persönlichkeitsentwicklung und der angemessenen Erziehung, metaphorische Sprachregelungen von gesund und krankhaft, implizite Wertungen als dysfunktional oder traditionell usw. usf..

4 Humanökologie: Anzeichen der Immunschwäche

Gerade in bezug auf Krisenthematiken ist es verlockend, Rezepte - im Sinne von endgültigen Lösungen - für die Gestaltung einer besseren Welt zu finden. Insofern ist sicher auch die Humanökologie einem großen Erwartungsdruck ausgesetzt: Wie soll eine nachhaltige Ressourcennutzung globalgesellschaftlich organisiert werden? Wer gibt darauf nur "wenn-dann-kann"-Antworten und wer stellt gar die Legitimität der Frage in Frage? Die Verlockung denkbare Lösungsvorschläge als ein "Muß" darzustellen ist groß und die Grenzen in den Formulierungen sind fließend. Viel Aufmerksamkeit und Gespür ist vorausgesetzt, um mit den implizierten Geltungsansprüchen sorgsam umgehen zu können.

Eine Instrumentalisierung der Wissenschaft dürfte sich kaum je ausschließen lassen. Sie tritt in den unterschiedlichsten Formen auf und man kann sich endlos darüber streiten, welche nun noch als harmlose Begleiterscheinungen, sozusagen als "Hintergrundrauschen der Normalität", akzeptabel sein sollen. Es lassen sich eine Reihe von Faktoren ausmachen, die für die Humanökologie auf eine erhöhte Gefahr der Instru-mentalisierung hinweisen. Ich möchte sie im folgenden kurz ansprechen.

Die Humanökologie befaßt sich mit der Umweltproblematik, die heute als existenzielle Bedrohung für die Gattung Mensch begriffen wird. In dieser Situation ist die Gefahr des Notstandsdenkens, das den steinigen Weg diskursiver Einigung zugunsten eines "wissenschaftlich begründeten und griffigen" Maßnahmenpakets aussetzen will, relativ groß.

Die Disziplin Humanökologie verfügt über kein gefestigtes theoretisches Gebäude, sondern ist auf Anleihen von hier und dort angewiesen. In der Folge versagt die kritische Prüfung von Beiträgen eher als in anderen Disziplinen.

Die Grenzen der wissenschaftlichen Leistungsfähigkeit scheinen bei jungen Disziplinen offener, unbestimmter zu sein. Humanökologisches Gedankengut könnte insofern attraktiv für Heilserwartungen sein. Auf Erlösung hoffende soziale Bewegungen zeigen vielfach ein besonderes Muster: Sie geben - manchmal in Ritualen der Zerstörung - die Gegenwart für eine bessere Zukunft auf (vgl. Worsley 1973).

Die Humanökologie ist eine Grenzdisziplin. Durch den offiziellen Verlust des mechanistischen Weltbildes besteht eine Nachfrage nach Orientierungswissen. Eine Auseinandersetzung, beispielswiese mit den Ganzheitskonzepten der Dialektik oder der Anthroposophie, mit den Grenzwissenschaften und der Grenze von Wissenschaft und Religion scheint auf der wissenschaftlichen Ebene weitgehend auszubleiben und höchstens in die persönliche Lebensgestaltung einzufließen. Auch hier scheint die wissenschaftliche Kritik eher schwach und der Bewährungsdruck für Behauptungen gering zu sein.

Die Humanökologie könnte dadurch ein Sammelbecken für marginalisierte WissenschaftlerInnen werden. Zum einen gibt es kaum spezifische Ausbildungsstandards zum anderen könnte für Personen mit sehr unkonventioneller Wissenschaftsauffassung das Tätigkeitsfeld in etablierten Disziplinen zu steinig, bzw. im Rahmen der Humanökologie attraktiver sein. Insbesondere wer sein Engagement für eine bessere Welt in die Wissenschaft einbringen will, findet hier leichter ein Zuhause.

Was ich unter dem Gesichtspunkt der Instrumentalisierung als Schwächen der Disziplin interpretiert habe, könnte aus anderer Perspektive durchaus auch als Stärken ausgelegt werden: z. B. Sensiblität, Engagement, ganzheitliches Denken,ßächerübergreifendes Interesse etc. Um es nicht darauf ankommen zu lassen, die Stärken durch die Schwächen zu gefährden, sollte sich die Humanökologie auch auf die Reflexion der Wertproblematik einlassen.

5 Für eine Praxis mit uns, nicht von uns!

Ein Freund meinte zur Problematik der Luftreinhaltung: "Alle fordern genauere Abklärungen und Messungen, bevor sie einen Schritt wagen. Dabei wissen wir genügend genau, wie schlecht die Luft ist, um Massnahmen zur Verbesserung ihrer Qualität verantworten zu können." Ich glaube in den meisten Fällen wissen Einzelpersonen wirklich genug, um politische Entscheide fordern und verantworten zu können. Ihre politischen Rechte und ihre politische Macht müssen dazu nicht an ExpertInnen delegiert werden. Von der Humanökologie den Lösungsweg aus der Umweltkrise zu fordern ist nicht nur unangemessen, sondern auch überflüssig. Schlimmer noch: Das Problem politischer Willensbildung und persönlicher Präferenzen wird dadurch fälschlicherweise auf eines des Fachwissens reduziert.

Literaturverzeichnis

Acham K (1980) Sozialwissenschaft und Wertgeschehen. In: Topitsch E (Hrsg) Logik der Sozialwissenschaften. 10. Aufl. Verlagsgruppe Athenäum, Hain, Scriptor, Hanstein, Königstein i Ts, S 165 - 195

Albert H (1980) Wertfreiheit als methodisches Prinzip. In: Topitsch E (Hrsg) Logik der Sozialwissenschaften. 10. Aufl., Verlagsgruppe Athenäum, Hain, Scriptor, Hanstein, Königstein i Ts, S 196 - 225

Beck U (1988) Gegengifte. Die organisierte Unverantwortlichkeit. Suhrkamp, Frankfurt a M

Habermas J (1985) Wertfreiheit und Objektivität. In: ders.: Zur Logik der Sozialwissenschaften. 5. Aufl. Suhrkamp, Frankfurt a M, S 77 - 85

Habermas J (1988) Theorie des kommunikativen Handelns. 2 Bände, 4. Aufl. Suhrkamp, Frankfurt a M

Höffe O (1988) Naturrecht ohne naturalistischen Fehlschluß: ein rechtsethisches Programm. In: ders.: Den Staat braucht selbst ein Volk von Teufeln. Reclam, Stuttgart, S 24 - 55

Kolakowski L (1977) Die Fortdauer des Sein-Sollen-Dilemmas. In: ders.: Zweifel an der Methode. Kohlhammer, Stuttgart, S 9 - 54

Schütz A (1971) Wissenschaftliche Interpretation und Alltagsverständnis menschlichen Handelns. In: ders.: Gesammelte Aufsätze, Bd 1, Martinus Nijhoff, Den Haag, S 3 - 54

Searle JR (1988) Sprechakte. 3. Aufl. Suhrkamp, Frankfurt a M

Stegmüller W (1986) Wertfreiheit, Interessen und Objektivität. In: ders.: Rationale Rekonstruktion von Wissenschaft und ihrem Wandel. Reclam, Stuttgart, S 177 - 203

Ulrich P (1987) Transformation der ökonomischen Vernunft. 2. Aufl. Haupt, Bern

Weber M (1988) Der Sinn der »Wertfreiheit« der soziologischen und ökonomischen Wissenschaften. In: ders.: Gesammelte Aufsätze zur Wisschenschaftslehre. 7. Aufl. Mohr bzw. UTB, Tübingen, S 489 - 540

Weber M (1980) Wirtschaft und Gesellschaft. 5. Aufl. Mohr, Tübingen

Worsley P (1973) Die Posaune wird erschallen. Suhrkamp, Frankfurt a M

Teil III

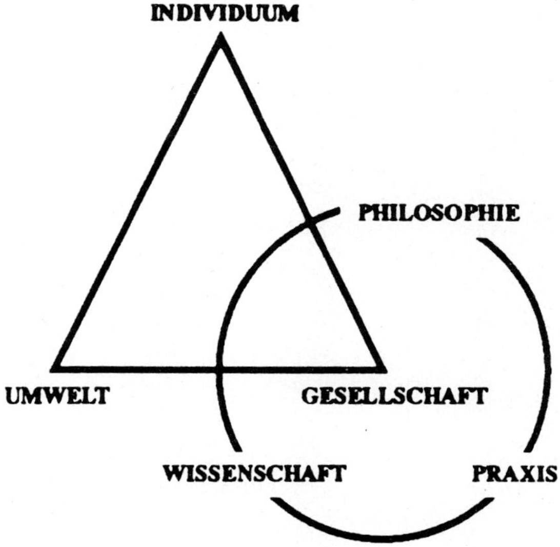

Humanökologische Perspektiven der Vermittlung zwischen Theorie und Praxis
1. Individuelle Regulative

Wie gehen Menschen mit Umweltbelastungen um? Belastungen durch Umweltprobleme und Versuche der subjektiven Bewältigung. Ein empirischer Beitrag zur Umweltpsychologie

Doris Flor, Hanns Petillon und Reinhold S. Jäger
Zentrum für empirische pädagogische Forschung der Universität Koblenz-Landau,
Im Fort 7, D-6740 Landau, Deutschland

Abstract

This article considers the question of how individuals cope with problems concerning their environment. A theoretical concept is made as a foundation that seems adequate to operationalize the reactions shown towards environmental problems in a suitable way.
The collected data are evaluated on the basis of sex, age, standard of education and some other important background variables. The results give a interesting first insight into this subject area. Furthermore they allow us to formulate other hypotheses that may be investigated in future studies.

1 Einleitung

In diesem Beitrag wird der Frage nachgegangen, wie Personen, die mit einem Umweltereignis konfrontiert werden, dieses hinsichtlich seiner Wirkung einschätzen und wie sie damit umgehen. Diese Frage steht an zentraler Stelle bei einem größeren Projekt, in dessen Rahmen die Belastung durch Alltagsprobleme und der Umgang verschiedener Personen mit solchen Alltagsproblemen geklärt werden soll (vgl. Jäger 1990).

Die Verwendung der Begriffe Umweltprobleme und Alltagsprobleme erfolgt keineswegs in dem Sinne, daß Umweltprobleme und Alltagsprobleme als äquivalent zu werten sind. Vielmehr können ganz allgemein Alltagsprobleme als Hauptkategorie angesehen werden, die Umweltprobleme subsumiert. Die Verbindung zwischen Alltagsproblem und Umweltproblem wird deutlich in Kontexten, in denen Personen im Zusammenhang mit "Umwelt" tätig werden.

Jeder ist direkt oder indirekt mit Umweltproblemen im täglichen Leben konfrontiert, sei es beispielsweise als

- *Verbraucher,* der mit seinem eigenen Hausmüll dazu beiträgt, Umwelt zu verändern und zu zerstören,
- *Umweltschützer*, um mit eigenen Überlegungen dazu beizutragen, an einem Bewußtseinswandel mitzuwirken und als
- *Konsument von Nachrichten*, der über eine Umweltkatastrophe weit ab der eigenen Umwelt erfährt.

Die 3 genannten unterschiedlichen Rollen, in denen Aktivitäten von Personen verdeutlicht werden, kennzeichnen den Sachverhalt, daß möglicherweise das gleiche Umweltproblem unterschiedlich perzipiert, bewertet und bewältigt wird.
In dem hier darzustellenden Projekt wird der Versuch unternommen, diesen unterschiedlichen individuellen Wahrnehmungs- , Bewertungs- und Bewältigungsreaktionen nachzugehen.

2 Theoretische Vorbemerkungen

Die *Umweltpsychologie*, als Teil einer Psychologie, die das Verhalten und Erleben untersucht, setzt sich die Aufgabe, einen Beitrag bei der Planung einer für den Menschen optimalen (Lebens-) Umwelt zu leisten. Dieses Ziel soll durch interdisziplinäre Kooperation mit anderen Wissenschaftsgebieten (z. B. Soziologie, Erziehungswissenschaft, Medizin) erreicht werden.

Im deutschen Sprachraum sind in den 50er und 60er Jahren nur isolierte Ansätze zu einer Fortsetzung dieses Zweigs der Psychologie zu entdecken. Hier ist u. a.Franke (1967) zu nennen, der über die Möglichkeiten der Anwendung von Psychologie auf die Umweltgestaltung spekulierte und Studien über die Wirkung von Wohnungsumgebungen und Städtebau (Franke 1976) durchführte.

Danach erfuhr die Umweltpsychologie bezüglich ihrer Thematik eine weitere Spezifikation: Sie wird seither aufgefaßt als die wissenschaftliche Disziplin, die sich die psychologische Erforschung und praktische Bewältigung aktueller Umweltprobleme (Pawlik 1976, Kaminski 1976) zum Ziel gesetzt hat.

Entsprechend sind die Strukturierungsversuche gestaltet, Aspekte der Umweltpsychologie zu klassifizieren. Kaminski (1978) schlägt eine Kategorisierung in 5 Bereiche vor:

- Planung und Design bei der Gestaltung von Umwelten,
- ökologische Perspektiven in der Sozialisationsforschung,
- *Umweltprobleme aus psychologischer Sicht,*
- *Umweltbewußtsein,*
- psychologische Aspekte soziokultureller Veränderungen.

Die an 3. und 4. Stelle ausgedrückten Sachverhalte stellen zentrale Aspekte der nachfolgenden Ausführungen dar, da in ihnen Gesichtspunkte der Perzeption, Bewertung und Reaktion ebenso angesprochen werden, wie Fragen der Intervention, um auf diesem Wege Veränderungen im Verhalten zu erreichen.

3 Diagnostik von Belastung und Bewältigung von Umweltproblemen

Eine Realisierung von diagnostischen Zugängen zu Belastung und Bewältigung im Kontext von Umweltproblemen erfordert, wie auch sonst, eine logische und/oder empirische Analyse des Problems, um die Voraussetzung für eine sachgerechte Operationalisierung zu schaffen. Hier skizziert die Aussage von Gigerenzer (1981) das entsprechende strategische Vorgehen.: 'Messung geht der Statistik voraus, psychologische Theorie ihrerseits geht der Messung voraus, d. h. psychologische Gesetzmäßigkeiten begründen erst die Art und Weise der Messung. Es ist daher notwendig, eine theoretische Position zu skizzieren, um die Grundlagen für Operationalisierungen und Datenauswertungen bereitzustellen.

3.1 Modell zur Analyse kritischer Lebensereignisse nach Filipp

Filipp (1981, S. 10) hat ein makropsychologisches Modell (Abb. 1) entwickelt, um kritische Lebensereignisse einer Analyse zu unterziehen. Dieses Modell kann - wie auch an anderer Stelle erfolgreich genutzt (Jäger 1989; Seifert et al. 1991) - im Rahmen dieser Erörterung eingebracht werden, um die Grundlagen für eine Analyse von Belastung und Bewältigung unter dem Blickwinkel der Einflußgröße *Umweltprobleme* zu liefern.

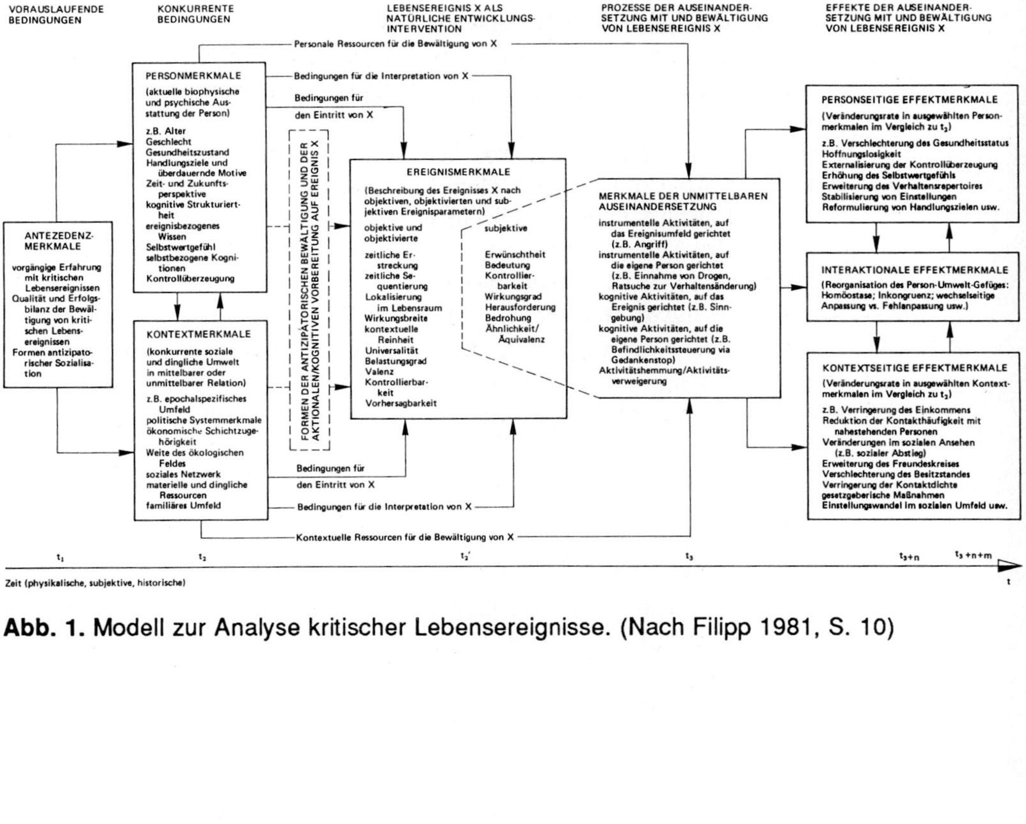

Abb. 1. Modell zur Analyse kritischer Lebensereignisse. (Nach Filipp 1981, S. 10)

Das Modell enthält folgende Einflußgrößen, die in der Abfolge der Darstellung einen Prozeß mit folgenden voneinander zu unterscheidenden Stadien skizzieren:

- *Vorauslaufende Bedingungen:* Im wesentlichen handelt es sich dabei um Aspekte der Biographie oder Lerngeschichte. Darunter sind zu subsumieren, z. B. das Auftreten von entsprechenden Umweltproblemen in der Vergangenheit, die damit einhergehenden Erfahrungen i.S. von Wahrnehmung und Bewertung, aber auch die bislang sie begleitenden und angewandten Bewältigungsreaktionen sowie die auf diese erfolgten erfolgreichen oder nicht-erfolgreichen Bewältigungen.
- *Konkurrente Bedingungen:* Hier werden 2 Bedingungsebenen voneinander unterschieden:
  - *Personenmerkmale,* d. h. Bedingungen, die die betreffende Person biologisch, biopsychisch und physisch einbringt. In diesem Kontext sind zu nennen: Alter, Geschlecht sowie Persönlichkeitsfaktoren, wie z. B. die Zukunftsangst und andere mehr.
  - *Kontextmerkmale:* Diese Merkmale beziehen sich auf die Umweltaspekte selbst: z. B. die jeweiligen ökologischen und sozioökonomischen Bedingungen etc.
- *Ereignismerkmale:* Jedes Ereignis kann aufgrund objektiver, objektivierter und subjektiver Parameter beschrieben werden.
  - Als *objektive Parameter* sind die physikalisch und chemisch bestimmbaren Größen zu nennen.
  - Als *objektivierte Parameter* gelten solche Einschätzungen, die durch die Ratings der Vorhersagbarkeit des Eintritts des Umweltereignisses, des Belastungsgrades usw. gewonnen werden. Gegenüber den subjektiven Parametern kann hier ein hoher Grad an intersubjektiver Transparenz hergestellt werden, ohne daß aber dem Ideal naturwissenschaftlichen Messens entsprochen werden kann.
  - *Subjektive Parameter* werden durch Einschätzungen z. B. der Bedeutsamkeit, Kontrollierbarkeit, Ohnmächtigkeit gegenüber dem Ereignis etc. gewonnen. Ziel ist es dabei nicht, Konsistenz zwischen den Urteilenden herzustellen, sondern die subjektive Einschätzung als Maßstab für den je betreffenden Sachverhalt zu nutzen.
- *Prozesse der Auseinandersetzung und Bewältigung:* Hierbei geht es im engeren Sinne um diejenigen Aktivitäten, die durchgeführt werden, um dem Ereignis zu begegnen und es - im erfolgreichen Fall - zu bewältigen. Dieser Aspekt wird noch einmal innerhalb der mikropsychologischen Betrachtung (s. u.) aufgenommen.
- *Effekte der Auseinandersetzung mit dem Ereignis und Bewältigung des Ereignisses:* Filipp unterscheidet hier 3 Effektarten:
  - *Personenseitige Effekte:* Hierunter faßt sie alle Veränderungen auf der Personenebene, die aufgrund der Wahrnehmung des Eintritts, der erfolgten Bewertung und der nachfolgend durchgeführten Reaktionen zu Tage getreten sind.
  - *Interaktionale Effekte:* Innerhalb der Belastungs- und Bewältigungsforschung wird die Wirkung von solchen Ereignissen, die bewältigt werden

müssen, darin gesehen, daß durch sie die Interaktion zwischen Person und Umwelt gestört wird. Die hier erwähnte Interaktion bezieht sich hinsichtlich ihres Effektes auf den wechselseitigen Einfluß beider genannter Teilaspekte.

- *Kontexteffekte:* Bei diesem Merkmalseffekt geht es um Veränderungen der Kontextmerkmale gegenüber der Ausgangsposition.

Bereits das hier skizzierte makropsychologische Modell läßt erkennen, daß das Bewältigen nicht ein einmaliger Akt ist, sondern als Prozeß angesehen werden muß. Dieser Überlegung enstpricht weitgehend eine transaktionale Sichtweise, wie sie Lazarus (1974) verfolgt und wie wir sie hier und in anderen vergleichbaren Projekten realisieren.

Der Bewältigungsprozeß erstreckt sich in aller Regel über die Reihe der folgenden Stationen:

- Auftreten eines kritischen Ereignisses,
- Wahrnehmen des Ereignisses,
- Bewerten dieses Ereignisses,
- Auseinandersetzung mit ihm, d. h. Durchführung von Bewältigungsreaktionen und
- Neubewerten des gleichen Ereignisses,
- um dann anschließend gegebenenfalls mit der Auseinandersetzung im Prozeß fortzufahren.

In der bisherigen Darstellung wurden noch keine Vorstellungen darüber geäußert, wann überhaupt das Bewältigen notwendig wird. Der Begriff *Bewältigen* wird aus dem englischen Begriff *to cope with* abgeleitet. Man könnte das Verb als *umgehen mit etwas* übersetzen. Diese Übersetzung macht deutlich, daß der vielfach im Deutschen verwendete Ausdruck *Bewältigung* sehr unpräzise ist.

3.2 Bewältigen eines Umweltereignisses

Was bedeutet Bewältigen? Und wann wird Bewältigen überhaupt notwendig?
Bewältigen, so nehmen wir in unserer theoretischen Position an, wird überall dort erforderlich, wo aufgrund des Eintritts eines Ereignisses eine Person entweder Handlungsunfähigkeit antizipiert oder diese in der betreffenden Situation erlebt. Vom Effekt her wird deshalb keine Unterscheidung zwischen der Antizipation oder der Konfrontation angenommen. Die Unterscheidung resultiert einzig und allein auf der Basis der Zeitperspektive, die psychologisch bzw. physikalisch begründet ist.

Die *Handlungsunfähigkeit* wird indiziert aus der subjektiven Bedeutsamkeit der antizipierten Konsequenzen und Folgen des Ereignisses einerseits und der zum Zeitpunkt des Eintretens oder in der Folgezeit nicht gegebenen subjektiven Verfügbarkeit von (unspezifischen oder spezifischen) Reaktionen auf das Ereignis. Es ist daher folgerichtig, die Handlungen, die darauf ausgerichtet sind, eine mit der Handlungsunfähigkeit verbundene Streßreduktion herbeizuführen, unabhängig von ihren Konsequenzen als *Bewältigungsreaktionen* zu bezeichnen oder mit dem Substantiv *bewältigen* zu versehen.

In einer graphischen Darstellung soll im folgenden das "Bewältigen" in seinen Teilaspekten erläutert werden.

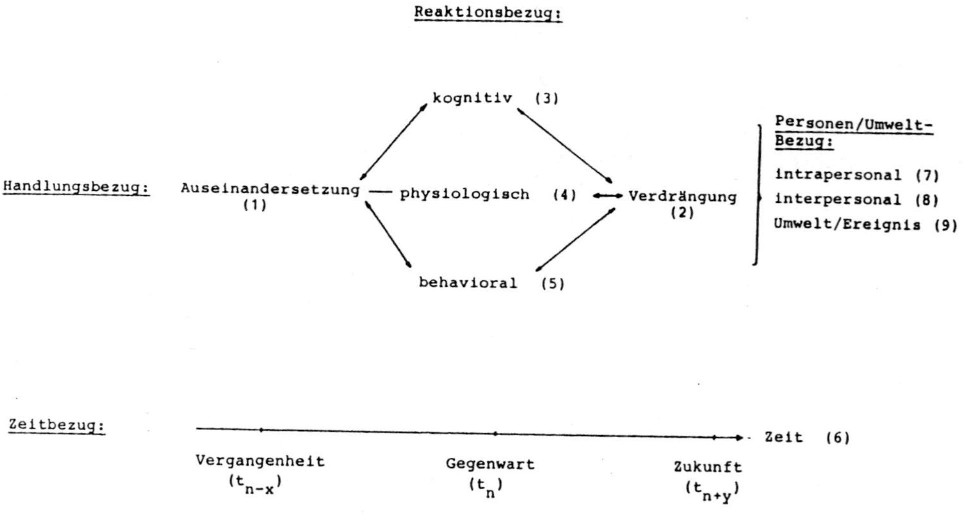

Abb. 2. Neun-Komponenten-Modell. (Nach Jäger 1990, S. 132)

Nach unseren eigenen Vorstellungen (Jäger 1989) umfaßt das Bewältigen (Abb. 2) mindestens 3 Arten von *Reaktionen*: physiologische, behaviorale und kognitive.
In unserem eigenen Copingmodell (Jäger 1989) orientiert sich die *Art der Copingreaktion* an 2 psychologischen Dimensionen: Auseinandersetzung und Verdrängung.

Beide werden als Pole des sog. *Handlungsbezugs* verstanden, die sich diametral gegenüberstehen:

- *Auseinandersetzung* ist dabei als bewußte und/oder zielgerichtete Art des Angehens nach Eintreten des Ereignisses zu verstehen;
- *Verdrängung* beinhaltet die bewußten oder unbewußten Mechanismen, z. B. ein gegebenes Problem nicht wahrhaben zu wollen, es zu verleugnen oder ihm aus dem Weg zu gehen. Der Begriff ist keineswegs synonym mit dem in der psychodynamischen Theorie verwendeten.

In diesem Copingmodell spielt darüber hinaus der Zeitpunkt eine Rolle. Wir nennen diesen Gesichtspunkt den *Zeitbezug*. Im Prinzip lassen sich die 3 Zeitabschnitte: *Vergangenheit*, *Gegenwart* und *Zukunft* voneinander unterscheiden.

Ein weiterer Aspekt ist der *Person-/Umweltbezug*. Bei diesem wird angenommen, daß der Grad der Belastung durch das gleiche Ereignis von verschiedenen Personen unterschiedlich eingeschätzt wird. Diese Unterschiedlichkeit in der Einschätzung wird - so nehmen wir an - moderiert durch:

- habituelle Merkmale und Eigenschaften der Person, z. B. Zukunftsangst;
- Merkmale und Eigenschaften der Situation: Die Situation wird charakterisiert durch ein transaktionales System, das aus Person und situativen Bedingung besteht. Der Begriff Transaktion umschreibt dabei einen rekursiven Prozeß zwischen der Person und dem Ereignis, besser der Wahrnehmung des Ereignisses.
- das Ereignis selbst: Das Ereignis kann mehr zufällig, ohne Vorwarnung eintreten oder erwartet sein, weil sich die Dinge im Laufe eines Geschehens zugespitzt haben. Und es kann die Umgebung, Umwelt, Person oder alle 3 Komponenten einer Veränderung unterziehen. Wir sprechen deshalb vom Person-/Umweltbezug, um damit auszudrücken, daß es eine Wirkung des Ereignisses auf etwas bestimmtes gibt und zugleich, daß eine Zielgerichtetheit von Bewältigungsreaktionen existiert. Betroffen ist in jedem Falle das Individuum:

    - *indirekt* dann, wenn das Ereignis nicht bei dem betreffenden Individuum "greift";
    - *direkt* dann wenn sich die geschilderten Sachverhalte unmittelbar auf das Verhalten und Erleben des Individuums selbst auswirken.

Unser Modell enthält damit 4 Bezüge (Reaktionsbezug, Handlungsbezug, Zeitbezug und Person/Umweltbezug), die als ordnungsstiftende Elemente für die Entwicklung von entsprechenden Instrumenten bzw. für Operationalisierungen zur Erfassung von Belastung und Bewältigung im Rahmen einer *rationalen Itemkonstruktion* (vgl. Schott 1988; Schott u. Wieberg 1984) zugrunde gelegt wurden.
In Anlehnung an das beschriebene Modell wurde der Fragebogen *CEUS* von Schulze et al. (1987) entwickelt und auch in der hier zu berichtenden empirischen Untersuchung eingesetzt.

4 Fragestellungen der empirischen Untersuchung

Bei der empirischen Untersuchung standen folgende zentralen Fragen im Vordergrund:

- Mit welchen Umweltproblemen beschäftigen sich die befragten Personen?
- Wie werden diese Probleme individuell beurteilt? Welche Bedeutung haben diese? Wie groß ist der subjektiv erlebte Belastungsgrad? Werden eigene Einflußmöglichkeiten gesehen?
- Welche Reaktionen treten auf und wie äußert sich das Bewältigungshandeln?
- In welchem Ausmaß werden Zukunftsthemen als belastend empfunden? Bestehen Unterschiede in der Wahrnehmung und Wertigkeit zwischen eher "allgemeinen" Zukunftsängsten und "umweltbezogenen" Zukunftsängsten?
- Wie und in welchem Ausmaß interagieren solche allgemeinen oder spezifischen Ängste mit empfundener Belastung durch "Umweltprobleme" und deren Bewältigung?
- Bestehen Unterschiede zwischen Personen unterschiedlichen Alters, Geschlechts, Bildungsniveaus in der Einschätzung und der Art der Bewältigung von Umweltereignissen?

5 Untersuchunginstrumente

Ausgehend von den oben genannten theoretischen Darstellungen und unter Bezugnahme auf die dargestellten Fragen, wurde ein Fragebogenpaket zusammengestellt, das folgende Einzelteile enthielt (vgl. Flor 1991):

- Begleitschreiben,
- ein Fragebogen zur Erfassung soziodemographischer Daten,
- der *CEUS-Copingfragebogen* (in einer an die Fragestellung angepaßten Form),
- der Fragebogen *Zukunftsangst,*
- der Fragebogen *Belastung durch Umweltprobleme.*

Im Begleitschreiben wurde der Untersuchungsgrund dargestellt. Es diente gleichzeitig dazu, die Angesprochenen zur Teilnahme an der Untersuchung zu motivieren, Anonymität wurde zugesichert.

6 Beschreibung der Stichprobe

Die Stichprobe kann anhand mehrerer Parameter beschrieben werden:
- An der Untersuchung nahmen *99 Personen* teil. Sie wurden in der Zeit von März 1989 bis August 1989 schriftlich befragt.
- 48,5 % der untersuchten Personengruppe sind *männlich*, 51,5 % *weiblich* (dies entspricht einer Anzahl von 48 Männern und 51 Frauen).
- Das *Alter* der Personen lag zwischen 18 und 63 Jahren.
- Einer Anzahl von 64 *Kinderlosen* stehen 35 Personen *mit Kindern* gegenüber. Davon haben 23,8 % 1 oder 2 Kinder und 7,1 % 3 und mehr als 3 Kinder.
- Die Teilnehmer an der Untersuchung kommen zu über der Hälfte aus dem *kleinstädtischen Bereich* (bis zu 100.000 Einwohner). Fast ein Drittel lebt in der *Großstadt*, und 16,2 % geben an, im *dörflichen Bereich* zu wohnen.
- Diese Stichprobe zeichnet sich durch einen relativ großen Anteil der Personen mit *höherer Bildung* aus. Bezüglich der Vergleiche zu Beruf, Familienstand, Wohnort etc. ist die Stichprobe annähernd repräsentativ für bundesrepublikanische Verhältnisse (vor der Vereinigung).

7 Ergebnisse

7.1 Welche Umweltprobleme wurden genannt?

Das vom jeweiligen Befragten im CEUS-Fragebogen geschilderte Problem konnte in maximal 2 (von 7 möglichen) Problembereiche eingeordnet werden. Von dieser Möglichkeit machten jedoch nicht alle Teilnehmer Gebrauch, so daß bisweilen nur 1 Kategorie zur Einordnung genutzt wurde.

Eine weitere offene Kategorie stand für den Fall einer nicht passenden Zuordnung zu einem spezifischen Bereich zur Verfügung.

Aus der Auswertung der angekreuzten Problembereiche ergibt sich für diese die unten aufgeführte Rangfolge (die Zahl in Klammern gibt die absolute Häufigkeit der Nennung des Bereichs an):
Es fällt auf, daß der Bereich *Bedrohung der Lebensumwelt* (im Fragebogen an 4. Stelle genannt) die meisten Wahlen auf sich vereint. Erst in einem relativ großen Abstand folgen die an 5. und 6. Stelle genannten Kategorien. Die Bereiche *Lärmbelästigung* und *Technisierung* werden am seltensten angegeben (mit 7 bzw. 4 % der Gesamtnennungen). Dieses Ergebnis mag darauf zurückzuführen sein, daß die Kategorie *Bedrohung der Lebensumwelt* sich auf ziemlich viele, wenn nicht sogar auf alle Umweltprobleme in irgendeiner Weise beziehen läßt.

Tabelle 1. Die Häufigkeiten genannter Problembereiche in Prozent

1. Bedrohung der Lebensumwelt	(70)
2. Bedrohung der Gesundheit	(27)
3. Trinkwasser- u. Bodenverschmutzung	(26)
4. Luftverschmutzung	(15)
5. Chemische Stoffe im Alltag	(12)
6. Offene Kategorie	(10)
7. Lärmbelästigung	(7)
8. Technisierung (Atomkraft, Computer etc.)	(4)

Bei der Frage nach dem Ort des Auftretens des beschriebenen Umweltereignisses lokalisierten 41,4 % der Teilnehmer an der Befragung das Umweltproblem in *ihrer Nähe*, während 57,6 % angaben, daß sie das Problem in *räumlicher Distanz* wahrnehmen.

35,4 % der Personen fühlen sich *in erster Linie selbst* von dem genannten Problem betroffen, während 62,6 % der Stichprobe meinten, daß das Problem *in erster Linie andere* betreffe.

7.2 Wie werden die genannten Umweltprobleme subjektiv eingestuft?

Die subjektive Einstufung des Umweltproblems wurde anhand von 5 fünfstufigen Skalen erfaßt (Tabelle 2):

Tabelle 2. Skalen zur Erfassung von Parametern des Umweltereignisses

Skala	Bezeichnung	Polung
- Valenz des Ereignisses	angen	+
- Bedeutung des Ereignisses	bedeut	-
- Kontrollierbarkeit des Ereignisses	ohnm	+
- Grad der Herausforderung durch das Ereignis	anspor	+
- Belastung durch das Ereignis	belast	+

Tabelle 2 zeigt die Ergebnisse aus den Einschätzungen der genannten Skalen im Überblick, geordnet nach der Häufigkeit der Nennung eines bestimmten Punktwertes.

Tabelle 3. Die Einstufung des Umweltereignisses anhand subjektiver Parameter

	Skalen				
Punktwert	angen %	bedeut %	ohnm %	anspor %	belast %
1	6,1	53,5	1,0	3,0	3,0
2	5,1	25,0	2,0	8,1	3,0
3	11,1	13,0	5,1	22,2	10,1
4	18,2	7,0	15,2	28,3	30,3
5	59,6	1,0	76,8	38,4	53,5

Anmerkung: Die Zahlen unter den Spalten *angen* bis *belast* geben den Prozentanteil derjenigen Personen an, die sich für einen bestimmten Ratingwert (1-5) entschieden haben

Es ergibt sich ein übereinstimmendes Bild: Bei allen Skalen liegt ein Schwerpunkt in der Beantwortung auf den hohen Werten (4 und 5). Bei der Skala "bedeut" liegt eine umgekehrte Polung vor: hier stehen die Werte 1 und 2 für *große Bedeutung*, während 4 und 5 eine *geringe Bedeutung* kennzeichnen. Man kann diese Daten insgesamt dahingehend interpretieren, daß von den meisten Personen das geschilderte Umweltproblem

- als sehr unangenehm erlebt wird;
- als bedeutungsvoll angesehen wird;
- so eingeschätzt wird, daß sie dem Problem ohnmächtig gegenüberstehen (von 76,8 %);
- als sehr lähmend (38,4 %)
- und stark belastend (53,5 %) empfunden wird .

7.3 Wie häufig treten die geschilderten Umweltprobleme im Alltag auf?

Die Antwort auf die Frage nach der Auftretenshäufigkeit der genannten Umweltprobleme konnte in 4 Abstufungen (oft, manchmal, selten, nie) angegeben werden. Jede der 99 Versuchspersonen gab eine Stellungnahme ab:

- 12,1 % hatten zuvor noch nicht mit einem solchen oder einem ähnlichen Problem zu tun;
- in 10,1 % der Fälle traten solche Ereignisse eher selten in den Vordergrund.
- Die überwiegende Mehrheit der Personen (77 %) war schon "manchmal" oder "oft" mit einem solchen (oder ähnlichen) Problem konfrontiert worden.

Aus diesem Ergebnis kann folgendes Fazit gezogen werden:
Über $^3/_4$ der Befragten befassen sich mit dem Umweltproblem bzw. sind damit vertraut.

7.4 Effektivität des eigenen Bewältigungshandelns, Voraussehbarkeit und Chronizität des Umweltereignisses

Das jeweils von den Befragten geschilderte Umweltproblem stellt sich nach den Kriterien

- Effektivität des eigenen Bewältigungshandelns
- Voraussehbarkeit des Umweltereignisses
- *Chronizität des Umweltereignisses*

folgendermaßen dar (vgl. Tabelle 4): Es wurde von 85,9 % der Personen in der Vergangenheit nicht erfolgreich bewältigt (falls es dort bereits aufgetreten war) und wurde von 54,5 % der Befragten auch nicht vorausgesehen. 68,7 % messen dem Ereignis einen chronischen (länger andauernden) Charakter bei.

Tabelle 4. Einstufung des Umweltereignisses bezüglich der Effektivität der Bewältigung in der Vergangenheit, Voraussehbarkeit u. Chronizität

Dimension	*Prozent*
erfolgreich bewältigt	14,1
nicht erfolgreich bewältigt	85,9
voraussehbar	45,5
nicht voraussehbar	54,5
chronisch	68,7
nicht chronisch	31,3

7.5 Emotionale Zustände

Mit Hilfe von 27 Items wurde überprüft, wie die Befragten auf das geschilderte Umweltereignis emotional reagiert haben. Die folgende Auflistung zeigt diejenigen Reaktionen, die von über der Hälfte der Personen benannt wurden. In Klammern steht jeweils die prozentuale Häufigkeit der Nennungen:

Bereits aus der subjektiven Einstufung des Umweltproblems mit Hilfe von 5 fünfstufigen Ratings war hervorgegangen (s. Abschn. 7.2), daß das Gefühl der *Unkontrollierbarkeit* und *Ohnmacht* stark betont wurde. Diese Feststellung läßt sich auch durch die Ergebnisse aus den Fragen zu den Gefühlsreaktionen bestätigen. Das Ausgeliefertsein, die Wehrlosigkeit, Enttäuschung und Niedergeschlagenheit stehen sehr im Vordergrund der Einschätzungen.

Tabelle 5. Häufigkeit der auf Umweltereignisse bezogenen emotionalen Zustände in Prozent

Ich war ärgerlich	(78)
Ich fühlte mich der Situation ausgeliefert und hilflos	(78)
Ich war wütend	(72)
Ich fühlte mich wehrlos	(69)
Ich war traurig	(56)
Ich war niedergeschlagen	(52)
Ich fühlte mich enttäuscht	(51)

Dieses Ergebnis stellt eine Seite dar. Auf der anderen Seite sind jedoch auch Reaktionstendenzen auszumachen, die in eine andere Richtung deuten: Es wird von Ärger und von Wut berichtet, die angesichts des Umweltereignisses mobilisiert werden. Beide, sowohl Wut und Ärger als auch die Niedergeschlagenheit, scheinen also bei Umweltproblemen gleichermaßen angesprochen zu werden. Damit stehen sich Tendenzen des Aufruhrs wie des Resignierens bei den Antwortenden diametral gegenüber.

7.6 Bewältigungshandeln (Coping)

Fragt man nach der Art des Coping, so zeigt sich generell, daß bei den geschilderten Umweltereignissen die *Auseinandersetzung* gegenüber der Vermeidung statistisch signifikant dominiert. Auch das subjektive Gefühl, erfolgreich mit dem Ereignis umzugehen, wird signifikant häufiger im Zusammenhang mit *Auseinandersetzung* als mit Vermeidung berichtet (Tabelle 6).

Tabelle 6. Vergleich der Bewältigungskategorien Auseinandersetzung und Vermeidung

Variable	N	Mittelwert	Diff.d. M-wertes	t-Wert	p
"aus"	99	569.33	243.65	7.36	0.000
"ver"		325.67			

Wie ist das Bewältigungsverhalten ausgerichtet, wenn man das *Geschlecht* berücksichtigt? Hier zeigt sich, daß sich Frauen gegenüber den Männern sowohl *kognitiv* wie *aktional* stärker mit dem Ereignis auseinandersetzen. Ähnliches gilt hinsichtlich des

Vergleichs zwischen kognitiver Auseinandersetzung und kognitiver Vermeidung. Bei Frauen dominiert eher die *kognitive Auseinandersetzung*. Ungeklärt bleibt dabei, ob das geschilderte Ergebnis dadurch zustandekommt, daß Umweltereignisse bei Frauen generell einen höheren Stellenwert haben als bei Männern.

Beim *Altersvergleich* (hier wurden die bis zu 32 Jahre alten Personen mit den 33- bis 63jährigen verglichen), zeigte sich, daß die Älteren die *kognitive Auseinandersetzung* bevorzugen, die jüngeren dagegen die *kognitive Vermeidung*. Dieses Ergebnis überrascht angesichts der politischen Wirklichkeit in der Bundesrepublik, unter deren Bedingung eher ein anderes Ergebnis erwartet worden war.

Eine weitere Frage betraf den Vergleich zwischen räumlich *nahen* und *fernen Umweltereignissen*. Hierbei ergab sich, daß diejenigen Personen, die das Umweltproblem in ihrer näheren Umgebung angesiedelt sehen, sich damit stärker *aktional auseinandersetzen* als diejenigen, die das Ereignis als "weiter entfernt" klassifizieren. Bei den weiter entfernten Ereignissen überwiegt die *(kognitive) Vermeidung*.

Hinterfragt man in diesem Zusammenhang, ob die Befragten mit ihrer Reaktionsweise Erfolg hatten, so zeigt sich folgendes Ergebnis: Personen, die das geschilderte Ereignis als räumlich weiter entfernt klassifizieren, glauben, *subjektiv erfolgreicher* mit der Reaktionsweise *"Vermeidung kognitiv"* zu sein.

Weiterhin wurde danach gefragt, ob die Bewältigung von Umweltproblemen durch die sich die Befragten *selbst betroffen* fühlen, gegenüber Ereignissen, die eher als *andere betreffend* eingeschätzt werden, jeweils anders vonstatten geht. Die Daten lassen folgende Schlußfolgerung zu: Die Gruppe der Personen, die das Umweltereignis in erster Linie als ein Problem anderer wahrnehmen, setzen die *kognitive Auseinandersetzung* stärker ein als die Gruppe der in erster Linie *selbst Betroffenen*. Die *selbst Betroffenen* tendieren stärker zu kognitiver Vermeidung.

7.7 Ergebnisse aus dem Fragebogen zur Zukunftsangst

Zukunftsangst wurde mit Hilfe eines eigenen Fragebogens (Z-A) erfaßt. Dieser Fragebogen besteht aus 30 Items, die jeweils auf einer vierstufigen Skala zu beantworten sind. Die 30 Items sind in 5 Einzelskalen gruppiert (Tabelle 7).
Die Ergebnisse, resultierend aus Z-A, kann man sowohl Item für Item als auch aufgrund der Werte der einzelnen Skalen referieren. Beides soll hier Beachtung finden.

Auf Itemebene finden sich folgende Ergebnisse: Diejenigen Items, die die höchsten und diejenigen, die die niedrigsten Mittelwerte (= Schwierigkeit) erzielen, finden sich in der nachfolgenden Tabelle 8. Hohe Werte stehen für eine starke Belastung, kleine Werte für ein geringeres Belastungsausmaß.

Bei der Betrachtung der Ergebnisse auf der Basis der Einzelitems liegt die *Antizipation von Umweltproblemen* mit einem Mittelwert von 3,25 an 1. Stelle. Darauf folgt die Angst, daß *jemandem, der mir wichtig ist, etwas zustößt* sowie die *Furcht vor der Abnahme des menschlichen Verständnisses füreinander*. Die *Antizipation von Eingriffen in die persönliche Freiheit* liegt an 4. Stelle.

Tabelle 7. Die Skalen des Fragebogens Zukunftsangst (Z-A)

Skala	Bezeichnung
Soziale und umweltbezogene Ängste	umsoa
Selbstbezogene pessimistische Zukunftsperspektive	spzp
Materielle Sorgen und Ängste bezüglich Beruf und Arbeit	matso
Ängste vor Verlust gegenwärtiger Werthaltungen	verwe
Ängste vor Verlust des körperlichen Wohlbefindens	koewo

Es ist interessant, diese Werte mit denjenigen zu vergleichen, die im Jahr 1987 bei der ersten Validierung des Verfahrens zur Bestimmung der *Zukunftsangst* gewonnen wurden (s. a. Fritz-Sigmund u. Fuß 1987). Die *Umweltprobleme* stellten auch damals schon ein ernstzunehmendes Problem dar: Sie befanden sich in der Abfolge an 3. Stelle. Unverändert blieb die *Angst vor dem Verlust einer nahestehenden Person* (Item 21), die damals wie heute an 2. Stelle genannt wird. Die *berufliche Zukunft*, die *den eigenen Wünschen nicht entsprechen könnte*, liegt nunmehr auf Platz 8, während sie vorher noch als vorrangige Zukunftssorge galt.

Diejenigen Items, deren Belastungsgrad am geringsten eingeschätzt wird, entsprechen sich wieder weitgehend in beiden Untersuchungen. Die *Aufgabe von politischen Idealen* und die *Angst vor Alter und Sterben* haben sich also über den Zeitraum und innerhalb der verschiedenen Stichproben bezüglich ihrer Plazierung nicht verändert.

Bei diesem Vergleich muß allerdings berücksichtigt werden, daß beide Stichproben nicht ganz vergleichbar sind. So überwiegen in der Stichprobe von Fritz-Sigmund u. Fuß (1988) die jüngeren Probanden und die Personen mit einem höheren Bildungsabschluß haben einen weitaus größeren Anteil an der Gruppe der Befragten. Ein weitaus gewichtigerer Grund ist in der Zielsetzung beider Untersuchungen gegeben. Stand bei Fritz-Sigmund u. Fuß der Alltag im Vordergrund, so steht nunmehr das Umweltproblem im Fokus.

Die Betrachtung des Konstruktes *Zukunftsangst*, das aus den 5 oben genannten Skalen besteht (s. Tabelle 8), ist ebenfalls interessant. Die Skala "umsoa" findet den größten Zuspruch (Mittelwert = 20,64, s = 3.89), gefolgt von den Skalen "matso" und "spzp". Die Skala "verwe" nimmt den letzten Rangplatz ein.

Es findet sich eine Parallele zur Betrachtung der Ergebnisse auf Itemebene besonders für die Skala "umsoa": In ihr werden die Items zusammengefaßt, welche die *zunehmende Umweltverschmutzung, ökonomische Veränderungen, Einengung der persönlichen Freiheit* thematisieren. Es kann somit gefolgert werden, daß die Skala "umsoa" diejenigen Zukunftserwartungen beinhaltet, die bei den meisten der vorliegenden Stichproben und unter der Voraussetzung der Zielsetzung der Befragung das größte Ausmaß an Angst erzeugen. Die Skalen "verwe" und "koewo" scheinen diejenigen

Aspekte der Zukunft zu repräsentieren, denen die befragten Personen mit mehr Gelassenheit begegnen.

Tabelle 8. Themen der Zukunftsangst (auf Itemebene)

Rang	Item Nr.	Mittelwert	Varianz	s	Inhalt
1	4	*3,25*	.53	.73	Umweltprobleme
2	21	*3,16*	.60	.77	jem. stößt etwas zu
3	17	*3,04*	.61	.78	menschl. Verständnis
4	29	*2.97*	.84	.92	Eingriff in die pers. Freiheit
5	24	*2,79*	.91	.95	ökonom. Veränderung
6	9	*2,76*	.97	.98	Krieg
7	3	*2,72*	.95	.97	Krankheit
8	1	*2,71*	1.14	1.06	berufl. Zukunft
28	22	*1,92*	.61	.78	Ideale (polit.) aufgeben
28	25	*1,92*	.84	.91	Alter
29	18	*1,87*	.80	.89	Sterben

Weiterhin wurde gefragt, ob sich Frauen bei der Antizipation zukünftiger Ereignisse (= Zukunftsangst) stärker belastet fühlen als Männer. Die Daten zeigen, daß *zwischen den Geschlechtern kein Unterschied hinsichtlich der Zukunftangst* existiert. Auch dieses Ergebnis überrascht, weil häufig angenommen wird, daß Frauen in der Zukunftsperspektive eher zu einem pessimistischeren Urteil als Männer neigen.

Ist nun ein Zusammenhang zwischen der *Zukunftsangst* und dem *Alter* gegeben? Es läßt sich feststellen, daß in der 1. Altersstufe (bis zu 25 Jahren) bis auf die Skala, die inhaltlich die Sorge um das körperliche Wohlbefinden (koewo) anspricht, die höchsten Werte erreicht werden. Dabei weist die betreffende Altersgruppe insbesondere bei dem Faktor soziale und umweltbezogene Ängste die größten Werte auf.

Ausgehend von den oben genannten Fragestellungen, wurde in einer Hypothese formuliert, daß Personen, die Kinder haben, sich stärker durch Umweltprobleme belastet fühlen würden als kinderlose Personen. Dabei wurde die demographische Variable *Anzahl der Kinder* dichotom behandelt: Es entstanden die 2 Gruppen *Kinderlose* vs. *Personen mit Kindern.*

Bei der Analyse der Daten zeigt sich dabei, daß sich *kinderlose* Personen *stärker* belastet fühlen als solche mit Kindern. Man könnte den Sachverhalt möglicherweise auch dadurch erklären, daß den Personen mit Kindern ein größerer Optimismus inhärent ist.

Es zeigt sich weiterhin, daß der Grad der erlebten Umweltbelastung *nicht* abhängig ist von der Schulbildung. Dieses Ergebnis könnte auch als Erfolg der öffentlichen Kampagnen für eine Verstärkung des Umweltbewußtseins gewertet werden.

Wie kovariieren nun Zukunftsangst und Belastung durch Umweltprobleme? Die vorgefundene Korrelation von $r = .43$ weist auf einen vergleichsweise hohen linearen Zusammenhang hin. Dieses Ergebnis bedeutet, daß bei einem Anwachsen der Zukunftsangst mit einer (relativen) Zunahme des Belastungsgrades bei der Antizipation von Umweltproblemen zu rechnen ist. Personen mit großer Zukunftsangst mögen dabei durchaus pessimistischer sein, so daß - in einer Art von Circulus vitiosus - die Belastung höher eingeschätzt wird und in der Folge der Einschätzung wiederum eine größere Zukunftsangst entsteht. Inwieweit diese Interpretation gerechtfertigt ist, kann allerdings erst in einer längschnittlich angelegten Untersuchung empirisch eruiert werden.

Nachfolgend soll nun auf die Frage eingegangen werden, wie unterschiedlich zukunftsängstliche Personen mit dem jeweiligen Umweltereignis umgehen. Das jeweils berichtete Ereignis war für die Zukunftsängstlichen (Tabelle 9):

- jeweils weniger angenehm,
- aber auch bedeutsamer und belastender,
- sie standen dem Problem aber nicht ohnmächtiger gegenüber als die weniger Zukunftsängstlichen.

Was die Art der Auseindersetzung mit dem Ereignis angeht, so bevorzugt die Gruppe der weniger Zukunftsängstlichen eher die *kognitive Auseinandersetzung* mit dem Ereignis, die Ängstlichen dagegen versuchen die Auseinandersetzung in *aktiver Weise zu vermeiden.* Hinsichtlich anderer Auseinandersetzungsformen wurden keine Unterschiede gefunden.

Tabelle 9. Zusammenhang zwischen Zukunftsangst und Belastungsgrad des im CEUS geschilderten Umweltproblems

Variable	Gruppe	N	Mittelwert	F-Wert	t-Wert	p
angen	Gruppe 1	48	3.89	2.20	-2.51	0.014
	Gruppe 2	51	4.49			
bedeut	Gruppe 1	48	1.97	2.20	2.06	0.043
	Gruppe 2	51	1.56			
ohnm	Gruppe 1	48	4.64	1.12	-0.01	0.99
	Gruppe 2	51	4.64			
anspor	Gruppe 1	48	3.97	1.00	0.61	0.54
	Gruppe 2	51	3.84			
belast	Gruppe 1	48	4.08	2.29	-1.97	0.052
	Gruppe 2	51	4.47			

Anmerkung:
Gruppe 1 = wenig zukunftsängstliche Personen
Gruppe 2 = stärker zukunftsängstliche Personen

7.8 Die Ergebnisse zum Bereich Belastung durch Umweltprobleme

Die *Belastung durch Umweltprobleme* wurde durch den Fragebogen *FBU* erfaßt. Der Fragebogen enthält insgesamt 21 Items, die auf kontinuierlichen Skalen mit den Endpunkten 0 und 10 durch ein Kreuz an einer vom Antwortenden festzulegenden Stelle beantwortet werden sollen (Quasi-Thermometerskala). Mit Hilfe eines Lineals wird die Strecke vom Skalenwert 0 bis zur markierten Stelle ausgemessen. Das Zentimeterintervall, in das die Markierung fällt, legt damit den Grad der Einschätzung fest. Auf diese Weise entstehen pro Item maximal 10 Äquivalenzklassen, wenn man den Wert 0 einbezieht.

Bezüglich der Gesamtskala wird angenommen, daß der Summenwert aus allen Einschätzungen über alle Items ein valides Maß für die Belastung durch Umweltprobleme abgibt.

Ordnet man aufgrund der vorgegebenen Itemmittelwerte die im Fragebogen angeführten Items, so ergibt sich eine Reihenfolge der Umweltprobleme hinsichtlich ihres erlebten Belastungsgrades (Tabelle 10):

Tabelle 10. Ausmaß von Belastung bei der Antizipation verschiedener Umweltprobleme

FBU-Item Nr.	Mittel	s	Bedeutung	Rang
15	*7.47*	2.21	Weltmeere	*1*
7	*7.39*	1.98	Giftstoffe im Wasser	*2*
17	*7.33*	1.90	Regenwald	*3*
9	*7.17*	2.10	große Umweltkatastrophe	*4*
5	*7.17*	2.46	chem.Waffen	*4*
11	*7.16*	2.01	Gefahren durch Düngemittel	*5*
10	*7.12*	2.05	Waldsterben	*6*
4	*7.09*	2.22	Gifte in Lebensmitteln	*7*
14	*7.06*	2.28	Reaktorunfälle	*8*
6	*6.99*	2.26	gesundheitl. Schaden	*9*

Bei der Beantwortung erreichten nahezu die Hälfte der 21 Items einen Mittelwert über 7. Bei einem theoretischen Mittelwert von 5 für jedes Item erreichen damit viele der vorgegebenen Items einen überdurchschnittlichen Wert. Damit zählen die betreffenden Items zu denjenigen, bei denen der Belastungsgrad vergleichsweise hoch ist.

Mit einem Durchschnittswert von 4.66 ist das Problem der *Überbevölkerung* von den Einschätzenden als am geringsten belastend eingestuft worden.

Eine starke Belastung geht dagegen von der Vorstellung aus (s. Tabelle 10), daß die *Weltmeere eines Tages umkippen* und zu toten Gewässern werden könnten, daß *Giftstoffe aus Mülldeponien* ins Grund- und Trinkwasser gelangen könnten und daß der *tropische Regenwald* weiter abgeholzt wird. Eine Gefahr durch *chemische Kampfstoffe* rangiert bezüglich ihres Belastungsgrades an 4. Stelle.

Die Gesamtspanne des Ausmaßes von Belastung, das bei den einzelnen Statements angegeben wird, liegt zwischen den quantitativen Werten 4.66 und 7.47. Umweltprobleme von der Art, wie sie in diesem Fragebogen geschildert werden, werden also generell eher als Bedrohung und Belastung wahrgenommen.

Bei einer Analyse der Daten der Skala FBU, unter Zuhilfenahme des aus allen Items resultierenden Punktwertes, ist festzustellen, daß die Hälfte der Personen Werte erreicht, die höher als 144 liegen. Die Verteilung der Werte ist damit schief, folglich differenziert der Fragebogen eher im unteren Bereich.

Dieses Ergebnis ist aber auch inhaltlich zu deuten: Für einen Fragebogen, der Werte zwischen 0 und 189 annehmen kann, ist dies als ein Hinweis darauf zu sehen, daß das Ausmaß der Belastung bei der Antizipation bestimmter Umweltereignisse beträchtlich ist. Dieser quantitative Wert mag überschätzt sein durch die Situation, daß bei dieser

Untersuchung Umweltprobleme fokusiert wurden, er kann aber auch als ein Indikator für das Ausmaß an bestehender oder zumindest wahrgenommener Umweltbelastung gewertet werden.

8 Diskussion und Ausblick

Im Rahmen dieser Pilotstudie wurde das Thema der Bewältigung aktueller Umweltprobleme aus der Perspektive der Copingforschung bearbeitet. Das makropsychologische Modell von Filipp (1981) und das Neun-Komponenten-Modell von Jäger (1990) diente dabei jeweils als Grundlegung für die empirische Vorgehensweise. Auf diesen Modellannahmen beruht auch der Copingfragebogen CEUS (Flörchinger et al. 1987). Neben diesem diagnostischen Instrument, das an die inhaltliche Ausrichtung der Befragung angepaßt wurde, konnten weitere Verfahren zur Erfassung von Zukunftsangst und Belastung durch Umweltprobleme eingesetzt werden.

Die Ergebnisse, die mit der Studie gewonnen wurden, sind teilweise überraschend: Umweltprobleme fallen nicht, wie in einigen der Hypothesen angenommen wurde, einer Verdrängung anheim; vielmehr herrscht eine Auseinandersetzung mit dem Thema sowohl auf kognitiver wie auch aktionaler Ebene vor.

Dieses Ergebnis scheint v. a. für eine Diskussion des Themas *Umweltproblematik* in der Öffentlichkeit von großer Bedeutung zu sein. Denn der *Wille zur Auseinandersetzung* mit diesem Thema kann als Nährboden für Maßnahmen genutzt werden, die darauf abzielen, die Aufmerksamkeit für umweltrelevante Aspekte des Lebens zu schärfen und auch umweltrelevantes Verhalten zu praktizieren.

Dabei darf jedoch aus mehreren Gründen nicht zwingend gefolgert werden, daß sich die Umweltproblematik im Bewußtsein der Menschen in größeren Ausmaß verankert habe, wenn man frühere Zeiträume als Vergleichsgrundlage zuläßt. *Hierzu ist folgendes auszuführen:*

- *Erstens* ist zu bedenken, daß Personen, die dazu befragt werden, wie sie *persönlich* mit einem ganz konkreten Umweltproblem umgehen, wohl kaum ein Interesse daran haben, sich in dieser Sache eine Blöße zu geben und einzugestehen, daß von ihnen eine Auseinandersetzung mit der Problematik eher vermieden wird (Problem: *soziale Erwünschtheit*).
- *Zweitens* muß berücksichtigt werden, daß eine Diskrepanz zwischen verbal oder schriftlich mitgeteilten Ansichten und Verhaltensabsichten und dem tatsächlichen Verhalten angenommen werden muß. Dieses Phänomen ist auch aus anderen sozialpsychologischen Forschungsarbeiten hinreichend bekannt (vgl. Halisch u. Kuhl 1987). Damit wäre das Auseinanderklaffen der in dieser Untersuchung erhaltenen, eher ermutigend wirkenden Ergebnisse und der Realtität zunehmender Umweltkatastrophen zu erklären.

Umweltprobleme besitzen, wie die Untersuchung zeigt, einen hohen Stellenwert, wenn sie, zusammen mit anderen Themen, bezüglich der Zukunftsängste in eine Reihenfolge gebracht werden sollen. Mehrere Faktoren dürften dafür verantwortlich sein, daß Umweltprobleme noch immer nicht die notwendige Beachtung gefunden haben:

- Wirtschaftliche und politische Interessen stehen dem im Wege
- Die Fortschrittsgläubigkeit (s. auch das Buch von Meadows et al. (1974): "Die Grenzen des Wachstums") und der damit verbundene Gedanke an eine Allmacht der Technik als probates Mittel zur Lösung der Krise, die durch eben diese Technik verursacht wurde, erweisen sich als Hindernis
- Es besteht eine emotionale Distanz des einzelnen, die verhindert, daß eine Konfrontation mit dem Thema und mit allen damit verbundenen Ängsten wirklich erlebt werden kann.

Diese Untersuchung bildet den momentanen Status einer Bewältigung von Umweltproblemen ab. Vielleicht ist das Ergebnis dieser Studie auch dahingehend zu interpretieren, daß bezüglich einer Auseinandersetzung mit den Umweltproblemen zumindest in den "Köpfen" der Befragten ein Anfang gemacht ist. Aus einer optimistischen Perspektive ließe sich danach annehmen, daß sich nach einer gewissen Zeit diese Tendenzen in tatsächlichen Veränderungen oder Verbesserungen niederschlagen werden.

Es erscheint notwendig, daß ein Umdenken in Richtung einer systemischen Sicht der Welt gefördert werden muß. Eine Bewußtheit der ökologischen Zusammenhänge, in denen der Mensch nur als "Teilmenge" verortet ist, und damit für die weitreichenden Folgen eines jeden Eingriffs des Menschen in dieses System, ist unbedingt notwendig.

Hierzu paßt auch das Stichwort "Ökologische Ethik", die eben diesen Bewußtseinswandel zum Inhalt hat und die versucht, diesen einzuleiten. Von mehreren Autoren (z. B. Fietkau 1989, Summerer 1989, Glaeser 1989, Pausewang u. Hansen 1985) werden diesbezüglich Entwürfe formuliert oder die Bedingungen beschrieben, die zur Umsetzung dieser neuen *Werteethik* geschaffen werden müssen. Von Fietkau stammt auch der Begriff des *Umweltlernens*, der das beinhaltet, was im Zuge eines Wandels des Umgangs mit der Umwelt zu geschehen hat. Dieses Umweltlernen wäre dann sowohl für Erwachsene als auch für die junge Generation etwas, was den Umgang mit der Natur dergestalt verändert, daß die biblischen Worte "Und machet euch die Erde untertan" sich wandeln in ein Leben in der Natur, ohne diese zu zerstören.

Eine besonders große Chance liegt u.E. darin, die Kinder durch die entsprechende Erziehung zu umwelt- und problembewußten Individuen zu machen (vgl. etwa Arbeitskreis Grundschule 1987; Haan 1989)

Es scheint sicher, daß eine Lösung der Umweltkrise über daß Bewußtsein des Menschen führt und dessen Bereitschaft, entsprechende Opfer zu bringen; nicht zuletzt einen Verzicht auf die vielen kleinen Erleichterungen, die den Menschen in den Industrienationen im täglichen Leben lieb und teuer geworden sind.

Insgesamt kann man sagen daß auf diesem Feld noch viele Fragen zu klären sind, um ein Bild des "Umganges des Menschen mit der Natur" zu zeichnen.

Im konkreten Fall der vorliegenden Arbeit ergeben sich z. B. Fragestellungen nach einer weiteren Möglichkeit der quantitativen Erfassung der Bewältigung von Umweltproblemen - oder auch die Frage nach der Erforschung der Gründe, die eine "umweltgerechte" Weiterentwicklung des Menschen hemmen.

Literaturverzeichnis

Arbeitskreis Grundschule (1987) Umwelterziehung. Frankfurt: Arbeitskreis Grundschule

Fietkau HJ (1989) Vom Umgang mit ökologischer Komplexität aus der Sicht der humanistischen Psychologie. In: Glaeser B (Hrsg) Humanökologie. Westdeutscher Verlag, Opladen, S 119-127

Filipp S-H (1981). Kritische Lebensereignisse. Urban u. Schwarzenberg, München

Flörchinger E, Schulze C, Rees UM (1987) Belastung durch und Bewältigung von Alltagsproblemen. Unveröffentlichte Diplomarbeit. Universität Heidelberg

Franke J (1967) Das Problem der Anwendung einer Psychologie auf die Umweltgestaltung - Eine Betrachtung zum Verhältnis zwischen Psychologie und Praxis. Psychologische Rundschau 18: 155-168

Franke J (1976) Die Erlebniswirkung von Wohnungsumgebungen. Ein empirischer Ansatz der ökologischen Psychologie. In: Kaminski G (Hrsg) Umweltpsychologie, Klett, Stuttgart, S 134-14

Fritz-Sigmud D, Fuß J (1988) Belastungs- und Schutzfaktoren in ihrer Wirkung auf das psychische und physische Wohlbefinden. Unveröffentlichte Diplomarbeit: Mannheim

Gigerenzer G (1981) Messung und Modellbildung in der Psychologie. Reinhardt, München

Glaeser B (1989) Möglichkeiten und Grenzen einer Umweltethik. In: Glaeser B (Hrsg) Humanökologie. Westdeutscher Verlag, Opladen, S 113-118

Haan G (1989) Ökologie Handbuch Grundschule. Beltz, Weinheim

Halisch F, Kuhl J (1987) Motivation, intention and volition. Springer, Berlin Heidelberg New York Tokyo

Jäger RS (1989) Diagnostik von Belastung und Bewältigung. In: Ziegler G, Jäger RS, Schüle I (Hsg) Krankheitsverarbeitung bei Tumorpatienten. Enke, Stuttgart, S 76-91

Jäger RS (1990) Sozialklima: Diagnostik von Belastung und Bewältigung. Empirische Pädagogik 4: 121-145

Kaminski G (1976) Umweltpsychologie. Klett, Stuttgart

Kaminski G (1978) Behavior and Environment: Ökologische Fragestellungen in der Allgemeinen Psychologie. In: Graumann CF (Hrsg) Ökologische Perspektiven in der Psychologie. Huber, Bern, S 83-97

Meadows D, Meadows D, Zahn E, Milling P (1974) Die Grenzen des Wachstums. Deutsche Verlags-Anstalt, Stuttgart

Pausewang F, Hansen H (1985) Erziehung zu ökologischer Verantwortung. Sozialpädagogische Blätter 36: 97-113

Pawlik K (1976) Ökologische Validität. Ein Beispiel aus der Kulturvergleichsforschung. In: Kaminski G (Hrsg) Umweltpsychologie. Klett, Stuttgart, S 59-72

Schott F, Wieberg JW (1984) Regelgeleitete Itemkonstruktion. Ein Verfahren zur Definition von Itemuniversa und deren kontenvalider Abbildung in Itemmengen von Tests und Treatments. Diagnostica 39: 47-66

Schott F (1988) Kriteriumsorientierte Diagnostik. In: Jäger RS (Hrsg) Psychologische Diagnostik. Ein Lehrbuch. Psychologie Verlags Union, München Weinheim, S 178-184

Schulze C, Flörchinger E, Rees U, Jäger RS (1987) CEUS- Coping-Fragebogen. Beltz Test Gesellschaft, Weinheim

Seifert M, Gukenbiehl HL, Jäger RS, Petillon H, Wolf B (1991) Grundannahmen einer humanökologischen Perspektive. Landau

Summerer S (1989) Voraussetzungen einer Umweltethik. In: Glaeser B (Hrsg) Humanökologie. Westdeutscher Verlag, Opladen, S 97-112

The human ecological significance of different types of knowledge

Dieter Steiner
Geographisches Institut ETH, Winterthurerstr. 190, CH-8057 Zürich, Schweiz

Abstract

In this paper the widespread belief that the right answer to the ecological crisis consists in the exclusive fostering of explicit (in particular: scientific) forms of knowledge is questioned. The commonly postulated tripartition of the human psyche into three levels of consciousness, namely unconscious, practical consciousness and discursive consciousness, serves as a starting point. It is then shown that these levels can be associated with different types of knowledge: The first two with implicit or tacit, the latter with explicit or propositional knowledge. Reference is made to Michael Polanyi's notion of the indispensability of implicit knowledge and the incompleteness of explicit formulations. The three levels of consciousness can also be paralleled with the evolutionary sequence of instinct, tradition and reason, and the example of agriculture is employed to discuss the significance of traditional practices in a human ecological context. It is argued that only with a suitable combination of scientific with other types of knowledge can we hope to overcome the crisis.

> "I shall reconsider human knowledge by starting from the fact that *we can know more than we can tell*"
>
> Michael Polanyi 1967

1 Introduction

As we face an unprecedented ecological crisis the question arises as to how we shall go about solving the problems associated with it. The predominant view still seems to be that we will do this by means of scientific research and ensuing technical measures[1]. A number of influential writers such as, for example, Bell (1973) in his

[1] By this we may understand 'technical measures' in a broad sense such that 'social technology' consisting of, for example, the economic internalization of environmental goods into the market or a kind of environmental education in which explicit knowledge is

reflections on a post-industrial society, entertain such a notion. According to him theoretical knowledge will gain a central position as the basis for future planning and design. He expects the emergence of what he calls an 'intellectual technology', by which he means that decisions will be based more on algorithms and less on intuition. It is my contention that this attitude, if taken to the extreme, is itself a problem and may in fact result in a further aggravation of the situation. It overlooks the fact that human beings have access to different kinds of knowledge among which scientific arguments are just a special, and in a certain sense not even the most important, case. The purpose of this paper then is to try to shed some light on these types of knowledge and their significance in a human ecological context. I will start from a distinction of different levels of consciousness with which the types of knowledge can be associated, discuss these types themselves, and then point to their position in an evolutionary perspective. Finally I shall, by way of examples, make an attempt at evaluating their role in the relationship between humans and the environment.

2 Three levels of consciousness

Let us begin by describing the human psyche in terms of three levels of consciousness. In doing this we refer to Giddens (1984) who, when talking about agents in his theory of structuration of society, makes the following distinction: 1. Unconscious; 2. Practical consciousness; 3. Discursive consciousness. A human being operating in the last kind of consciousness is capable of verbally formulating and expressing his or her thoughts. In contrast, practical consciousness is a state of mind in which things are simply being done without agents being able to tell what exactly they are doing. Typical examples of human actions belonging here are bodily skills such as riding a bicycle or a behaviour patterned by some social norms such as giving a lecture. The notion of practical consciousness is at the core of Giddens' structuration theory as it makes a routinized character of everyday life possible which in turn can give rise to a feeling of ontological security to agents. Finally, the unconscious is the source of motives which, however, rarely impinge in a very direct way on *everyday* courses of action. Rather they "tend to have a direct purchase on action only in relatively unusual circumstances, situations which in some way break with the routine" (Giddens 1984, p. 6).[2]

---

being transmitted to individuals, is included. The point is that approaches such as these emanate from a belief in the adequacy of careful analysis and planning on scientific grounds to attain a necessary degree of control over the situation. This belief in turn can be seen to be a child of a mechanistic worldview [for a discussion of worldviews in a human ecological context see Steiner, Furger and Jaeger (1991)].

2 Giddens (1984) restricts himself to a (critical) elaboration of Freud's notion of the personal unconscious. He does not consider the so-called collective unconscious as proposed by Jung. For our purposes we will have to attach some importance to the latter in the sequel. We also note that there are authors (Gustavsson 1990, for example) who speak

There is no clear-cut boundary between discursive and practical consciousness. Also, contents of the latter may be consciously raised to a level at which they can be discussed discursively and, conversely, contents of the former may sink down to a level of routine. As an example take the case of an athlete who, together with a coach, is watching a video recording of his or her performance in order to analyze it critically and to get useful hints for retraining the body movements. On the other hand, there seems to be a barrier between discursive consciousness and the unconscious. For most human beings, at least the ones living in modern society, it is impossible to access the latter actively and purposely. However, the same persons are passive receivers of messages from the unconscious in the form of dreams during their sleep. Let us note at this point that the question of possible interplay between the different levels of consciousness is presumably a very important one in a human ecological context. I shall come back to it in the last section.

Various other writers use similar tripartite schemes, and this coincidence points to the adequacy of such a distinction. For example, Harré et al. (1985) speak about the 'deep structure of mind', 'behavioural routines' and 'conscious awareness'[3], Piaget (compare with Ginsberg and Opper 1975) of 'reflexes', 'behavioural schemes' and 'thought operations'. Piaget is particularly interesting in this context as, with his researches on the psychological ontogeny of children, he sheds some light on the question of how and when a new member of society acquires these different levels of consciousness. A newborn baby does not constitute a tabula rasa. Rather it is equipped with a number of bodily reflexes such as the sucking reflex. This is not all, however. It also contains as an organizational metastructure a tendency to compose more complex out of simpler structures. Thus the sucking reflex just mentioned is gradually turned into an active business which manifests itself in thumb sucking. This then is the beginning of the acquisition of a practical consciousness. During the first one and a half to two years the child seems to be learning exclusively through doing things. Piaget and Inhelder (1969) call it the 'sensi-motor' period which includes the development of perception as a special case. The development of 'concrete' (logical) operations of thought only sets in at age seven or eight. In between there is a transitional period in which the child acquires a faculty of abstraction (a 'symbolic or semiotic function', Piaget and Inhelder 1969) including the use of language. As a phenomenon which would seem to be important for the following discussion we wish to note that a child is capable of distinguishing something living from something inanimate at an

about a 'collective consciousness', a concept that reaches beyond the idea of a collective unconscious. It "rests on the notion that all people are united through a transcendental field of consciousness, and that influence from this field is not dependent on contact between the people ..." (p.5). This speculative idea may be akin to Rupert Sheldrake's (1981) concept of 'morphogenetic fields'.

3 More precisely, Harré et al. (1985) make a further distinction with their notion of 'social orders', the internalized rules of the society one is living in, which they put on the same level as the 'deep structure of mind'. In my understanding the 'social orders' rather belong to the level of practical consciousness and thus are companions of the 'behavioural routines'. Thus the latter relate to sensory-motor, the former to mental aspects of practical knowledge.

early age. Compare this with the difficulties academically trained biologists have in defining what life is.

Presumably these levels of psychological functioning can, with some degree of plausibility, also be paralleled with components of the brain as material substrate. Thus we can associate the unconscious with older parts of the brain, the practical consciousness with the right hemisphere and the discursive consciousness with the left hemisphere of the neocortex. As we know the right half of the brain is responsible for such capabilities as spatial orientation, pattern recognition and activities in arts, handicrafts and sports, while the left half contains modules for language expression and mathematical and logical thinking.[4] This becomes quite clear from experiments done with 'split brain' patients[5], as can be illustrated with the following example: A patient is shown the word 'ring' in the right half and the word 'key' in the left half of the visual field. (We remember that the right half of the visual field is connected to the left brain, the left half to the right brain.) At the same time the person is also presented with a number of objects, among them a ring and a key, to choose from. The individual in question can tell that it has recognized the word 'ring', whereas it cannot make a verbal statement about the word 'key'. On the other hand, it can pick out the corresponding object with the left hand. If asked what it is, however, the person answers: a ring (after Schmidt 1979, from Kastenholz 1987).

Finally we may point to a tripartite metaphor used by Pestalozzi, the Swiss pioneer in school education, to indicate the necessity of combining all three states of mind in a fruitful way: He used to say that head, hands and heart of children should be educated in equal parts.[6]

3 Types of knowledge

In philosophical discussion the term 'knowledge' is often used in a rather strict sense and in contrast to 'belief', meaning the result of an act of cognition for which reasons

---

4 For a detailed account of the different capabilities of the two hemispheres see Springer and Deutsch (1985).

5 A 'split brain' patient is a person who previously suffered from severe untreatable attacks of epilepsy and who, in order to avoid a transmission of seizures from one hemisphere to the other, had the connection between the two hemispheres, the corpus callosum, cut. Much of our present knowledge about the functioning of the left and the right brain is due to the brain researcher Roger Sperry, who in 1981 obtained the Nobel prize in medicine for his work with split brain patients.

6 Going further back in time we find, as so often, also a forerunner of modern thinking in some notions of Aristotle. His distinction of a vital soul (containing the principle of life, keeping the bodily functions going), an animal soul (instrumental in perceiving, feeling and desiring) and a soul of reason (in which feeling and desiring turn into will, perceiving into cognition) resembles the three types of consciousness made in the text, if indeed, considering the state of scientific knowledge at the time, one can speak of a similarity at all.

can be given and which is based on experience and insight. This would restrict the existence of knowledge to discursive consciousness. In opposition to this usage I will use the term in a rather broad sense making it possible to say that the contents of any of the levels of consciousness constitutes knowledge and therefore that types of knowledge can be paralleled to these levels. This incurs the cost of a blending of 'belief' and 'knowledge', but such a blending is closer to the reality of human existence and also corresponds to the continuity of the emergence of forms of knowledge during evolution. It also means that the claim that knowledge refers to things we know 'correctly' has to be taken as a proposition that is valid in a relative sense only: It may be true if it refers to the logic of a closed system, it may no longer be if the system is opened. As will be elaborated later, this will become important for the consideration of human cultures which have a tendency to create their own world, a world which may be far detached from the fundamental biophysical reality of planet Earth.

Also, we wish to emphasize the relational aspects of knowledge: a member of a system, even though it may be intelligent, cannot make any statements about the system from a detached vantage point. Consequently, truth is not something that I can find separate from myself as a distanced observer, but something that comes to the fore only in my participatory relations within the system. For Pratt (1990) 'relationship' is a key concept in his thoughts about the 'ecology of knowing'. He puts it this way: "... knowing is participation. We know things by participating in them, and participation entails relationship. Relationships are *particular*, *involving* and both *create and limit* possibilities, according to what we bring to them. The participation they entail changes both ourselves and the thing known" (p. 17). We note at once that with notions such as this one we are in opposition to the (still) usual views of science in this respect.[7] To be somewhat malicious we could in fact say that modern scientific knowledge, which has fostered the ecological disaster rather than prevented it, is closer to being a 'belief' and further from the truth than a primordial animistic religion which results in a respectful attitude towards nature.

To have knowledge, then, means to know something about the world we live in, be it the biophysical environment or the societal context. Going back to the previously mentioned levels of consciousness we now associate with each of them a particular kind of knowledge. As we know there are two aspects of the unconscious, the personal unconscious detected by Freud and the collective unconscious as elaborated upon by Jung. The former may be regarded as containing ontogenetically acquired but stowed away and suppressed 'knowledge' referring to traumatic experiences and the like, while the latter can be interpreted as the psychological aspects of genetic structures, i. e., phylogenetically acquired knowledge. It is the latter we are particularly interested in here. Presumably we can say that the unconscious is the source of (genuine) feelings. What is their truth value? For most of us this is difficult to say because in our Western culture we tend to suppress them most of the time. Originally, emotions were associated with the basic existential experiences of human

[7] This, I think, is largely true despite the findings about the role of the observer in particle physics, which do not seem to have had a great impact in other disciplines.

beings. Once a human culture has developed, however, human existence tends to be experienced in a culture-specific way (Hillmann 1989). When feelings come to us in an uncensored fashion such as in dreams, we have a problem of interpretation as the messages we get are largely in the form of pictorial scenes happening in a fantasy world[8], which can be translated into words only in a very unsatisfactory way. We remember the saying that a picture is worth one thousand words. The fact that archaic religions presumably can be understood as the result of experiences rooted in practical consciousness that are heavily laced with emanations of the unconscious and that cultures with such religions by and large were based on ecologically sensible rules may let us attach some importance to Meyer-Abich's (1988) notion that feelings are guides to cognition.[9] 'Mythic knowing' as expressed in stories, art, and poetry is definitely of importance (Pratt 1990).[10]

Knowledge that resides in a state of practical consciousness is called 'knowledge by experience', 'knowledge by familiarity' or 'tacit knowledge'. With these designations the fact is expressed that this is a kind of knowledge that is neither available readily in preprogrammed form (as knowledge embedded in genetic structures) nor easily transmittable by verbal communication. It is acquired through a process of individual learning, which presumably is based on elements of social interaction, such as the observation and imitation of others, as well as on direct personal experiences of the environment. Surely even the higher animals have the capacity for this kind of learning which transcends purely instinctual behaviour. Hence, one can say that much of what they do happens in a state of practical consciousness. As we will point out later, there is a connection between an existence based on tacit knowledge and what is called a tradition. And inasmuch as the evolution of traditions, which involves a transmission of knowledge from one generation to the next, can be recognized as the basis of culture, one can, as Bonner (1980) does, talk about the occurrence of culture with animals. Well-known by now is the story about the monkeys (macaques) on a Japanese island who, based on an individual innovation, started a 'culture' of washing the sand off the sweet potatoes they used as food (Wilson 1977).

A useful aid in understanding how animals relate to their environment in a state of practical consciousness is a brand of ecological psychology based on the work by James Gibson and further developed by Claudia Carello and others (Michaels and Carello 1981; Carello 1991). Its basic theory is realist in character as it asserts that terrestrial objects and events, not mental representations of them, are perceived. Perception is not something that happens inside animals. In the words of Gibson, "it is a keeping-in-touch with the world, an experiencing of things rather than a having of ex-

---

[8] It is typical that it is the right hemisphere of the brain only that seems to be involved in dreaming (Springer and Deutsch 1985).

[9] In German the term he uses is *erkenntnisleitende Gefühle.*

[10] We may note at this point that Pratt (1990) makes use of a bipartition into 'mythic knowing' and 'paradigmatic knowing'. As pointed out by the example of archaic religions, the former refers to a combination of contents of the unconscious and of practical consciousness, whereas the latter would seem to correspond to a mix of elements derived from practical and discursive consciousness.

periences. It involves awareness-of instead of just awareness". To understand a problem in perception, therefore, it must be addressed at the level of an active animal-environment system. This means using ecological units of analysis which makes it possible to identify ecological laws of perceiving and acting. There is a perceiving-acting cycle such that perception constrains action by detecting the information by which activities are guided and action constrains perception by altering the animal-environment system and thereby the available information.[11]

With the emergence of human beings, of course, the capability of learning and the possibility of the evolution of culture is greatly intensified. The development of (verbal) language plays a decisive role in this process. Language is a phenomenon which makes an existence in a state of discursive consciousness possible, but first of all it develops as a means of communication which helps to speed up learning by experience. To be sure, language cannot replace this experience (for example, I cannot ride a bicycle immediately upon being told how to do it), but it can assist the learner by guiding his or her awareness. The acquisition of tacit knowledge would seem to rely always on a social dimension, already in a pre-language state of existence, but even more so with the availability of human language. Beyond the basic human faculties which a child acquires and develops first at home and later at school during what is called 'primary socialization' (see, e.g., Berger and Luckmann 1989) it is mainly the acquisition of bodily and/or mental skills in connection with the learning of a profession (to be understood in its widest sense, i. e., including such things as handicrafts, sports, instrument playing and so on) during a phase of 'secondary socialization' that make part of the stock of tacit knowledge of a human in today's society. Regarding the question of 'truth values' we have here a situation of direct control so to speak: As tacit knowledge of the type mentioned is applied in direct contact with some aspects of the biophysical environment, the question of truth is simply answered by the consequences of action: Either it works in the desired way or it doesn't. What it may mean if a practical art falls into disuse and becomes forgotten is illustrated by Polanyi (1962) with the following example: "It is pathetic to watch the endless efforts, equipped with microscopy and chemistry, with mathematics and electronics - to reproduce a single violin of the kind the half-literate Stradivari turned out as a matter of routine more than 200 years ago" (p. 53).

'Truth' in relation to skills means for human beings something which is still close to the situation of animals in a Gibsonian setting. Polanyi (1962) refers to this fact when he points out that there is a continuity between the inarticulate faculties of animals and the ineffable domain of skilful knowing of humans. "What I understand in this manner has a meaning for me, and it has this meaning in itself, and not as a sign has a meaning when denoting an object. I have called this ... existential meaning" (p.

[11] There is an interesting link here to the much earlier notion of a 'functional circle' (in German: *Funktionskreis*) of the biologist von Uexküll (1928). This circle is to be understood as a recursive system between an organism and environmental objects involving a 'perceived world' (*Merkwelt*) on the one hand, and an 'effected world' (*Wirkwelt*) on the other. More recently Knötig (1986) has taken up this concept and developed it further.

90). There is, however, another type of knowledge which presumably must also be regarded as part of a human's practical consciousness. What we mean is the mental internalization (the expression is typical for a process which involves practical consciousness) of values and norms, views and ideas that are predominant in a particular type of culture, in short of the world a society lives in, and will affect the attitudes and actual actions of individuals living in that culture (compare with Berger and Luckmann 1989). In contrast to skills we are concerned here with 'images', perspectives or states of mind founded in cultural rules and such rules can be more or less detached from a reference to the biophysical environment. Knowing those rules means adhering to a 'truth' which reproduces the logic according to which the particular society functions. As soon as we consider a social system within a wider bio-ecological context, however, what is true socially and culturally may not make any sense at all environmentally. Certainly this state of affairs applies to our modern society. We may find, on the other hand, that rules which are still close to knowledge residing in the lower levels of the psyche as those associated with archaic types of religion may be 'more true' than rules of more 'advanced' societies that have started to construct their own types of worlds.

The construction of separate worlds becomes possible because of the availability of language. As pointed out by Sayer (1984), the words of a language have, in that they refer to each other, on the one hand abstract relationships between themselves. On the other hand some of the words refer to concrete entities of the environment. Relationships of the first type will establish sense and meaning, i. e., members of a language community can establish their own reality. How far this reality can be attributed a lesser or greater degree of truth with respect to the larger encompassing environment is dependent on the way the relationships of the second type, i. e., the referential relations between words and environmental entities, work. In a more primitve stage of societal development properties of the environment which may be crucial for survival may make themselves felt on the linguistic side, such as when the Inuit use different words for different kinds of ice (Montagu 1962). On the other hand, as the cultural evolution advances, the way the environment is seen is more and more guided by environmentally detached sense relations within a language community. The environment not only becomes socially interpreted but finally, as humans actively change it, also socially constructed. The philosophical thinking about this problem is nicely reflected in the writings of Wittgenstein (see, e.g., the short description in Störig 1985). In his early work, the *Tractatus logico-philosophicus*, he was of the opinion that there should exist the possibility of a 1:1 mapping between the world around us and our language, and that this relationship could be logically analyzed by reducing entities on both sides to a level of fundamental 'atoms'. Later, in his 'Philosophical Investigations', he changed his mind completely and developed his notion of language games: He now maintained that the meaning of words could be understood only by observing the situations and contexts within which they were spoken. We will come back to this problem further on in the context of traditions.

Whether the unreflected use of language in everyday situations should be regarded as something that happens in discursive or rather in practical consciousness can be debated. This uncertainty shows the dual position of language in this respect.[12] There can be no doubt, however, that, given a certain degree of critical self-reflection, enabling one to question everything that has become routinized and perhaps unfounded, there is a higher, truly discursive level on which theoretical knowledge can be formulated. It is the type of knowledge which supposedly enables human beings to take action on the basis of a careful process of thinking involving calculation, foresight and design. It makes them rational agents who can define a goal and find the necessary tools to reach that goal. For our present culture the prototype of rationality is, of course, represented by science in which knowledge is presented in a systematic, logical fashion and in which the ideal of being able to condensate it to statements in a concise formal language is still very much alive. It is what is called 'explicit knowledge', 'propositional knowledge' or 'expert knowledge'. The belief that the way human reasoning functions on the material basis of the brain can be imitated by computers finds its expression in an explosive development of a branch of cognitive sciences known as 'artificial intelligence' (AI). This label clearly suggests that only the manipulation of explicit knowledge in a state of discursive consciousness is regarded as 'intelligence' by the AI people, hence their attempt to imitate this intelligence in expert systems, robots and the like.[13] Josefson (1991) sees the problems inherent in this trend: "The systems are based on experts' detailed descriptions of their professional knowledge; their knowledge is then reformulated in the uniform rules of logic and transferred to the machine. This has proved to be a much more difficult process than hitherto imagined. It is difficult to 'tap' experts of their entire pool of professional knowledge" (p. 1). The neglect of or rather the negation of the existence of other types of 'intelligence' may lead to perversities. Josefson provides an example: Discussing present efforts to make the training of hospital nurses more formal and theoretical, she quotes one instance in which a demand arose for the description of a thing like 'tender loving care' in exact scientific terms. It is a purpose of this paper to challenge such one-sided attitudes.

[12] Related to this situation is the following interesting question: do we have to assume a mutual depencence of thinking and spoken language or is it possible that some kind of language-free thinking or thinking in an 'inner language' exists? Recent investigations regarding the cognition of deaf people seem to point to the existence of language-free operations as a component of thought processes (Müller 1987).

[13] That there may be a conflict between what these people think as scientists and what they believe as 'normal' human beings is reflected by the following anecdote: a professor in neurobiology was asked whether or not he thought that the human brain worked in the same way as a computer. He answered: yes, I think it does when I observe my colleagues, but definitely no with respect to my own. For detailed critical evaluations of the benefits and the shortcomings or even dangers of information processing by computer see, for example, Roszak (1986) and Weizenbaum (1975).

4 An evolutionary perspective

When reflecting on the development of the cultural out of the biological evolution it seems to be a common error to illustrate the difference between 'nature' and 'culture' with contrasting terms such as 'natural' and 'artificial' or 'instinct' and 'reason'. In fact, much of what constitutes cultural evolution is neither purely artificial nor the result of designs by reasoning human beings. Rather it consists of 'phenomena of the third kind', a term used by Keller (1990), in his treatise on the change of human language, or phenomena 'between instinct and reason', the expression employed by Hayek (1988) in his study on the evolutionary position of the market mechanism. Such phenomena are at the basis of a society and a culture: they relate to human actions guided neither by genetic programs nor by a reasoning mind but come about rather as the result of learning during a process of socialization. In short, we are dealing here with traditions. The theory of structuration of society by Giddens (1984) is useful at this point: we can envisage a social system as a recursive system in which socio-cultural structures enable but also constrain particular actions of human beings such that these actions reproduce (and possibly slowly transform) the socio-cultural structures.[14] The reproduction of structures is thereby an unintended consequence of human actions. It is as if, in the sense of Adam Smith, an 'invisible hand' were at work.

Hence we again have a tripartition and, with some degree of caution, we can parallel the evolutionary sequence of instinct, tradition and reason with our previous three levels of consciousness, namely the unconscious, the practical and the discursive consciousness, and related types of knowledge. The caution is in order because of the practical-discursive duality of natural language referred to earlier. Such a language is a component of the socio-cultural structures of a particular social system which enables and constrains communicative actions of the members of the system and is being reproduced (and slowly transformed) by these actions. In other words, a language is first of all a tradition.[15] It is clear that a child learns a language by imitation.[16] The physical process of speaking (the movements of the vocal chords, the tongue etc.) is cer-

---

14 For Giddens (1984) 'structures' are 'rules and resources'. Limiting ourselves to the rule aspect, the following clarification can be given: structures can be roughly divided into social and cultural structures. The former concern the forms of social organization which decide about possible positions of and relationships between people. The latter refers to cultural paradigms expressed in the form of values and norms which will decide about the quality of relationships between humans (and humans and the environment). This usage of terms reproduces the distinction made by some sociologicst between 'society' and 'culture'.

15 This becomes very obvious if, for example, we think of the present feminist critique of the 'maleness' of language.

16 This does not exclude the possibility that language has also deep-structural aspects. For example, the linguist Chomsky (1965) thinks that there is a commonality to all human languages in the form of a 'universal grammar'. If this is true then presumably it would presumably point to the existence of a genetically anchored basis to language.

tainly something that happens in practical consciousness. But also the content of speech may be grounded in traditional unquestioned beliefs, values and norms that have been internalized by the speaker as a member of the social system in question. 'Reasoning' in this sense, i. e., as a practice of 'reason-giving', is itself something that is governed by social rules (Coulter 1989). On the other hand, of course, language can be employed by free thinkers in an emancipatory fashion, in which case 'reason' can be understood to comprise reflecting, questioning, planning and designing operations of the mind.

As may have become clear already, the evolutionary sequence of instinct, tradition and reason does not mean that one replaces the other. On the contrary the development of a later phenomenon is dependent on the previous existence of the earlier phenomenon. Therefore for traditions to emerge the existence of instinctual patterns is a prerequisite. We can interpret the situation as one in which genetically anchored dispositions increasingly leave room for ontogenetic individual learning to be integrated into overall behavioural patterns. There is no way that we can 'date' the emergence of such new capabilities. As indicated earlier they reach far back into the animal kingdom. We can say more in this respect about the time when human reason started to emerge as a sort of culminating condensation of discursive consciousness. It seems obvious that it could develop only within the context of a social system with traditions. The upstart of a philosophy in the time of the Old Greeks, which more or less consciously began to emancipate itself from religion, can be seen as a turning point in this respect. Typically, however, the first philosophers were people with practical skills, and wisdom was seen by them as something that can produce a creativity of practical significance (Josefson 1991). A real acceleration in the development of reason then set in with the foundations to rationalistic thinking set by Descartes in the first half of the 17th century.[17] Emphasizing the fundamental principle of doubt it was probably the most important building block for the ensuing project of enlightenment. Paradoxically, what started with a particular philosophical orientation culminated in this century with a concept of a science being regarded as the only cognitive human undertaking that ensures the possibility of a sensible discourse. As a consequence, philosophy did not seem to have a right of existence anymore. At any rate it is possible to see connections between the phenomenal sequence of instinct, tradition and reason and that of religion, philosophy and science. Also we can see the conservative role played by both instinct and tradition. The latter can be understood as a kind of cultural continuation of the biological evolution, whereby Lamarckian principles of inheritance become superimposed on the original Darwinian ones, so to speak. This is in line with the frequent notion that human cultures have grown in an 'organismic' way. In contrast, reason can take on a prospective function and upset the conservative patterns of development completely.

Extremely important for an evolutionary perspective, I think, is the notion of a contrast between implicit and explicit knowledge by Polanyi (1962, 1974, also Polanyi and Prosch 1977). It would seem that we are allowed to equate the former

[17] Interestingly enough, Descartes is reported to have been inspired to his philosophical thinking by an angel of truth who appeared in several of his dreams! (Roszak 1986).

with unconscious and tacit knowledge, the latter with propositional knowledge. Some of the aspects of this notion which are relevant for our discussion are the following. Any kind of knowledge has roots in the bodily existence of human persons and in this sense is always 'personal knowledge'. Described slightly differently one could say that knowledge cannot exist without some kind of personal involvement. Anything that can be formulated explicitly is so to speak only the tip of the iceberg in that explicit knowledge cannot come about without a foundation of implicit knowledge. Human knowledge has the same structure as the world: we have a stratification into parts forming wholes, whereby the wholes appear only if the parts merge into the background. In terms of knowledge it more precisely means that if the attention is focussed on the parts, there can be no comprehension of the whole. Only if a defocussing away from the parts takes place can the whole take shape. In consequence, Polanyi speaks about 'from-to knowledge'. Take the example of reading a text: by concentrating on individual words I cannot grasp the meaning of a sentence; to get it I have to sort of read 'over' the words. Seen this way we can equate explicit knowledge with formal statements about parts and relations between parts, whereas implicit knowledge goes beyond that level, it involves the way these parts and their relations relate to each other to form a whole. Comparing this statement with the by now classical notion of a whole, which says that a whole is more than simply the sum of its parts we would have to correct it by saying that a whole is more than the sum of its parts and the sum of the relations between the parts. What is the more? It is something that relates to sense and meaning. In other words it also means that a description of some aspect of the world in explicit terms always constitutes incomplete 'information': It misses the most important, the meaning it has. In cases where knowledge is of the practical kind involving, for example, a manual skill, a concentration on the parts may virtually destroy the whole. As an example consider the situation of the piano player who starts to focus his or her attention on the individual movements of the fingers and by doing this gets confused and cannot play the piece at all any more.[18]

[18] In this paragraph I have, in the light of the topic of this paper, interpreted Polanyi's ideas in my own way and by doing so not done too much violence too them, I hope. To compare consider Polanyi's own words: "I regard knowing as an active comprehension of the things known, an action that requires skill. Skillful knowing and doing is performed by subordinating a set of particulars, as clues or tools, to the shaping of a skillful achievement, whether practical or theoretical. We may then be said to become 'subsidiarily aware' of these particulars within our 'focal awareness' of the coherent entity that we achieve. Clues and tools are things used as such and not observed in themselves. They are made to function as extensions of our bodily equipment and this involves a certain change of our own being" (Polanyi 1962, p.vii). This quotation shows that Polanyi talks about human knowing in a state of either practical or discursive consciousness (how the unconscious might come in is less clear). He shows the general structure that applies to any kind of human knowledge: It relies **explicitly** on a set of parts, but only by shifting the awareness away from them can one **implicitly** obtain a comprehension of the whole. The success of practical knowledge depends entirely on a successful activation of the implicit component. Or could we ride a bicycle simply and only on the grounds of the following instructions: to keep our balance we have to take "to heart that in order to compensate for a

Support for Polanyi's notion of a structural parallel between reality and human consciousness comes from the holographic hypotheses about the organization of the universe by Bohm (1980) and the neural processes leading to human cognition by Pribram (1971). They also connect to the postulated relationship between the implicit and the explicit. In optical holography a hologram recorded for a scene with separate objects has the property that each part contains information on the whole. What we normally perceive as the world can be likened to a reconstruction of the objects from the hologram, i. e. we get the impression that the world consists of distinguishable objects.[19] This raises an interesting question: as we are made of the same stuff the world is made from, could the parallel also mean that we have knowledge about the world within us? Berman (1981) seems to think so when he says that we spend a large part of our conscious lives looking busily for something that, on the unconscious level, we know all along. Perhaps one can interpret a mystical experience as a more or less successful instance of access to such knowledge. Should this be true then perhaps the surprising parallels between scientific insights in modern physics and eastern mysticism as described by Capra (1983) are not really surprising.[20]

Some biologists and philosophers, among them Riedl (1981) and Vollmer (1983), have developed what is known as evolutionary epistemology[21]. They put the old question, which has been worrying philosophers throughout the centuries, namely how human beings get to know things about the world they live in, on a biological foundation. According to them organisms learn during biological evolution in that experiences made about aspects of the environment are somehow stored and applied to dealings with the environment in the form of expectations, which then are confirmed or not confirmed. This can be understood as a circular, or because there is a linear component of progress involved, rather a spiral-like process which starts with the acquisition of knowledge in genetic apparatusses and ends with learning processes of neural systems and brains. The notion is clearly one of the transfer of information or of a mapping from environment to organisms. Maturana and Varela (1985) are definitely opposed to this idea. They stress the autonomy of organisms which they see as

given angle of imbalance a, we must take a curve on the side of the imbalance, of which the radius (r) should be proportionate to the square of the velocity (v) over the imbalance: r v^2 / a" (Polanyi 1974, p.144)? Explicit knowledge of this kind is ineffectual. Conversely, theoretical knowledge discursively formulated may be instrumental, but possibly dangerously incomplete.

19 A hologram is a photographic recording of the inferential pattern produced by two coherent beams of light, one being reflected from a scene of interest, the other being an undisturbed reference beam. The scene can be reconstructed from any part of the hologram. As we will discuss below, we may be able to take the notion of implicateness or implicity as a more general metaphor applying to other realms of reality as well.

20 There are still other findings which point to the possibility of a mathematical paradigm common to both the genetic code and the Chinese I Ching system of prophesy (Katya Walter in a Workshop on "One World of Matter and Mind" held in the Cortona-Week 1989, an alternative meeting of students, faculty and non-academic people organized by Pier-Luigi Luisi from the ETH Zurich).

21 In German: *Evolutionäre Erkenntnistheorie.*

organizationally closed (autopoietic) systems.[22] Influences of the environment on living systems do not contribute to their organization, they rather take the form of 'perturbations' to which organisms will answer with some degree of structural adaptation with the goal of maintaining their organization. Biological evolution in this view is not so much a result of the 'extraction of lawfulness from nature' by organisms, as Lorenz (1973) puts it, but a consequence of some innate drive for creative change and development in living beings. An optimum fit to the environment is not a prerequisite for survival. All that is required is a degree of fit sufficient to allow the organism's organizational continuity. This may be a rather extreme position at the other end of the spectrum, but it lets us continue the speculation about the existence of knowledge within us which we began with Polanyi's notion about structural similarities between human knowledge and the world at large. Perhaps Kant's a priori categories of cognition, such as space and time, are indeed present from the beginning, and not acquired in the course of the biological evolution, as the representatives of the evolutionary theory of cognition would have it.

5 Knowledge and human ecology

What does this all mean in the context of human ecology? If we wish to understand it as an endeavour with the aim to contribute to the solution of the human-environment problem we must be interested in the role that **all** different kinds of knowledge can possibly play in influencing the relationship between humans and the environment. The present problem in our society and culture seems to be that we do not put them to the right use, nor are we able to find what an appropriate integration of them might be. Clearly knowledge derived from discursive consciousness, particularly in the form of expert knowledge, is overvalued, while implicit forms of knowledge are underestimated in their importance, disregarded or perhaps found to be a nuisance. In the following I shall therefore point to some shortcomings and problems associated with the former and refer to some of the 'wisdom' contained in the latter. The paper will then end with some hints regarding the question of integration.

Since the time of Francis Bacon science has been understood as an undertaking which is supposed to provide us with knowledge about nature sufficient to control it and thereby free humankind from a status of dependence. Because of this there is an eminently technological aspect to our modern civilization from the start. In many in-

---

22 Maturana and Varela are known for their theory of autopoiesis, a system theory of living beings. The term 'autopoiesis' derives from the Greek and literally means 'self-production': An organism is a system consisting of components that entertain processes which in turn produce the components. Hence the system is totally circular or organizationally closed and autonomous. The notion of autonomy and organizational closure (not necessarily of autopoiesis in the strict sense) also applies to neural systems, such that an organism creates its own world. For a fuller account of the theory of autopoiesis see Steiner (1989).

stances the thinking in terms of control has not been restricted to the environment, but also has been concerned with human societies, hence expressions such as 'social technology' or 'social engineering'. More recently, however, a feeling of loss of control or of being unable to achieve control has become more and more widespread. The occurrence of the ecological crisis clearly is one factor at the roots of this development, but internal developments in science have played a part as well here. The most recent such development is the emergence of various forms of non-linear system theory[23] which, because of the existence of bifurcations and random fluctuations which decide upon the path a system may take at those bifurcations, points to the impossibility of forecasting the development of systems of this kind. Also the empirical evidence is accumulating concerning human projects that have failed or led to disastrous unintended consequences. As examples consider the 'great planning disasters' described by Hall (1980), the 'erroneous ways in development aid' documented by Hagen (1988) and the 'normal accidents' associated with large-scale technology discussed by Perrow (1987). And Dörner (1989) provides us with a psychological (though technocratically oriented) analysis of the 'logic of failure'.

These and other experiences make us wonder what role expert knowledge in the form of scientifically formulated statements and ensuing technical implementations can play at all in the solution of our present-day problems. Doubtlessly there are quite a number of issues involved here. I shall restrict the discussion to the following two critical aspects: a) the complexity of the problems, and b) the time factor. Let us begin with the issue of complexity which so often serves as a kind of 'excuse' if we realize our incapability to deal with environmental problems adequately. Vollmer (1983), one of the proponents of the evolutionary theory of cognition, sees the problem in the following way: phylogenetically the working of our mind is adapted to the relatively simple mesoscale world of ordinary phenomena that are accessible to our bodily senses. Within a very short time in evolutionary terms humans have managed to develop a science that has pushed forward into the previous unknown of the macroscale (up to the cosmos at large) and the microscale world (down to the subatomic particles). Technology which could be developed as a consequence may have a spatial and temporal reach of influence such that it is beyond the comprehension of our mind. For those who think we have this problem because our knowledge is not good enough yet, there are logically two possible solutions. Either we have to accumulate more scientific knowledge and manage it by means of expert systems or we have to correct our own human shortcoming and train ourselves in such a way that our thinking gets away from the usual linear format and approaches a lateral, network or holistic mode (Vester 1984, Ulrich and Probst 1988, Dörner 1989). Presumably we should do both, ideally.

The problem of complexity would have less severe consequences if we were to allow ourselves the necessary time to proceed with anything new very cautiously in the form of a step-wise trial and error scheme. This is, of course, exactly what we are **not** doing. On the contrary, we live in a time of an unprecedented, staggering development of science and technology with constant acceleration. In a traditional setting

23 For a critical account of system theory, linear and non-linear, see Steiner, Furger and Jaeger (1991).

instrumental knowledge is developed gradually by being passed on from generation to generation and being tested over and over again within generations during the lifetimes of individuals, as will be illustrated by the examples given below. By pointing this out we clearly do not want to advocate an abandonment of science. It can, of course, lead to new insights. The real problem, however, is that under present circumstances there is no time available for technical measures derived from such insights to be gradually modified and developed into an ecologically sustainable new tradition. Unintended consequences of human actions are the rule rather than the exception. And science cannot really help here as it is not in a position to make reliable forecasts. The way we go about the problem then today is that, once we have recognized that certain human activities have resulted in undesirable consequences, we try to take corrective steps and by so doing immediately produce new unintended consequences.[24] We end up in a continuous cycle of correcting the corrections, without allowing ourselves the time for corrective feedback processes to take hold and lead to a new stability. The bigger a technical scheme the greater the chances that it may lead to unforeseen devastating effects. It is for this reason that Kirsch (1989) thinks that preventive environmental policy, which presently is being advocated strongly, is impossible in principle. And the debate between him and Weichhart (1989), who, by citing examples of preindustrial societies that were fairly stable in environmental terms, maintains that this **is** possible, simply reflects a conflict in thinking between a person who sees the present society as one without a tradition (with respect to the problem at hand, at least) and one whose arguments refer to societies with traditions.

My contention is that the 'more-of-the-same' philosophy of the technocrats will lead to more of the same, namely more disasters, more failures, and more catastrophes. To change our path we have to start to acknowledge the importance of implicit forms of knowledge. With respect to tacit knowledge applied in states of practical consciousness I shall present to the reader three examples in the following. The first one is reported by Josefson (1988) from the domain of health care, but we should have no problem to translate it into environmental situations. Josefson is alarmed about the present trend in many countries to educate hospital nurses for their job with a university program (which fosters theoretical, propositonal knowledge) rather than with a traditional apprentice-type practical training on the job under the supervision of older experienced nurses (which is geared to the development of tacit knowledge). To document her misgivings she conducted interviews with nurses. In one of them the following incident is reported: "A nurse of around 50 describes her work in a post-operational ward where she has had 30 years´ experience. One day a patient was admitted to her ward: he was a middle-aged man who had just undergone surgery. After a short conversation with him the nurse quickly realized that his condition was not normal, although the man said he felt surprisingly well. She called out the physician on duty, a young doctor with little experience who, seeing that the patient´s vital signs were

---

24 This statement refers to cases where, in fact, something is done. We are all also, of course, familiar with situations where nothing is done (yet) as science is incapable of proving related cause-effect relationships convincingly and, consequently, the 'culprits' are given the benefit of the doubt.

normal, reproached the nurse for calling him out unnecessarily. Later in the day, the patient died, and the post mortem uncovered a complication that could not have been diagnosed by an examination of his vital signs. The nurse´s comment was that she noticed that something was out of the ordinary, but could not explain how she had arrived at this conclusion. Previous experience, of course, she pointed out, was a decisive factor" (Josefson 1988, p. 26-27).

There are many instances of human-environment issues which parallel the implicit versus explicit knowledge problem or, expressed in a different way, the conflict between 'people's science' and expert science. We will give two examples here. The first refers to a case which is typical for technical aid programs in the Third World; it is reported by Richards (1986) and it concerns rice cultivation in Sierra Leone. Traditional agriculture relies on a mix of three types of rice: a) Quick-maturing rice planted on low-lying land with moisture-retentive soils; b) Medium duration rice alternating with a variety of intercrops on rain-fed upland farms; c) Long duration 'floating' rice planted in water courses. Even during colonial pre-war times this technology was regarded as being backward by the authorities. Consequently, they started a drive to introduce South India style large-scale water-controlled swamp cultivation deemed more advanced. However, up to the present time, farmers have proven fairly resistent to this idea. They have their reason: the traditional mix provides for ecological and economic risk minimization and stability. It is, in the view of the farmers, "a better, safer, more productive 'package' than anything on offer from development agencies" (Richards 1986, p. 191). Conversely, extended irrigation methods tend to be an all-or-nothing commitment especially because they are labour-intensive. They do not leave room for simultaneous upland farming which for the indigenous farmers constitutes a very important supplement. A technology transfer approach such as this one, which is blind to the real needs of the local people, is only possible because of the "isolation - social, mental and residential - of development experts and scientists from the day-to-day realities of village life." Richards 1986, p. 185). An alternative approach is "based on the notion of mobilizing Africa's most under-utilized resource - the ecological knowledge, skill and inventiveness of the mass of ordinary farmers" (Richards 1986, p. 184), which means that researchers and planners should go out into the field and 'educate' themselves through a process of participatory observation.[25]

Still, this type of problem is not exclusive to Third World countries. Similar issues concerning the contrast between traditional agricultural methods and modern technology are of importance in industrialized Western countries. The difference probably is that in developing countries this contrast manifests itself mainly as an active attempt of development experts at substituting indigenous by presumably more advanced tech-

---

25 Raffestin and Lawrence (1990) describe the problem in this way: "The interrelations between the various consequences of human products and processes ... are frequently overlooked by contemporary politicians and planners ... From this perspective, it is necessary to distinguish between the tacit know-how (in which theory and practice are interrelated) used by populations in so-called 'undeveloped countries' to regulate human activities, and the explicit know-how (in which theory and practice are also interrelated, yet clearly distinguishable) applied by decision-makers in so-called 'developed countries'" (p. 105).

nology, while in Western countries farmers tend to adopt industrialized methods of agriculture by themselves simply for reasons of economic pressure. Take the example of the ecologically particularly sensitive mountain areas of Switzerland as described by Messerli (1989) in his overview of the results and insights of the Swiss Man-and-Biosphere (MAB) research program run between 1978 and 1985. These mountain regions, settled since the Middle Ages, have seen some periods of ecological crisis before, but by and large farmers have been able to develop a sustainable system of utilization which has led to a condition of ecological stability. As described by Bätzing (1988) in more detail this system is based on a formula which equates production with (environmental) reproduction. It means that unavoidable damages done to the environment in the course of agricultural production are being compensated by the necessary amount of regenerative work. For example, agricultural soil having been washed down is collected downslope and carried and distributed again upslope. Also, of course, preventive measures are taken to begin with, such as when slopes are terraced to avoid soil erosion as much as possible in the first place. The beauty of the mountain landscapes is, apart from the scenery provided by nature itself, largely the result of these farming practices. It is what makes them so attractive for tourists. However, now the enormous tourist boom that has developed since World War II has started to threaten its own basis, not only because of the direct effects in terms of large-scale consumption of space by buildings, roads, parking lots, ski lifts and runs, but also because of indirect effects on agriculture. The latter, to be able to survive economically, retreats from peripheral areas, which are left to themselves, and concentrates on the more suitable and accessible areas with a program of intensification and mechanization. As a result, the balance between production and reproduction is lost. This is why Messerli calls for a backward orientation in the sense that the traditional cultural mountain landscape should be taken as a reference value to which agricultural practices should be geared. The related knowledge, however, is largely implicit and 'stored' in those members of the local farming population who have grown up at a time traditional methods were still practiced. It is lost for good once there is no longer any transmission from one generation to the next anymore. As Messerli says, "it is ... unimaginable that science can ever replace the local knowledge and experience which generations of mountain farmers have accumulated over many centuries of concrete work on nature" (p. 12).

If Polanyi is right, all knowledge that can be formulated explicitly is incomplete with respect to the reality of the world. This is particularly so with regard to expert or scientific knowledge (and within this category especially to knowledge expressed in some kind of formal language) as it tries to focus on some parts and the relations between them very sharply. Naveh and Lieberman (1984) in their treatise on landscape ecology realize this when they say that it does not suffice to describe an ecosystem in purely formal terms. Such a description must be complemented by statements in natural language. And, of course, in the light of the foregoing one might claim that even the use of natural language is not sufficient, but that on top of it we should also rely on non-verbal information such as, for example, those provided by pictures, sounds and smells. We remember Polanyi's notion that only by defocussing from the parts can we hopefully grasp the meaning of the larger whole. This gives rise to the following speculative question: is there any reason to believe that in the natural world things have some kind of meaning separate from socially created meanings within a certain culture? If they have could it mean that maybe there is indeed some connection between facts and (intrinsic) values, a relation that our modern western mind has declared very vigorously to be impossible? Is perhaps the notion of a 'naturalistic fallacy' itself fallacious?

Obviously there are religious undertones to such a question. And, as Pratt (1990) says, "religion, archteypes, and works of art are important ways in which we are 'in the world'" (p. 4). It leads us to ask how far feelings can be a factor in cognition or, in other words, how we can get access to the unconscious in a perhaps less haphazard way than provided by dreams.[26] There is, of course, a method which has been practiced within the context of eastern religions for centuries, namely various forms of meditation as a kind of concentration on oneself with a submersion into deeper structures of one's psyche. According to eastern religious theory, it is the way to ultimate enlightenment. It has been disdovered in the western world as a means for personal psychotherapy which can be practiced alone or, better, in groups (see, for example, Schwäbisch and Siems 1981). There are probably different explanations possible of what is actually happening in meditation. At a measurable physiological level it has been found that during meditation brain currents take on a pattern which is identical with the one observed in the so-called REM-phase of sleep[27]. The interpretation then is that meditation provides a possibility of accessing the unconscious in a state of wakefulness. It is recommended as a technique to alleviate stress and to get rid of 'garbage' that has accumulated in the unconscious. Seen in a more positive way meditation is supposed to release inherent psychological resources existing at a deeper level of an individual's consciousness. Gustavsson (1990), who investigated the effects of meditation practice on management teams, found that the persons concerned became able to express more subtle levels of their personalities such as emotions and intuition and to integrate them into decision-making. There can be hardly any doubt that such effects should make a difference for the quality of social relations as well as of relations to the environment.

To reiterate: the argumentation in this paper does not aim to suggest that science should be abandoned. Clearly it can provide us with *some* answers relevant to coping with the environmental crisis. For example, it can help to define limiting values of physical quantities of pollutants allowed to escape into the environment. However, instead of the usual sectorial application there should be a balanced, interdisciplinary use of expert knowledge. And, more important even, it should be embedded in and combined with other types of knowledge. The good that human reasoning can do is that it can break with bad traditions[28] and help to establish new ones. Here science is

---

[26] Note, however, that there are dream specialists who believe that you can address questions to the unconscious which then are answered in dream form.

[27] REM stands for 'rapid eye movement'. It refers to a shallow phase of sleep with dreams which occurs before waking up.

[28] Previously, in talking about traditions, we have simply referred to the fact that societies can create their own worlds. This leaves the question open whether such worlds are good or bad. Obviously they can be one or the other, and they can be it with respect to social or environmental issues, or both.

in a paradoxical situation: in the course of enlightenment its development has helped to get rid of erroneous dogmas and suppressive social structures. By doing this, however, it has created a new tradition itself: the belief that science has all the answers and that all problems can be solved by scientific means. This again is a bad tradition which must be abandoned. To this end science must examine itself critically in a self-reflective process, and society at large must reformulate the role it wants to assign to science within itself. By doing this it will find that is has to revise its socio-cultural structures in general. Milbrath (1989) describes this process as follows: "We must learn how to become conscious of our ways of knowing. ... As we do so, we will come to recognize the key role that society plays in knowledge development, in development of beliefs about how the world works, and in value clarification (or obfuscation). Recognizing that our beliefs and values are culturally derived frees us to reexamine them to see if they can be revised to serve us better" (p. 85). We can now see that the environmental crisis is really a socio-cultural crisis of humanity. As Evers and Nowotny (1987) point out, expert knowledge is particularly in high demand at times of crisis. The problem is that crisis invariably means uncertainty. Hence there is no single expert opinion, but two or more conflicting ones. To overcome the conflicts society must enter into a discourse which must be based on more resources than just scientific knowledge. It needs a process of regeneration which Milbrath (1989) calls 'social learning'. The important recognition is that such processes can, in fact, shape a society and hopefully establish a new tradition, one that leaves enough room for free, pluralistic thinking on the one hand and helps to reestablish connections to our biological past with its manifestations in the unconscious on the other.[29] Only with a suitable combination of implicit and explicit types of knowledge can we hope to acquire something like an ecological intelligence, sapience or wisdom.

References

Bätzing W (1988) Ökologische Labilität und Stabilität der alpinen Kulturlandschaft. Bundesamt für Umweltschutz. Fachbeiträge zur Schweizerischen MAB-Information 27, Bern

Bell D (1973) The Coming of Post-Industrial Society. A Venture in Social Forecasting. Basic Books, New York

Berger PL, Luckmann T (1966) The Social Construction of Reality. Doubleday, Garden City, NY

Berman M (1981) The Reenchantment of the World. Cornell University Press, Ithaca, London

[29] When I talk about 'society' here I use the term in a metaphorical way, meaning a growing number of individuals who will take part in such a process. Experience shows that it usually starts with alternative groupings of some kind, such as green parties in the political scene at present. It is important to note that the 'shaping' of society then comes from below and works its way upwards, in contrast to the notion that a society can be planned from above.

Bohm D (1980) Wholeness and the Implicate Order. Routledge & Kegan Paul, London
Bonner JT (1980) The Evolution of Culture in Animals. Princeton University Press, Princeton, NJ
Capra F (1983) Wendezeit. Bausteine für ein neues Weltbild. Scherz, Bern, München, Wien
Carello C (1991) Realism and Ecological Units of Analysis. In: Steiner D, Jaeger C, Nauser M (eds) Human Ecology - An Integrative Approach to Environmental Prob-lems. Routledge, London (forthcoming)
Chomsky N (1965) Aspects of the Theory of Syntax. MIT Press, Cambridge, MA
Coulter J (1989) Mind in Action. Humanities Press International, Atlantic Highlands, NJ
Dörner D (1989) Die Logik des Misslingens. Strategisches Denken in komplexen Situationen. Rowohlt, Reinbek b Hamburg
Evers A, Nowotny H (1987) Über den Umgang mit Unsicherheit. Die Entdeckung der Gestaltbarkeit von Gesellschaft. Suhrkamp, Frankfurt a/M
Giddens A (1984) The Constitution of Society. Outline of the Theory of Structuration. University of California Press, Berkeley, Los Angeles
Ginsberg H, Opper S (1975) Piagets Theorie der geistigen Entwicklung. Eine Einführung. Klett, Stuttgart
Gustavsson B (1990) The Effect of Meditation on Two Top Management Teams. Department of Business Administration, University of Stockholm, Stockholm, Studies in Action and Enterprise PP1990.4
Hagen T (1988) Wege und Irrwege der Entwicklungshilfe. Das Experimentieren an der Dritten Welt. Verlag Neue Zürcher Zeitung, Zürich
Hall P (1980) Great Planning Disasters. Weidenfeld und Nicolson, London
Harré R, Clarke D, de Carlo N (1985) Motives and Mechanisms. An Introduction to the Psychology of Action. Methuen, London, New York
Hayek FA (1988) The Fatal Conceit. The Errors of Socialism. Routledge, London
Hillmann K-H (1989) Wertwandel. Zur Frage soziokultureller Voraussetzungen alternativer Lebensformen. Wissenschaftliche Buchgesellschaft, Darmstadt
Josefson I (1988) The Nurse as Engineer - the Theory of Knowledge in Research in the Care Sector. In: Göranzon B, Josefson I (eds.) Knowledge, Skill and Artificial Intelligence, Springer, London et al., 19-30
Josefson I (1991) On Science and Knowledge. In: Steiner D, Jaeger C, Nauser M (eds) Human Ecology - An Integrative Approach to Environmental Problems. Routledge, London (forthcoming)
Kastenholz H (1987) Visuelle Wahrnehmung und hemisphärenspezifische Verarbeitung von emotionellen und nicht-emotionellen Wörtern. Institut für Verhaltenswissenschaft ETH, Zürich, Diplomarbeit
Keller R (1990) Sprachwandel. Von der unsichtbaren Hand in der Sprache. Francke, Tübingen, UTB 1567
Kirsch G (1989) Prävention und menschliches Handeln. In Glaeser, B. (ed.): Humanökologie. Grundlagen präventiver Umweltpolitik: Westdeutscher Verlag, Opladen, 255-265
Knötig H (1986) Vom Funktionskreis-Schema zum Generellen Inter-Aktions-Schema. folia oecologiae hominis (15), 5-30
Lorenz K (1973) Die Rückseite des Spiegels. Versuch einer Naturgeschichte menschlichen Erkennens. Piper, München, Zürich
Maturana HR, Varela FJ (1985) The Tree of Knowledge. New Science Library, Boston
Messerli P (1989) Mensch und Natur im alpinen Lebensraum. Risiken, Chancen, Perspektiven. Paul Haupt, Bern, Stuttgart
Meyer-Abich KM (1988) Wissenschaft für die Zukunft. Beck, München
Michaels CF, Carello C (1981) Direct Perception. Prentice-Hall, Englewood Cliff, NJ
Milbrath LW (1989) Envisioning a Sustainable Society. Learning Our Way Out. State University of New York Press, Albany NY
Montagu A (1962) Man: His First Million Years: A Brief Introduction to Anthropology. New American Library, New York
Müller HM (1987) Evolution, Kognition und Sprache. Die Evolution des Menschen und die biologischen Grundlagen der Sprachfähigkeit. Paul Parey, Berlin, Hamburg

Naveh Z, Liebermann AS (1984) Landscape Ecology. Theory and Application. Springer, New York u. a.
Perrow C (1988) Normal Accidents. Living with High-Risk Technologies. Basic Books, New York
Piaget J, Inhelder B (1969) The Psychology of the Child. Basic Books, New York
Polanyi M (1962) Personal Knowledge. The University of Chicago Press, Chicago
Polanyi M (1967) The Tacit Dimension. Doubleday, Garden City, New York
Polanyi M (1974) Knowing and Being. The University of Chicago Press, Chicago
Polanyi M, Prosch H (1975) Meaning. The University of Chicago Press, Chicago, London
Polanyi M (1985) Implizites Wissen. Suhrkamp, Frankfurt a/M
Pratt J (1989) Towards an 'Ecology of Knowing'. Institute for Human Ecology, Sonoma, CA. Draft, submitted to "Advances in Human Ecology" (ed. by Lee Freese)
Pribram KH (1971) Languages of the Brain. Experimental Paradoxes and Principles in Neuropsychology. Brooks/Cole, Monterey, CA
Raffestin C, Lawrence R (1990) Human ecology and environmental policies: prospects for politics and planning. Editiorial comment in Political Geography Quarterly 9(2), 103-107
Richards P (1986) Evolutionary Fallacies and Ecological Change: Rice Cultivation in West Africa. In: Steiner D, Wisner B (eds) Human Ecology and Geography, Zürcher Geographische Schriften 28, 183-195
Riedl R (1981) Biologie der Erkenntnis. Die stammesgeschichtlichen Grundlagen der Vernunft. Paul Parey, Berlin, Hamburg
Roszak T (1986) Der Verlust des Denkens. Über die Mythen des Computer-Zeitalters. Droemer Knaur, München
Sayer A (1984) Methods in Social Science. A Realist Approach. Hutchinson, London u. a.
Schmidt R (ed) (1979) Grundriss der Neurophysiologie. Springer, Berlin, Heidelberg
Schwäbisch L, Siem M (1981) Selbstentfaltung durch Meditation. Eine praktische Anleitung. Rowohlt, Reinbek b Hamburg
Sheldrake R (1981) A New Science of Life. Blond & Briggs, London
Springer SP, Deutsch G (1985) Left Brain, Right Brain. W.H.Freeman and Co., New York
Steiner D (1989) Zur autopoietischen Systemtheorie. In: Braun G, Schwarz R (eds): Theorie und Quantitative Methodik in der Geographie, Geographisches Institut, Freie Universität Berlin, Berlin (METAR 14), 133-150
Steiner D, Furger F, Jaeger C (1991) Mechanisms, Forms and Systems in Human Ecology. In: Young G, Sutton D, Borden R, Pratt J (eds): Human Ecology and Decision-Making: An International and Interdisciplinary Collaboration. Society for Human Ecology, Sonoma CA (forthcoming).
Störig HJ (1985) Weltgeschichte der Philosophie. Ex Libris, Zürich
Uexküll J von (1928) Theoretische Biologie. Springer, Berlin
Ulrich H, Probst GJB (1988) Anleitung zum ganzheitlichen Denken und Handeln. Ein Brevier für Führungskräfte. Paul Haupt, Bern, Stuttgart
Vester F (1984) Neuland des Denkens. Vom technokratischen zum kybernetischen Zeitalter. Deutsche Verlags-Anstalt, Stuttgart
Vollmer G (1983) Evolutionäre Erkenntnistheorie. S.Hirzel, Stuttgart
Weichhart P (1989) Ist Prävention möglich? Anmerkungen zu den Thesen von Guy Kirsch. In: Glaeser B (ed) Humanökologie. Grundlagen präventiver Umweltpolitik, Westdeutscher Verlag, Opladen, 266-271
Weizenbaum J (1976) Computer Power and Human Reason. From Judgement to Calculation. W.H.Freeman, San Francisco
Wilson EO (1977) Sociobiology. The New Synthesis. Harvard University Press, Cambridge MA, London

Environmental Ethics as regulator for the systems of Man and Environment. A human-ecologic and system approach

Prof. Dr. Liesa Nestmann
Dorfstr. 6, D- 2395 Gremmerup, Deutschland

Abstract

Effective counterregulation for destabilized regional and global ecosystems and improvement of the interaction between man and his environment is impossible without a change of attitudes, values and lifestyle via a new or revived nature-directed ethic. Our existing ethic is purely social, much reduced and mainly effective within our own group. By 1933 the American ecologist Leopold had pointed out that we also need an "ethic of the land" to supplement our present social and political (democratic) ethics and that unless it is developed, progress from the existing man-directed ethics would also be lost.

The key concept, comprising nature and man is the "ecosystem". Ethics directed towards nature and man are essential for human survival and part of the basic cultural outfit of mankind, as the ecosystems supporting man can only be sustained if utilization of resources and civilization-induced changes are sensible, sparing, considerate and responsible, not egoistic (anthropocentric, eurocentric), greedy, exploitative and short-sightedly stupid. An integrative, less domineering, contented more personal approach to nature may lead also to "environmental etiquette", the new decent way to behave. Although distance from a nature, civilization, our education and manipulation by science and economy have conditioned our minds for efficient functioning within this civilization, rudiments of environmental ethics have survived and are transmitted in child education, folk customs and fairy tales. Natural systems have become destabilized particularly in the course of the industrial and economic revolution and its acceleration in the post-war period. Remedies connected with changes of mind must be civilized, totally systemic and immediate, because the critical phase, in which effective counterregulation is no longer possible is imminent. Intellectual insight as a base for such curative intervention is not sufficient, it must be tied to a strong emotional engagement to become effective, because the social, economic and political resistance to such changes is great. We should not wait for philosophers to present the new environmental ethics, its principles and commandments or golden rule, or till these have developed through spontaneous generation in a "greener Zeitgeist", but work on it systematically along several paths:

a) Cultural retrospection and restoration of the "cultural heritage" (ethno-historical approach).
b) Study of the religions, cosmology and environmental ethics of the "primitive peoples" of the world and adaption and transfer of such cultural elements into our thinking (global, anthropological approach).
c) Evaluation of systems of philosophy, particularly integrative, holistic nature philosophy (philosophical approach) and
d) deduction of an ethic at system and principles from the environmental and human ecological sciences particularly from ecology (concept of the ecosystem) human ecology and from cybernetics as the general science of systems.

These paths should converge. Such ethics must be conceived for all levels of human organization: individual, social and political, to become effective as the main regulator. The political level of ethics and regulation is particularly important and problematic. Unless effective regulation can be achieved here at the national and international level there will be violence from the people as in former social and political regulation. Violence might then be considered as form of regulation under extreme conditions of danger and hardly unethical. It can however be avoided by effective political regulation in time. Even so insoluble conflicts between the established social ethics which is man-centered and concerned with present conditions and goals and environmental ethics at a higher systemic level of man and nature, concerned with longterm stability and sustainability, which is new or being revived must be expected. Under no conditions however can environmental ethics be purely based on environmental science or biology. It must be also humane and human ecological in the widest sense, that is dualistic.

1 General considerations

Ethics regulates the relationship between the individual and other people, or society. It tells us what is right and wrong, good or bad and socially acceptable. It is essential for the functioning of society and thus for human survival. The norms are transmitted from generation to generation. They must thus be very old, reaching back possibly to prehuman or animal instincts, attitudes and social and environmental behaviour.

They are uphelp by group consensus, desire to form, laws, sanctions and religion which gives them high rank. Even so they are frequently broken when need, greed, self-interest and stress are stronger than moral and cultural restraints or fear. Moral sense is also easily manipulated and discriminating. Ideologies, "bad company" and prejudices reduce it, and it mainly functions within the own group and environment.

This in the modern world with its mobility, complexity and expansive politics, economy and culture is a serious deficit.

2 Environmental ethics

The American biologist Aldo Leopold already pointed out1933, that we do not possess an "ethic of the land, our relation to it being strictly economic, entailing privileges but no obligations", And, he notes that unless "we found such an ethic, the small progress made in the other ethics summed up by the Golden Rule and Democracy, would also be lost, the concept from which such an ethic sould be derived, beingthe ecosystem, which includes Man and defines his obligations (E. P. Odum. "Ecosystem" Enc. brit. 1974/77 vol. 6).

This statement is highly significant and thought provoking. It is true of modern man within modern economy, but not for mankind generally as all "primitive" peoples have a highly developed environmental or nature directed ethic associated with it also, before they became associated with modern economy in "rationalized" farming.

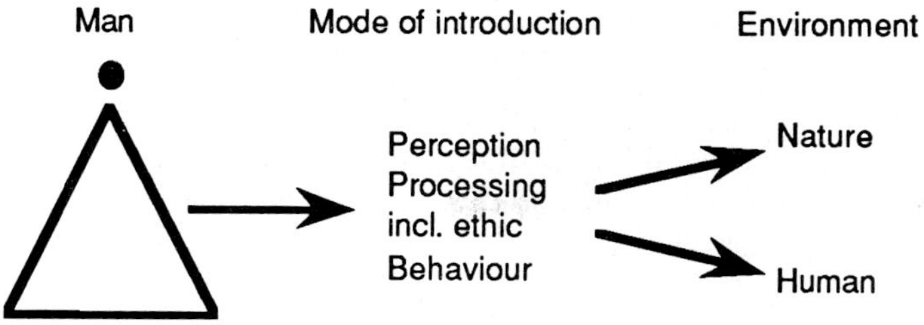

Ethics as essential cultural regulator between Man and his human and natural environment.

If we concede that the ecosystem is the theoretical model from which human ecology, civilization ecology and environmental ethics must be derived and that man with his activities and civilization is part of that system, then man is also responsible for his activities within the system and for regulation if "self-regulaton" is insufficient under the strain of civilization and overpopulation, because he is capable of understanding.

Environment ethics and environmental politics are essential aspects of this cultural regulation. The former tells Man in an emotionally compelling way, what to do and what not to do, curbing egoism and ambition which harm others. If natural and cultural regulation together are inadequate then the system can no longer maintain its state. This leads not only to degradation of the environment but also to serious damage to man, that is hunger, environmental diseases, increases of mortality, social disturbances, mass migrations and deterioration of culture.

3 The primary environmental ethic of the "primitives" as model and utopian goal

The essence of perfect environmental sense and ethic can be studied in "primitive peoples". They are adapted to nature, understand it without the aid of science and survive in it without technology. Their view of the world is integrative. Man is not above nature, but within it. The real and the spiritual world merge. In accordance with this they are animists. They care for nature and do not waste its resources. Thus the Bushmen of the Kalahari know the whereabouts of individual edible plants and rebury them if they are dug up immaturely. Spirits in nature and objects from nature - fetishes - "regulate" human life ... . This environmental knowledge, ethics and even "etiquette" is an essential part of their culture and necessary for survival, as it would be for ours.

The religion and culture of the Sukkudai, who live in the forest of Mentawai Island off the coast of Sumatra, is a model of such an ecologically and socially sound culture.

It was presented to us beautifully and sensitively in an exhibition by the Rietberg Museum in Zürich in 1980 and in the catalogue by R Schefold "Spielzeug für die Seelen".

The Sakkudai believe that the whole of nature is animated, with spirits in trees, animals and water. Among them are the souls of the dead and of those people who went into the forest as spirits a long time ago, when there were too many people. Man is part of this cosmos with fixed obligations towards nature, and an "etiquette" regulating intercourse with this both and the spiritual world. Before a tree is felled an animal killed or a poison arrow shot into the water, he must explain why this is necessary and apologize, because he might interfere with a spirit or ruin its house. Harmony, joy, kindness and play are essential to life. If they are lacking, for instance, in the upbringing of children, their soul will not return from its nightly "outing" into the forest in dream. The child will die. A sense of beauty and cultural creativity are more highly developed than in our civilization.

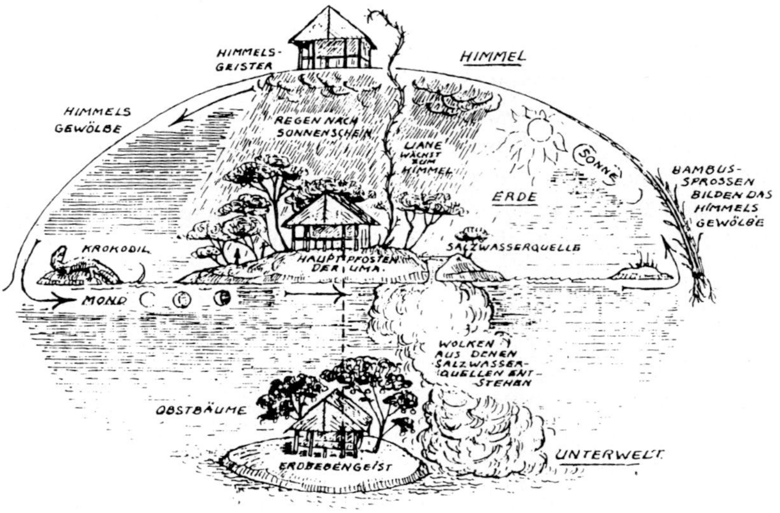

Fig. 1. The cosmos of the Sakkudai according to R. Schefold "Spielzeug für die Seelen". (1980 Rietberg, Zürich)

Such a cosmology (see Fig. 1), philosophy of life and culture should not be considered inferior to our own and destroyed thoughtlessly for the sake of economy and western-type development. It is admirable, but it could, of course, not be transferred into our civilization as a "remedy", because it is too far removed from us in culture, space and time. It can however remind us of what we have "forgotten" and what may be fundamentally wrong in our attitudes, allowing us to make corrections.

The Sakkudai dislike change and innovations. They consider them as "strong force" which could destroy harmony. They want to keep their culture and forest as it is. They thus retreatedinto the forest from foreign traders and refused to adapt even the useful material, iron.

The Indonesian government plans for exploitation of the forest, immigration, tourism and general development will not only lead to the destruction of more tropical forest, but also of the Sakkudai and their culture, even if they are resettled in reservations. This should not only be seen under the aspect of ecology and climatic change, but also as immoral and a crime against humanity. Such tribal territories should thus be declared autonomous under the protection of the United Nations, preventing "colonialist invasion" by international law not only for humanitarian and ecologic reasons, but also because evolution, including that of man, depends on variety in nature and culture.

3.1 Rudiments of primary environmental ethic in our culture

In our civilization there are only rudiments of this primary "eco-ethic". It is widely assumed that our lack of concern for nature, anthropocentricity, superiority complex and antagonism to nature are due to our the Christian religion. It is, however, doubtful if this is really the case, because christian religion and ethic have become too reduced in modern development to condition the mind effectively. It is much more likely that our present dominant attitudes; hubris, economy and development--mindedness and over active state are the result of our training and conditioning within modern civilization and economy which thus produce the personality and mental climate in which they can flourish.

This leads to an "overshoot" of technology, economy, more and more efficient science and general artificiality, to the detriment of the rest of the system. There is enough scientific evidence, for instance, from comparative anatomy, physiology, medicine and ethnology to prove that we belong to the natural system, particularly the primates. Thus should make us more modest and integrative. But such evidence is widely ignored and not accepted emotionally because it is against our preconceptions and bias.

Even so there are rudiments of the primary ecological sense for instance in "backward peasants, in the backward regions of Europe, in members of "Green" parties and children. They are contained in customs, folklore and fairy tales, where there are nature spirits and where plants and animals have personalities and can talk. Children are taught to be kind to animals and plants and not to destroy and waste.

In most adults such attitudes are lost and they conform with the ruling norms of thought and behaviour. They spray pesticides, pollute, find factory farms and animal experiments acceptable and dump toxic waste outside the range of their personal perception. They want progress and money and an ever more efficient economy, and do not realize the high personal, social and environmental cost. This is collective and cultural schizophrenia.

Adults who behave differently, talk to plants and animals, believe in the soul of their cat or dog and are thankful for a drink of good water or the beauty of nature, seem cranky to many, and yet these might be the original, saner attitudes and the superior or "regal" way to behave to nature.

3.2 Four ways to restore environmental ethic

We should not wait for the new and necessary environmental ethic to emerge spontaneously as collective thinking and behaviour or for a philosopher to present it: we must search for it. In this, there are four alternative and supplementary possibilities:

a) Restoration from our own cultural heritage customs, prechristian religion and "fairy tales", (ethno-historical approach).
b) Study of other cultures and religions, particularly of the "Primitives" and "backward minorities", including those of Europe (transcultural or global approach).
c) Study of philosophy and ethics, particularly of nature philosophy and Far Eastern philosophy (philosophical approach).
d) Deduction from science, particularly ecology, human ecology and cybernetics (multi-disciplinary scientific approach).

3.3 The philosophical approach

Environmental ethics could be evolved from nature philosophy. But this, as Summerer points out, is since our "enlightenment" not the mainstream of modern philosophy and underdeveloped. A more rewarding approach might thus be from Chinese philosophy and the School of Yin and Yang.

In the Chinese philosophy man and nature are one. Its harmony and beauty must not be disturbed by man and his civilization. He must live within the law of nature and follow the "path of nature" or Tao, rather than that of man. The teaching of the Yin and Yang postulates two polar forces in everything: life and death, night and day, male and female, creation and destruction. They supplement each other and must be in harmony to preserve the balance of life.

Our view of life is vastly different: we are single mindedly purposeful, having dominant values and abborring the opposite. We are hyperactive, but not contemplative, prefer civilization to nature and progress to the preservation of state, we are materialist but deficient in culture and spirituality. Thus we have produced an astonishing utilitarian civilization, supremacy and accelerating progress, neglecting much else, so that we have become an unbearable burden on nature and other cultures.

To many people, in spite of general interest in Far Eastern thought, Taoism and the principle of Yin and Yang will seem irrelevant to our condition and problems, and too "strange" or outdated. There is however an astonishing convergence with modern system theory which should help to convince us. The oneness of the cosmos, or nature and man, then corresponds to the "system" in a human-ecological sense, and the dual forces of Yin and Yang to positive and negative forces or feedback of regulation into it. If we ignore the laws operating within such systems, harmony and homeostatic regulation are lost, and man suffers with nature.

3.4 The scientific approach to environment ethics

As we begin to understand the structure and functioning of systems and complex biosystems, we should be able to deduce the rules of ethics and behaviour from experience and science. Sensible behaviour and moral behaviour should then coincide.

To become effective, rational understanding and science based eco-ethics must be linked to emotions, and spread in the population by education and the media leading to an inclusion into the cultural fabric by habituation. Apart from telling us what to do and not to do environmental ethics should be able to tell us about permissible speeds and when to stop progressing or changing. Speed and bad timing may even, together with pollution, overpopulation and destruction of nature be the main reasons for the instability of global ecosystems and civilization. Adaption and regulation can not keep up.

Also, when "growth" is progressive optima are exceeded, for instance, in CO_2 production, intake of food or accumulation of wealth. This means a reversal of trend from rise to decline and from beneficial to harmful. As civilization progress is self accelerating, increasing speeds and surpassing of optima lead to systemic damage. Such dynamic civilizations are thus cyclic, they destroy themselves.

Only effective counterregulation to reduce speed and induce self - restraint could prevent this. But that for emotional, social and political reasons seems impossible. The "Yins" in our civilization: leisurel, contemplation and frugality have disappeared.

We know all this, but we do not want to realize it, and have not absorbed it onto the basic emotional stratum of our thinking and behaviour so that it can not become effective ecologically and politically.

4 Three levels of environmental conscience and obligation: the individual, the collective and the political

It is not sufficient for individuals to be "sensible" and morally good. The collective and political level of conscience and behaviour is even more decisive.

4.1 Collective environmental ethic as dem-ecologic aspects of behaviour and regulation

Everyone is responsible for his environment and prevention of damage to it. He/she should also influence others in this way and warn and act when there is danger, even if this is to his/her disadvantage.

4.2 Collective environmental ethic as dem-ecologic aspect of behaviour and regulation

The collective ethic determines the general behaviour and impact on the environment and, at least in a functioning democracy, political regulation. It is unpleasant for individuals not to conform, but this becomes a public duty when the prevailing trend must be changed. Within a population the spatial and functional subgroups, for instance the inhabitants of a place or region and those acting together on the environment in science, industry, economy and politics should define their specific code of behaviour and ensure that it is adhered to.

4.3 Spatial collectives and their responsibility for their environment

Jonas (1979) has pointed out that our sense of responsibility is limited in space and time. It functions near us and considers only a short span of time. This is of great disadvantage socially and ecologically, particularly under modern conditions. The term environment primarily means "surrounding". Within its narrow confines interaction in the ecologic sense, perception and emotional ties are most developed. We might call this our "nuclear environment". It is also "home" or "Heimat" and the "landscape" to which we emotionally belong. Here our protective instincts and sense of responsibility function best. We object to waste being dumped here, or the building of a major road or hazardous technology. The wider, remoter environment is of less concern although it also affects us the range of mobility and interaction widens. We are interested in it, but we are more likely to cause harm because of negative prejudices toward the people and a sense of strangeness and lack of understanding.

That is, our emotional and moral development has not kept up with our expansion and civilized development. It is still primitive territorial or tribal. This "backwardness" must be overcome by education so that our sense of obligation expands, because all ecosystems and their human inhabitants are linked and damaged abroad also leads to damage at home. Even so, the home region, as the nucleus of our wider ecosystem, will be our main concern and basic unit for spatially integrated ecopolitics.

General aims and maxims might be to preserve the ecologic quality and beauty of the environment, keep out toxic substances, waste deposits and hazardous technology and not to force partial developments, for instance in building, intensive agriculture, traffic and economy without real necessity. The same applies to our home country or state and, because of interconnection, to the world as a whole.

Responsible management of the environment must also specifically consider the weakest parts of the system, not only endangered species of plants and animals and rare biotopes but also people, particularly children, the genetically at risk, pregnant woman, the elderly and handicapped and tribal peoples in their quasi-natural environment. This demands lower safety limits for toxic substances and "protective zones".

5 Functional colectives in their moral obligation.

5.1 Scientists

Modern environment directed activities and development are initiated by scientists. They thus have great responsibility. Moral sense is however often weakend by ambition, self-interest, group pressures, high profits from application of research and general belief that research is "pure" and free from moral restraints.

The responsibility of scientists was first fully realized after the explosion of the first atomic bombs over Japan in 1945, causing a deep feeling of guilt in those who had developed them. It did however not last long or spread to other potentially equally lethal sciences for instance chemistry, general and military technology, agronomy and food technology which are responsible for more deaths and illness than the atomic bomb.

Recently however moral concern has increased, but it is focussed on a few sectors of science, particularly gene-technology and embryology.

It is also astonishing that moral sense in scientists and the public was not roused much earlier when the industrial and scientific revolution gained impetus and when people died from pollution, synthetic toxic substances, and arms, which were more and more effective killers.

The reason for this failure to perceive the dangers must lie in the way our brain and itelligence work. We only perceive and think what suits us within the limits of our personality, ruling ideology and methodology and technology of modern science. This leads to highly specialized linear or "tunnel thinking" and activity. Our brain is thus not as reliable and efficient as we believe, and even highly intelligent scientists are frequently also mentally "deficient", that is lacking in some qualities. This is, as science is becoming more and more potent in alliance with economics and national ambition, highly dangerous and must lead to catastrophe and sheer "nonsense": for example giant pigs which are supposed to save the starving in the Third World, turbo-cows to raise butter mountains, increasingly intensive farming and food technology to produce unhealthy food and ruin the environment for profit, and super arms and ABC weapons to secure peace. To prevent such "aberrations of science" and its application and uninhibited "creatomania" the thinking and education of those in science and application must be improved to promote complex or systemic prospective and responsible thinking. This could be done by widening general studies in connection with special studies, introducing relevant philosophy and ethics into courses by developing philosophy and ethics into courses and by developing philosophy and ethics in step with scientific development.

Even then, state control of science by laws, sanctions and refusal of appointments seems unavoidable because scientists operate within highly complex systems of nature, civilization, culture, society and economy which demands regulation to avoid damage. Such state interference is of course, strongly rejected because of the established freedom of science and autonomy of universities. It is essential even so as in other fields of public activity, because modern science is much more potent and dangerous than traditional science at the time when such rights were granted. Equally important, however, would be the institution of effective self-control by professional bodies in universities, coordinated nationally and internationally. Its functioning would make political interference unnecessary.

5.2 Environmental ethic for those acting in and on the environment for instance within economy and development

Science would be neither beneficial nor harmful, if it were not applied in industry, economy, armaments and development generally, affecting eco-systems, social systems and individuals. All those thus active, therefore, need a moral sense and responsible behaviour which considers people and nature.

It is however unusual for industrialists and economists to believe in the necessity of ethics and decency in their activities. Their ruling creed is that of "free market economy". It dominates politics, the life of people, culture and general development. Its main aims are profit, expansion and high dividends. This where moral and political restraints are too weak, leads to various damage: exploitation of people and environment, pollution, increasing social disparities unemployment and homelessness, manipulation of the mind to increase the profits and antisocial and criminal activities. The positive-supportive and negative-harmful side are linked and merge into each other, for instance, in the chemical industry, intensive agriculture, food technology, energy production and city development via the property market. Also traffic in arms, drugs, toxic waste and pornography, prostitution, gang activities and aggressive expansion of big firms at the expense of little firms and their employees are highly successful "free market economy".

We hardly notice or ignore the negative side, because we like the advantages and are used to this system and style of life. But, they become cleary visible where our economy expands to new ground, for instance in the Third World and now Eastern Germany and Eastern Europe where control is lax - and where people are unprepared. This is sad and shameful, because we want to help, not just make profits and keep our supremacy. To change conditionswe must critically examine our ruling concept of free market economy and change it where necessary, introducing more concern for people and the environment. As an "ideology" it may be no better or less harmful than any other ideology which has become obsessive, domineering, self-centred and devoid or moral and decency, that is inhumane. Where it is fully developed as "capitalism", "Thatcherism" or "new Kohlism" it may havesurpassed its beneficial optimum. On the other hand, reforms would reduce economic success and gains, and the state that enforces them would lower its rank in international standing. This might even be an advantage, because there is little sense or "virtue" in being the first (and fattest) lemming going over the brink in the international rally or competition, sponsored by big business. A well managed change and lower level of economic performance and growth should even improve conditions of life, the environment and culture, make us more pleasant and happy people and reduce the incidence of environmetnal disease, addictions and suicide. Other states might then follow the example, and the assessment of rank would change, using other parameters.

The reforms must be put into practice by industry and economy under the guidance of a new philosophy, public opinion and state policy, flanked by adequate laws.

The following suggestions indicate the direction of recommended changes:

- To stop production of all substances and products which are or might be harmful to people and the environment during production, transport, use, disposal or fire, or at least not to permit advertizing (legislation).
- To increase the safety limits for toxic substances and radiation because the agreed limits are deceptive and do not take into account high risk sub-populations and the synergic effect of total loads, for instance on the immune system (legislation).
- To act more responsibly towards those employed, avoiding dismissal for economic reasons and occupational health risks and death.
- To warn clearly and in writing of health risks at work, instead of luring people into high risk jobs by extra pay (legislation).
- To use natural, rather than synthetic material and products where possible, because this would save energy, reduce toxic matter and help producers of high quality raw materials.
- To change from quantity to quality of production, reducing advertizing, consumerism and waste. This would save resources and energy, lift the standard of every-day culture and make recycling and waste disposal easy because there would be less thrown away and more passed on and treasured (education).
- To decentralize and regionalize production particularly of food, to make it fresher, less polluted by additives and to reduce transport, traffic annd roadbuilding.
- And, above all to act more responsibly in foreign countries, not only in the Third World but also within Europe to stop dangerous and asocial practices such as underpaying, export of toxic and nuclear materials and waste and military experiments abroad (national and international legislation and stricter controls).

All this would, of course, be against the present interest and conviction of economy (and the military) and require a change of mind.

5.3 Ethics and environmental ethics for politicians and politics

Politicians and the state are at the top if the hierarchy of controls and regulation of the complex systems of man and the land or the state and the world. Good government is efficient regulation of such systems.

That means: determination of course and speed of the total development and counter-regulation where there is damage and sectorial overshoot. This demands great intelligence, moral conscience and power of personality.

But politicians are ordinary people, not all intelligent or complex thinkers, good, law abiding or even basically democratic. They are powerful, but difficult to control from the democratic base and by law, and they do not believe in ethics as essential in politics. The most important virtues for politicians would be: honesty, openness and democratic conscience, because politicians who do not lie or cover up would try to avoid mistakes and near criminal neglect, for instance in matters of the environment and public health. And democratic conscience would make them more considerate of ordinary people. Their main responsibility would be to redirect the course of our economy and civilization, because the present developments are unsustainable.

If gevernments do not rule or regulate effectively then, as conditions deteriorate socially, politically and ecologically, violence will increase with discord, frustration and stress. It is of course condemned by the state and publicity when it occurs in the community, during demonstrations or as terrorism. But our attitude towards such violence is ambiguous. We may find it understandable privately or even laudaable, provided it is for a "good cause", in the historical past or far away as during the French Revolution or the uprisings of starving workers and peasants.

We usually see such violence in a social and political connection, but it also occurs where ecological conditions are threatening human health and existence. This ecologically induced violence will increase as desertification, flooding, pollution, hazardous industries and environmental diseases increase and as cities become more and more uninhabitable.

Violence under such existentially threatening conditions might then even be considered as an albeit "uncivilized" attempt to enforce regulation when political regulation is refused or ineffective, and as "basic democratic" counterpart of the force exercised by the state, within the law.

It can only be prevented or stopped by efficient political regulation. And it might be necessary to reform the law, so that politicians who refuse or defer regulation may also be punished, more severely than the demonstrator obstructing a road or throwing stones.

Sense of obligation and environmental politics must also be international, because over population and over pressure of our civilization and economy are wider. And damage in our part of the world also affects others, for instance, as climatic change, acid rain, radiation, reimport of toxic matter in food or feed and mass migrations from "uninhabitable" countries. Here also ethics *and* law must curb egoism, and we need a "Supreme Court of environmental and human rights" because crimes against the environment and also crimes against humanity are occurring. In this respect, the present trend for political power complexes to grow larger and larger, for instance as the "United Europe" (which might extend to the Pacific, possibly also including USA and Canada), may be good and necessary. But there are also new risks, because again the motivation and leading activity is economic, and social, ecologic and mobility regulations lag behind. Also such complexes are too large to be politically truly manageable. Government becomes too remote, centrally superior and anonymous not taking into account regional differences in environment, culture and inclination. Such supra-national complexes must thus be federal, with the region as the true unit of population, culture and natural conditions possibly replacing the nation state. This, in time, would also solve the problem of nationalism in ethnically heterogenous countries and in the whole complex. Regions should then have a far reaching autonomy and the right to veto any demands from outside and "above" to ward off unwanted economic and legal pressure.

Without this the supra-national economy-dominated state might become highly unstable because of coercion, frustration and loss of identities so that it breaks apart, as other "empires" have done before. Also there is the great danger that it becomes a "super power" oppressive to others - Africa, Asia, Latin America and the Pacific - forcing them into the rat-race of competitive development and economy.

Even the "United Europe" may then become an international "nuisance" if we do not change our mind and behaviour.

6 Three possible modes of correcting the course and speed of development to restabilize it

It is unlikely that the "eco-cultural revolution" can be achieved in a single rational effort, because it is one of the major steps in cultural evolution, as important as the "neolithic" and the "industrial revolution" which preceeded it and their necessary consequence, if this type of civilization or even mankind is to continue.

Three different modes of change and transition may be expected:

1. We continue as at present, muddling ahead, repairing damage when they can no longer be ignored and replacing harmful technology by other "progressive" technology. This, I think, is no solution.
2. There is a general change of mind and behaviour because of insight and sense of responsibility to normalize the human and environmental condition at home and abroad. This would be optimal, but highly unlikely.
3. Some people, nationally and worldwide continue along present lines fixated on economy, profits, their "standard of living" and progress. Others change their way or cannot conform with such main-stream developments. This would reduce ecological damage as more and more people opt out. But it is also highly dangerous because of increasing disparities and tension between the rich and poor, "developed" and "underdeveloped", the progressive and the inhibitors of progress and those that cannot participate or do not want to. It means "schismogenesis" in the sense of Bateson (1978) with increasing prejudices, social tension, aggressiveness and migration. Present developments nationally and globally are dichotomous in this way.
4. The two modes of thinking and development alternate as "Zeitgeist", as they have done since the industrial revolution and acceleration of progress, the "Nature Movement", "Wandervogel", "Greens" and "Alternatives" and flights of nostalgia into the past providing corrective backswings. These are, however, not sufficient for counter regulation and in any case are hardly a rational response to the systemic disorder. They rather resemble the trial and error attemps of a paramecium zig-zagging in the border zone of discomfort of its habitat. Reasonable environmental policy and politics might envisage a combination of these three courses: gradual increase of the number of people who understand and do the right thing, encouraging and supporting dual development, for instance in agriculture, energy production, food supply, marketing and life style and encouraged participation in the necessary backswings which provide the negative feed-back as stop and go.

6.1 The foreseeable conflict between the established social and the wider environmental ethics

We undoubtably need an environmental ethic. It would, as it encompasses our responsibility toward entire systems of man and environment, be of higher rank than our present social ethics which only refers to the human environment, considering a short span of time. As eco-ethics is based on our knowledge of ecology it is necessarily "biological" which makes it suspect to many people, particularly sociologists who specialize in the human condition. Such scepticism is justified because of former aberrations and inhumanity stemming from biological theory in social Darwinism, racism, euthanasia and the holocaust. Eco-ethics must thus also be humane, because of our obligations towards people and within our culture. These two goals: responsibility for the ecosystem and long range development and for people around us now are difficult to combine. The conflict between the two ethics is perfectly expressed by what a highly intelligent Indonesian doctor working for the WHO said: "We could do much more in health care, particularly for children, but we are scared. We do not know what to do with all those people and how to support them". Such thoughts are rarely expressed, particularly in the WHO, and yet true and responsible. The same applies to all helping and development aid. It is a humanitarian obligation, but also interference and it leads to insoluble problems, particularly in countries of other cultures and natural conditions. Among these are: overpopulation, destruction of ethic culture, degradation of the environment, urban sprawl and slums, the new hunger, mass migrations. regional, social and ethic conflicts and corruption which limits the advantages of aid to few.

To unite the two ethics effectively and culturally acceptably, we might have to redefine what is really humane and responsible towards people. Our present concept may be too "short sighted", Euro-centric and biased by ruling opinion.

This can be specified in the form of two questions, the first by an intelligent African health worker: "Why should it be more 'virtuous' or humane to have people dying of cancer, heart failure or motor accidents than of infectuous diseases? and to promote the change from the nature to the civilization pattern of mortality?" Or: "Is it really humane to reduce child mortality in countries of marginal conditions and to increase life expectancy by medical means, when this also means human misery of overpopulation and environmental degradation, upset of the demographic balance and the misery and neglect of old age?"

It would help to establish the environmental ethic if we had a number of simple rules as guideline, similar to the "golden rule" and "Ten Commandments". As the number of specific rules or recommendations would be too great, we should have to generalize. A tentative catalog , as decalog has been assembled by the author summing up these rules. It consists of rules, comment and the ethics and ecological principles involved. It may evoke more criticism than agreement, but it should stimilate thought and discussion leading to improvement and a more final version.

6.2 Suggestions for a "decalog" and principles of environmental ethics

1. *You should not damage or promote "unfairly" parts of the whole*
because this could damage the system of man and environment leading to breakdown of "self regulation". Limits of self regulation are also limits for population growth, economic growth and civilization development. Beyond these development becomes unsustainable.
Relevant *principles* of cybernetics, necessity of harmony in systems and the priority of general well-being over individual well-being or egoism.
2. *You should not think yourself better than "others" or be arrogant, supercilious and "unfair",*
neither towards other people, or races nor towards nature or any living being. They are all of equal value within the system and for evolution. This means that it is bad or morally wrong to be anthropcentric, eurocentric or racist and "inconsiderate" of nature.
Principles: respect for all men and everything living and natural, of fairness and of an integrative consciousness.
3. *You should trust "the way of nature" more than "the way of man" (or civilization)*
because nature is older, maturer and "wiser" than man having evolved over billions of years as system. This would mean less waste of resources and energy, fewer toxic substances and reduction of the pressure of man and civilization on the environment.
Principles of Taoism, tribal religion and philosophy and all "Greens" past and present.
4. *You should not be materialistic and value economic gain and property higher than the basic human, cultural and natural values,*
because man also has a soul. Only if his basic material *and* spiritual needs are satisfied, psycho-somatic damage (illness), stress and personal, social, cultural and general systems deterioration can be avoided.
Principles of psycho-somatic correlation, of Christianity, anthroposophy and the priority of man, nature and culture over economy.
5. *You are responsible for the condition and development of the whole.*
This civil duty and responsibility for the environment and the entire system of man and environment can only be fulfilled if you educate and inform yourself, think more complexly, act ecologically responsibly and influence others in this way. In the case of danger it is your duty to warn loudly and exert pressure to enforce regulation, even if this is to your disadvantage.
Principles of democratic responsibility, of education and information transfer, Solon´s Law, and "Gold Mary", who was rewarded with gold (instead of pitch or acid rain), because she did, what had to be done (M. Greffrath, "Das Prinzip Goldmarie").
6. *You should not be hasty or obsessively "progressive" and development orientated,*
because all changes and innovations require adaption and tax systems. Rapid and accelerating change and development may overburden the system and its

"regulatory mechanism". This leads to malfunction or "disease" at the various systemic levels: individual, society and ecosystem.

Principles: the importance of time and speed for systems processes including biosystems and of the innate inertia of systems to preserve their state and identity.

7. *You should not be narrowly ambitious or "tunnel minded",*
because this leades to unbalanced development in your personality and life, forcing single developments, for instance in economy and civilization as overshoot, to the detriment of the whole, leading to destabilization and possible collaps of the system.

Principles of wholism and system theory and of the Yin and Yang or dual control.

8. *Yous should respect foreign lands (environments) and their people as much as your own and feel responsible for them,*
because the earth is our house (oikos), in which we only inhabit one room. It is stupid, wicked and even criminal to ruin other parts and endanger their inhabitants or "set fire to it to collect the premium".

Principles of the openness and interconnection of eco- and human system, of global instead of national thinking and responsibility, of the destructiveness of egoism and prejudice and the necessity for "better international laws to enforce better behaviour".

9. *You should help to achieve a change of mind and behaviour educating yourself and others.*
As ecological and social crises are due to lack of respect for others, egoism, greed, materialism, neurotic fixation on economic success, prejudice, moral weakness, faulty, too simple thinking and suggestability, education must be improved and informed to become more general and systems orientated. Particularly morality, decency of behaviour and personal qualities must be valued more highly again, because moral sense and responsible behaviour are important regulators in the social- and ecosystem and a necessary component of every culture.

Principles of biocultural or psychosomatic correlation in biosystems including man and of the informatory and educational aspect of systems regulation.

10. *For politicians and environmental politics.*
Politicians must regulate systems of man and environment more effectively and respect the moral code.
This means that they must consider the whole - land and population - not mainly economy. National and international environmental politics must have equal rank. Their main obligation would be the reform of our civilization and economy, to make these sustainable and repair damages. for this "free market economy" would have to be transformed into a politically, better regulated, responsible, humane or social and ecologically sound economy. This is only possible if ethics and sense of democracy are strengthened in politics. Democracy would then mean less political egocentricity, more regard for the people and their environment, less centralism and more regionalism and federalism, giving democracy also a basic, spatial and ecologic meaning.

Principles of political regulation as decisive part of general systems regulation, of the interconnection of economy and ecology as cardinal determinators for systems development and stability, and of the principle of democracy also applying to spatial hierachies.

References

Bateson G (1978) Steps to an Ecology of Mind. London

Glaeser S (Hrsg) (1989 Humanökologie, Grundlagen präventiver Umweltpolitik. Opladen (With summary of literature)

Greffrath M (1990) Das Prinzip Goldmarie. In Südd. Zeitung Nr. 6

Illich I (1973) Tools for Conviviality. NY

Jonas H (1979) Das Prinzip Verantwortung. Frankfurt/M.

Nestmann L (1989/90) Plädoyer für einen Einbezug des Menschen in die Ökologie und Ökosystemforschung sowie für die Entwicklung der allgemeinen Pathologie komplexer Biosysteme. Ges für Ökologie, Göttingen

Heinz U (1989) Ethische Aspekte des MAB-Programms. Ges f Ö, Tagungsband 1989

Lay R (1990) Die Macht der Moral. Econ Düsseldorf

Odum EP (1974) "Ecosystem". In: Enc. brit, vol 6

Ruth H (1988) Ethik und Bodennutzung. In: Nutzung des Bodens in der Schweiz. TH und Universität Zürich

Schefold R (1980) "Spielzeug für die Seelen". Zürich Rietberg

Summerer S (1989) Voraussetzungen einer Umweltethik. In: Glaeser (s. o.) Humanökologie

Weizsäcker von EU (1989) Erdpolitik. Darmstadt

Wissen und Handlungsregulation in kulturellen Systemen

Priv.-Doz. Dr. Urs Fuhrer
Psychologisches Institut , Universität Bern, Laupenstr. 4, CH-3008 Bern, Schweiz

Abstract

Knowledge and action regulation are intricately interwoven with each other. The critical question is why in real-life situations only certain domains of knowledge were used in the process of action regulation, although other domains of knowledge would be (even conciously) available to the individual actor. To understand the process of knowledge utilization one has to capture the interrelationships between knowledge, value systems, motives, and emotions. Moreover, one has to take into account that human actions are inevitably situated, i. e. embedded in social and cultural systems. Thus, the conceptual framework of the present paper is based on the idea of human actions as multiple-actions whereby the coordination between individual or collective action goals which are either rooted in domain-specific knowledge (e. g. ecological knowledge) or social and cultural knowledge (e. g. knowledge about social and cultural rules, norms, and value systems) is critical. Based on this conceptual framework one can interpret, for example, why particular individuals within particular social and cultural systems don't make any use of their domain-specific knowledge in the process of action regulation and why they prefer, instead, the utilization of social and cultural knowledge, i. e. knowledge which allows them to act in conformity with other individuals , other social or cultural groups.

Wissen, d. h. die im Gedächtnis gespeicherten Erfahrungen spielen bei der Handlungsregulation, d. h. bei der Planung, Durchführung und Bewertung von Handlungen eine wichtige Rolle. Selbst einfachste, alltägliche Verhaltensweisen, die einem "ohne zu denken" von der Hand gehen, setzen Wissen voraus. Nicht nur ist unser Handeln auf Wissen angewiesen, ebenso ist unser Wissen darauf angewiesen, daß es im Handeln angewandt und dadurch elaboriert wird. Wer neue Erfahrungen macht, weiß mehr, hat etwas gelernt.

Allerdings sind die Zusammenhänge zwischen Wissen und Handeln nicht ganz so einfach, wie diese Darlegungen suggerieren. Ein paar Beispiele aus dem Alltag mögen dies illustrieren: Wer raucht, tut dies trotz seines Wissens um die dadurch bedingten gesundheitlichen Risiken. Oder man denke an ein Problem, das uns heute allen zur Genüge bekannt ist: Viele wissen um die nachteiligen Folgen des motorisierten Individualverkehrs auf die Gesundheit von Mensch und Umwelt, aber nur wenige denken oder handeln "um", d. h. wählen ökologisch verträglichere Handlungsalternativen.

Es geht nun nicht darum, zu zeigen, daß Wissen bei der Handlungsregulation eine Rolle spielt - das wäre trivial - sondern es geht mir darum, zu zeigen, welches Wissen zur Handlungsregulation verwendet wird. Die erwähnten Beispiele besagen ja nicht, daß man handelt ohne zu wissen. Aber offensichtlich wird nicht jenes Wissen genutzt, von dem man eigentlich annehmen müßte, daß es im Verhalten wirksam sein wird.

Die Annahme ist, daß Ziele die zentralen Einheiten sind, die den Umgang mit Wissen bei der Handlungsregulation bestimmen. Ein Ziel repräsentiert - grob gesagt - eine Bündelung von Elementen aus dem Wissen. Die Generierung von Zielen ist bedingt durch das Wissen, das ein Individuum über den jeweiligen Ausschnitt der "Welt" besitzt sowie durch ein aktuelles Motiv. Motive wiederum sind mitbestimmt durch Wertvorstellungen. Von den Zielen unterscheiden sie sich durch ihren allgemeinen Charakter, der sich nicht auf eine bestimmte gegebene Situation beschränkt. Die Modifikation von Werten und Motiven kann man sich in Analogie zu einem Ankerkettenmodell vorstellen. Man stelle sich einen Anker vor. Dieser repräsentiert die Grundhaltung des Menschen (seine Werte), die das Handeln bestimmen. Die speziellen Motive muß man sich als das Boot vorstellen, das mit dem Anker über eine Kette verbunden ist. Diese Kette kann nun lang und locker sein, aber auch kurz und straff. Ist die Kette lang und locker, kann sich das Boot in einem ziemlich großen Spielraum bewegen, ehe der Anker es festhält. Ist die Kette straff und kurz, dann hat das Boot kaum Möglichkeiten zur Positionsveränderung. Auf unser Problem übertragen heißt das, daß sich Motive relativ leicht ändern und beeinflussen lassen, wenn es sich darum handelt, Positionen innerhalb des von der Grundhaltung gesetzten Spielraums zu verändern, daß es aber schwer, wenn nicht unmöglich wird, den Anker, die Werthaltungen, zu verändern. Zumindest bedarf es zur Änderung von Grundhaltungen so intensiver Vorgehensweisen wie Psychotherapie oder Gehirnwäsche oder aber der direkten physischen Bedrohung durch besondere Ereignisse wie Katastrophen, schwere Erkrankungen oder Unfälle.

Bei der Zielerreichung wird auf die im Gedächtnis gespeicherten Erfahrungen, unser Wissen, zurückgegriffen. Weil wir nur sehen, wonach wir zu suchen vermögen, bestimmt unser Wissen - zusammen mit der verfügbaren Information -, was wahrgenommen, was aus dem Gedächtnis an Wissen abgerufen, wie die Handlung geplant und ausgeführt wird. Die Regulation der Zielerreichung wird laufend auf ihren Erfolg hin beurteilt. Dabei ist die emotionale Befindlichkeit ein wichtiger Indikator für den Zustand des Gesamtsystems. In dieser Funktion signalisieren Emotionen wie Angst, Ärger, Freude oder Stolz einem Individuum, ob eine bedeutsame Veränderung seiner inneren oder äußeren Situation vorliegt, und geben gewissermaßen ein Startzeichen zur Einleitung entsprechender Modifikationen. Solche Modifikationen betreffen die Auswahl der Motive, die Motivationsstärke, aber ebenso den Abruf von Wissen und all das wiederum wirkt sich auf die Behandlung der Ziele aus (z. B. hinsichtlich Beibehaltung, Prioritätsänderungen oder dem Aufgeben von Zielen).

Arbeiten aus der Problemlöseforschung belegen immer wieder, daß sich ein Problemlöser sehr stark an seinen einschlägigen Erfahrungen orientiert. Fehlt solches Vorwissen, muß die Problembearbeitung entsprechend anders organisiert werden. Diese positiven Wirkungen sollten jedoch nicht den Blick dafür verstellen, daß Wissen die Handlungsregulation ebenso sehr beeinträchtigen kann, also negative Wirkungen nach sich ziehen kann. Dies ist etwa dann der Fall, wenn das Wissen, über das eine Person verfügt, zur Bearbeitung einer Aufgabe oder zur Lösung eines Problems unangemessen ist. Hat man z. B. bestimmtes Wissen zur Bearbeitung von Problemen wiederholt mit Erfolg eingesetzt, so fällt es schwer, bei einem leicht geänderten Problem anderes als das erfolgreiche Wissen heranzuziehen. Das Wissen hat sich "verfestigt", Handlungen sind zur Routine geworden: Man handelt "ohne zu denken", gleichsam nach einem festen Programm und ohne sich bewußt zu sein, welcher Art das Wissen ist, auf das man zurückgreift. Empirisch psychologische Arbeiten zum problemlösenden Handeln in komplexen computersimulierten Systemen zeigen, daß erfolgreiche mehr als nicht erfolgreiche Problemlöser dazu bereit sind, das eigene Verhalten selbstkritisch zu reflektieren und auch nach Mißerfolgen die Suche nach neuer Information nicht abzubrechen. Wenig erfolgreichen Problemlösern demgegenüber fällt es schwerer, ein einmal gewonnenes "Bild" von der Problemsituation wieder in Frage zu stellen. Sie tendieren - v. a. unter Mißerfolg - zu stereotypem Verhalten. Beobachtet werden können Tendenzen zur individuellen Einstellungsstabilisierung gegenüber dem Problembereich, was seinerseits zu einer "Immunisierung" bestehenden Wissens führen kann.

Über welches Wissen muß aber ein Mensch verfügen, damit er erfolgreich seine Aufgaben bewältigen kann? Obwohl man empirisch auf diese Frage wohl kaum eine befriedigende Antwort geben kann, basieren wissenspsychologische Arbeiten i. a. auf der Unterscheidung von Faktenwissen ("Wissen, was ...") und Handlungswissen ("Wissen, wie ..."), wobei die Annahme ist, daß Handlungswissen unter den gegebenen Zielsetzungen mit dem Faktenwissen verknüpft wird. Diese allgemeinen Wissenssysteme beinhalten im Rahmen der Wissenspsychologie fast ausschließlich Sach- oder Weltwissenssysteme, was gemeinhin als Sachkompetenz bezeichnet wird. Noch viel zu wenig wurde im Rahmen der Wissenspsychologie bislang beachtet, daß jegliche Sach- oder Weltwissensstrukturen immer in soziale und kulturelle Systeme oder Strukturen verankert sind. Das bedeutet, daß Wissen immer schon an z. B. soziale Rollen, Autoritäts- und Machtstrukturen gebunden und folglich auch immer sozial und kulturell vermittelt und konstruiert ist. Um dem Umstand, daß jegliches Wissen an sich sozial und kulturell bedingt ist, expliziter Rechnung zu tragen, sprechen einige Sozial- und Kulturpsychologen neuerdings von sozialem Wissen, das eigentlich immer schon ein kulturelles Wissen ist. Im Prinzip ist damit ein Wissen gemeint, daß sowohl Wissen um andere Personen (z. B. soziale Erwartungen, Attributionen) als auch Wissen um soziale und kulturelle Regeln, Normen und Wertsysteme umfaßt. Soziales und kulturelles Wissen ist direkt sozial und kulturell, d. h. durch andere Personen als Träger sozialer und kultureller Norm- und Wertsysteme bedingt. Sachwissen beinhaltet demgegenüber Wissen um nicht direkt sozial oder kulturell geprägte Bereiche wie z. B. das Wissen um mathematische Formeln, um das Funktionieren ökologischer Systeme oder um physiologische und biochemische Funktionen im menschlichen Organismus.

Wenn wir uns den Fall des motorisierten Individualfahrers oder des Rauchers in Erinnerung rufen, so fragt man sich, wieweit in all diesen Fällen das manifeste Verhalten sowie die intendierten Ziele auf derartigem Sachwissen basieren. Zum einen beobachten wir das Bemühen, sich im Falle "kognitiver Dissonanzen" von neuem (Sach-)Wissen abzuschirmen. Zum anderen strengt sich ein einzelner weniger an, wenn er merkt, daß der individuelle Beitrag seines Verhaltens nicht feststellbar ist. Darunter leidet die persönliche - und soziale - Motivation, was bedingt, daß Ziele modifiziert oder aufgegeben werden. Es stellt sich beispielsweise jenes Phänomen ein, das in der Sozialpsychologie als "soziale Nachlässigkeit" bezeichnet wird. Und gerade dieses

Phänomen macht deutlich, daß die Regulation individuellen Handelns nicht unabhängig von sozialen und kulturellen Einflußprozessen ist.

Welche Konsequenzen sind daraus für das Verständnis der Beziehung zwischen Wissen und Handlungsregulation zu ziehen? Wissenssoziologen, Sozialanthropologen, Sozial- und Kulturpsychologen machen immer wieder geltend, daß menschliches Handeln immer Teil sozialer oder kultureller Systeme ist. Es wird angenommen, daß Personen in manchen Alltagssituationen als Akteure internalisierter sozialer und kultureller Normen, Regeln oder Konventionen agieren. Weiter wird angenommen, daß ein Akteur einem "naiven" Psychologen gleiche, der andere Personen beobachtet (und immer schon kausal attribuierend wahrnimmt) und aufgrund seiner Beobachtungen Rückschlüsse darauf zieht, was diese anderen von ihm erwarten. Solche kognitiven Inferenzprozesse werden als (Fremd-)Attributionen bezeichnet. Entsprechend diesen vermuteten sozialen und kulturellen Erwartungen (Attributionswissen) wird man jenes Verhalten zeigen, von dem man annimmt, daß es vom anderen bzw. von anderen innerhalb bestimmer kultureller Systeme gewünscht wird.

Es scheint mir nun wichtig, all diese direkt sozial und kulturell bedingte Information - vermittelt über konkretes oder antizipiertes manifestes Verhalten anderer Personen - soweit sie vom Individuum übernommen wurde, als soziales oder kulturelles Wissen im oben definierten Sinne zu begreifen. Die Generierung sozial oder kulturell bedingter Ziele kann dabei z. B. durch das Motiv nach "sozialer Erwünschtheit" in Verbindung mit sozialem und kulturellem Wissen ausgelöst sein. Die Zielerreichung unter Nutzung sozialen und kulturellen Wissens wird daraufhin - z. B. in Form von Eindruckssteuerung - ebenso reguliert, wie die Realisierung sachbezogener Ziele, die im Sachwissen verwurzelt sind. Das Einzelindividuum steht zum einen unter dem direkten Informationseinfluß anderer: Man wird durch andere mit neuem Wissen versorgt oder veranlaßt, seine Ziele zu ändern. Zum anderen wirkt ein normativer Einfluß: Man geht mit anderen konform, paßt sich an, wird sozial und kulturell beeinflußt. Umgekehrt stehen andere Personen ebenso unter dem Einfluß des Einzelindividuums: Einzelindividuum und andere stehen in einer wechselseitigen Beziehung zueinander: Welche Konsequenzen ergeben sich dadurch, daß der individuelle Umgang mit Wissen als Mensch-Umwelt-Einheit begriffen wird, für die Frage, wie der Mensch sein Wissen zur Verhaltensregulation nutzt?

Die Bearbeitung dieses Problems scheint mir entscheidend, wenn man die Beziehung zwischen Wissen und Handeln verstehen will. Welches Ziel bzw. welche Ziele behandelt werden, hängt u. a. von der Motivationsstärke sowie von der emotionalen Befindlichkeit einer Person ab. Motivationsstärke und emotionale Lage wiederum sind bedingt durch das Wissen, auf das eine Person zur Regulation der Zielerreichung zurückgreifen kann. Das Ausmaß der Diskrepanzen zwischen aktuellem Wissen und realer Situation bestimmt über die emotionale Befindlichkeit. Bei Mißerfolgen kann Ärger, Angst oder Wut, bei Erfolgen Freude, Genugtuung oder Stolz eintreten. Wie rasch Ziele fallen gelassen, Prioritäten in der Zielbehandlung geändert werden, ist weiter dadurch bedingt, ob man sich eher am Erfolg/Mißerfolg bei der Zielerreichung oder stärker an sozial und kulturell begründeten Norm- und Wertvorstellungen orientiert. Werden nun 2 oder mehr Ziele gleichzeitig verfolgt, was eher die Regel als die Ausnahme sein dürfte, so kann das als "Mehrfachhandlung" begriffen werden: Ziele werden durch Rückgriff auf Sachwissen und unter gleichzeitiger Berücksichtigung ihrer sozialen und kulturellen Verankerung reguliert: Man stützt sich in einem Vortrag, in einer Diskussion, beim Einkaufen oder - ganz generell - beim Handeln in alltäglichen Situationen auf einschlägiges Sachwissen, aber ebenso wird angestrebt, einigermaßen sozial und kulturell konform zu sein. Allerdings brauchen eher sachbezogene und eher sozial und kulturell bestimmte Zielsetzungen nicht gleich gewichtig zu sein. Ihre spezifische Gewichtung ist bedingt durch die aktuelle Situation, die Motivationsstärken sowie die emotionale Befindlichkeit. Speziell der Gebrauch sozialen und kulturellen Wissens ist stark kontextabhängig. Wird die Koordination bewußt reguliert, so geschieht das durch Selbstreflexion. Dabei orientiert man sich am eigenen Selbstkonzept, dem Bild, das eine Person von sich selbst hat. Wie die Koordination im Detail vorgenommen wird, bestimmt im wesentlichen darüber, zu welchen Teilen welches Wissen genutzt wird. So ist etwa denkbar, daß man über bestimmtes Sachwissen verfügt, sich aber in der konkreten sozialen Situation stark am Verhalten anderer orientiert, um dominanten sozialen und kulturellen Normen gerecht zu werden und von anderen sozial akzeptiert zu werden. Daraus resultiert jenes Phänomen, daß in Termini von Wissen-Handlungs-Diskrepanzen beschrieben wird und uns allen heute - durch die Diskussion aktueller Umweltprobleme - so vertraut geworden sind.

Aber genau genommen handelt es sich nicht um Diskrepanzen oder Kluften zwischen Wissen und Handeln, sondern darum, daß verfügbarem Sachwissen gegenüber sozialem und kulturellem Wissen nicht jene Priorität eingeräumt wird, damit dieses handlungswirksam wird. Die entscheidende Frage, die es zu beantworten gilt, ist also die danach, welches in einer konkreten Situation die Ziele oder Motive einer Person sind, welche einer der beiden Wissensformen Priorität im Hinblick auf ein konkretes Handeln einräumen. Und weil jede Interaktion zwischen Menschen durch ein gewisses Maß an sozialer und kultureller Beeinflussung bedingt ist, eröffnet die Differenzierung zwischen Sachwissen und sozialem oder kulturellem Wissen im Kontext einer Mehrfachhandlungstheorie einen heuristisch interessanten Interpretationsrahmen, um Probleme in der Umsetzung von Wissenssystemen in manifestes Verhalten zu beschreiben und zu verstehen.

Positives soziales Verhalten und umweltgerechtes Handeln - Eine humanökologische Betrachtung der heutigen Umweltkrise

Karl-Heinz Erdmann[1] und Hans Kastenholz[2]
[1]Geschäftsstelle des Deutschen Nationalkomitees für das UNESCO-Programm "Der Mensch und die Biosphäre" (MAB), c/o Bundesforschungsanstalt für Naturschutz und Landschaftsökologie
(BFANL), Konstantinstr. 110, D-5300 Bonn 2, Deutschland
[2]Institut für Verhaltenswissenschaft ETH, Turnerstr. 1, ETH Zentrum, CH-8092 Zürich, Schweiz

Abstract

Maintaining or restoring an intact environment that is fit to live in is one of the most important tasks facing the whole of humanity. Since most of today's environmental problems deal with highly complex phenomena found at a global level, it is increasingly necessary to achieve a global change in thinking and action. In order to develop and consolidate such a change so that it has long-term effects, it is, however, not enough simply to comprehend and grasp the significance of the scientific aspects of environmental problems. What is required, rather, is an exact analysis of present-day society as well as a deeper understanding of the individual as a social, culturally creative being whose actions cannot be viewed in isolation from his biographical and social background. A long-term solution is only possible in the interactive analysis of the relationship between individual, society and environment. Originating from the recognition of the fact that man as a social being, capable of learning and forming relationships is in principle prepared to cooperate and shoulder responsiblity, environmentally sound action is defined as a particular expression of prosocial action. Action of this kind that is led by human cooperation and social justice is however opposed to the values enshrined in society today and learned during the socialization process. In order to achieve sound environmental behaviour which is effective in the long term, attention must be paid to the following aspects:
1. People must learn to turn to a system of values which places prime importance on the welfare of the whole of humanity.
2. In order to enable people to achieve such consideration for one another, they must be guided towards responsible, pro-social behaviour which has a vision beyond that of the individual person. The essential requisite for this abitity is created in primary socialization and must be deepened in the further stages of the socialization process.

1 Einleitung

Seitdem Menschen existieren, verändern sie ihre Umwelt. Doch erst in der hochindustrialisierten Gesellschaft und mit der raschen Zunahme der Erdbevölkerung in unserem Jahrhundert haben Eingriffe in den Naturhaushalt nach Art und Umfang eine Größenordnung erreicht, die zu einer ernsten und weltweiten Gefahr für Mensch und Umwelt geführt haben. Umweltschutz ist damit am Ende dieses Jahrhunderts zu einer Überlebensfrage der Menschheit geworden.

Globale Umweltprobleme wie z. B. die Ausdünnung der Ozonschicht, der Treibhauseffekt und die Verschmutzung der Meere. Phänomene anthropogenen Ursprungs werden schon in naher Zukunft weitreichende Veränderungen bewirken. Es ist davon auszugehen, daß die tiefgreifenden Modifikationen natürlicher Lebensbedingungen auch für den Menschen in seinen sozialen und ökonomischen Beziehungen einschneidende Folgen mit heute noch ungeahnten Ausmaßen haben werden. Im Gegensatz zu regional begrenzten Eingriffen in den Naturhaushalt handelt es sich bei den beispielhaft genannten Problemfeldern um weltweit wirksame, hochkomplexe ökosystemare Veränderungen, deren Auswirkungen künftig in verstärktem Maße ein global abgestimmtes Handeln erforderlich machen. Doch wie kann ein umweltgerechtes Handeln grundsätzlich entwickelt und etabliert werden, das langfristig Wirkung zeigt? Zur Beantwortung dieser Frage genügt es nicht, sich ausschließlich auf die naturwissenschaftliche Untersuchung von Umweltproblemen zu beschränken. Da der Mensch sowohl Verursacher wie auch Opfer der Umweltkrise ist, sind, um Perspektiven für umweltgerechtes Handeln aufzeigen zu können auch verstärkt Erkenntnisse der Humanwissenschaften hinzuzuziehen. Hier bietet die humanökologische Betrachtungsweise mit ihrem "fachübergreifenden Integrationsanspruch" (Tretter 1988: 22) einen umfassenden Lösungsansatz. Im folgenden sollen, ausgehend von biologischen und anthropologischen Grundlagen, allgemeine gesellschaftliche und individuelle Betrachtungsebenen miteinbezogen werden, um Wege aufzuzeigen, die zu einer nachhaltigen Verbesserung der Mensch-Umwelt-Beziehungen beitragen.

2 Humanwissenschaftliche Grundlagen

Im 19. Jahrhundert kam Darwin (1871) im Rahmen seiner Forschungen zu dem Ergebnis, daß sich der Mensch durch eine starke Instinktreduktion erheblich von den ihm in der Evolution nahestehenden Tieren unterscheidet. Menschliches Leben wird "nicht primär durch gattungsspezifische, genetisch programmierte Steuerungsmechanismen der Natur" (Weber 1979: 13) reguliert. Vielmehr ist der Mensch durch seine soziale Lebensform charakterisiert. Das Leben in Sozietäten konnte das Überleben des einzelnen Individuums ebenso wie das der gesamten Menschheit auf das Beste sichern. Die soziale Natur ist nach Darwin eine anthropologische Grundlage; nur durch sie ist der Mensch zum Aufbau vielfältiger Kulturen befähigt. Die paläoanthropologischen Befunde von Leaky u. Lewin (1978) bestätigen Darwins Annahme, da bereits die frühen Hominiden in sozialen Verbänden lebten. Indem sie zusammenarbeiteten und die Nahrung teilten, waren sie auf das Vertrauen der anderen Gemeinschaftsmitglieder angewiesen. Nahrungsmittelteilung und Kooperation bildeten demnach schon in der frühesten Menschheitsgeschichte die Grundlage der sozialen Lebensweise. Das Prinzip der Kooperation stellt somit einen Hauptfaktor der menschlichen Entwicklung dar (vgl. auch Montagu 1968).

Kulturanthropologen, wie z. B. Benedict (1955) und Malinowski (1949) zeigten auf, daß zwischen Individuum und Kultur kein grundsätzlicher Gegensatz besteht: Der Mensch ist von Natur aus ein kulturschaffendes Wesen, das Lebensbedingungen hervorbringt, die wiederum ihrerseits die Entwicklung des Einzelnen beeinflussen. Die menschliche Natur unterliegt im Laufe dieses Prozesses jedoch keinerlei Veränderungen, da sie eine anthropologische Voraussetzung ist.

Der Biologe Portmann (1944) konnte nachweisen, daß der Mensch aufgrund seiner absoluten Hilflosigkeit nach der Geburt und seiner sozialen Abhängigkeit ein in hohem Maße sozial prägbares und erziehbares Wesen ist. Im interaktiven Dialog mit seiner sozialen Umgebung entwickelt sich der Mensch zu einem handlungsfähigen Wesen. Dies beinhaltet auch gleichzeitig auf der Basis aktiver Lernprozesse die Übernahme kultureller Normen und Werte. Ergänzend hierzu konnten zahlreiche Entwicklungspsychologen, wie beispielsweise Piaget (1954) und Nickel (1976), empirisch aufzeigen, daß besonders die Beziehungen in den ersten Lebensjahren grundlegende Bedeutung für den Verlauf der weiteren Entwicklung des Menschen besitzen. Die dargestellten Ergebnisse humanwissenschaftlicher Untersuchungen zeigen übereinstimmend, daß der Mensch von Natur aus ein soziales, lern-, beziehungs- sowie erziehungsfähiges Wesen ist.

3 Prosoziales Verhalten

Aus den vorgestellten Forschungsergebnissen geht hervor, daß die soziale Natur des Menschen auch eine prinzipielle Bereitschaft zum prosozialen Verhalten beinhaltet.

Mit dem Terminus "prosoziales Verhalten" wird allgemein ein Verhalten bezeichnet, welches sich an der Norm der Mitmenschlichkeit und sozialen Gerechtigkeit orientiert, oder einfacher ein Verhalten, das zum Wohl anderer beiträgt (vgl. Winter 1981: 71). Prosoziales Verhalten muß deshalb als unabdingbare Voraussetzung für eine produktive Entwicklung von Individuen und Gesellschaften angesehen werden. Staub (1982: 5) macht deutlich, daß "die Bereitschaft einer Person, Verantwortung für das Wohl anderer zu übernehmen und sich ihnen gegenüber prosozial zu verhalten, wichtig ist sowohl für diejenigen, die direkt davon betroffen sind, als auch für die soziale Gruppe als Ganzes. Es erscheint fragwürdig, ob Gesellschaften überhaupt funktionieren und ob Menschen in Gruppen miteinander zusammenleben könnten ohne ein Minimum an solcher Hilfsbereitschaft."

In diesem Sinne ist umweltgerechtes Handeln als prosoziales Verhalten zu verstehen, das im Interesse Vieler der Erhaltung bzw. Verbesserung einer zufriedenstellenden Qualität des kollektiven biophysikalischen und soziokulturellen Lebensraums in Gegenwart und Zukunft dient. So besitzen Handlungen, die sich für die Erhaltung der natürlichen Lebensgrundlagen einsetzen, z. B. gegen eine weitere Abholzung der tropischen Regenwälder und gegen eine wachsende Verschmutzung der Meere, zwar in ihrer aktiven Komponente einen Umweltbezug, sind aber letztlich von Werten und Prinzipien geleitet, die zum Wohl der Allgemeinheit beitragen.

Bevor Möglichkeiten der gesellschaftlichen Verankerung eines solchen prosozialen Verhaltens erörtert werden, ist zuvor skizzenhaft zu untersuchen, welche Wertorientierungen in unserer heutigen Gesellschaft handlungsleitend sind.

4 Wertorientierungen in der heutigen Gesellschaft

Die aktuellen Umweltprobleme stehen mit der Entwicklung und dem Zustand des gesamtgesellschaftlichen Systems mit seinen ökonomischen, politischen, soziokulturellen und individuellen Sektoren in direktem Zusammenhang. Häufig sind Umweltschäden das Produkt von Nebenwirkungen wissenschaftlich-technischer Fortschritte, die dem Menschen nicht nur Chancen und Wege einer verantwortbaren Weiterentwicklung von Gesellschaft und Kultur eröffnen, sondern immer auch Möglichkeiten mit einschließen, durch kurzsichtiges Handeln, Mensch und Umwelt existentiell zu gefährden.

Ethische Grundlage fast sämtlicher Staats- und Gesellschaftsordnungen ist die Auffassung, daß der Mensch und sein Wohlergehen oberster Wert sei. Aus dieser anthropozentrischen Werthaltung, so Hartkopf u. Bohne (1983: 9), ergibt sich für Staaten und Bürger die Pflicht, verantwortlich mit den natürlichen Lebensgrundlagen umzugehen, um sie zum Wohl heute lebender Menschen und künftiger Generationen zu erhalten. Doch ist zu konstatieren, daß, abweichend von den postulierten Aufgaben, auch heute noch gesellschaftliche Wertorientierungen vorherrschen, in denen die Verwirklichung des Wohls aller Menschen nicht die höchste Priorität besitzt.

In den meisten der heutigen Gesellschaftsformen existiert eine Werthierarchie, nach der Entscheidungen gefällt werden: wie z. B. kurzfristiger wirtschaftlicher Erfolg vor nachhaltiger Bewirtschaftung der Biosphäre, Einzelleistung kommt vor Zusammenarbeit, Gewinnmaximierung der Betriebe lange vor Erhalt der Arbeitsplätze usw. Honecker (1989: 43) verweist darauf, daß sich die skizzierten Wertorientierungen v. a. seit dem Beginn der Neuzeit durchgesetzt haben. Als Ergebnis der Aufklärung, die dem Menschen mit Hilfe der Vernunft eine Vervollkommnung und Verwirklichung eines freiheitlichen, menschenwürdigen und glücklichen Daseins in einer humani-stischen Gesellschaft ermöglichen wollte, entfaltete sich auf der Basis technischer Fortschritte die heutige Industriegesellschaft. Diese Neuerungen wurden jedoch nicht - wie proklamiert - in den Dienst der gesamten Menschheit gestellt, d. h. in die Ver-wirklichung eines menschengerechten Lebens für alle Menschen. Stattdessen entwik-kelten sich einseitig ökonomische Kriterien zum obersten Handlungsmotiv. Es ist aber anzumerken, daß hieraus keinesfalls eine Verwerfung der Ziele der Aufklärung abzuleiten ist; vielmehr ist zu fragen, warum ihre Ideale bisher nicht verwirklicht worden sind.

In der Regel orientieren Menschen ihr Verhalten an Werten, die in ihrem jeweiligen Kulturkreis an oberster Stelle stehen. Wie oben beschrieben, werden in unserer Gesellschaft Einzelleistungen und individuelle Gewinnmaximierung höher bewertet als gemeinsam Erarbeitetes. Diese Tendenz hindert und verringert die Ausbildung von solidarischem Engagement, Kooperation und Kommunikation, indem sie u. a. wechselseitige Konkurrenz, Individualisierung und Isolation begünstigt und gleichzeitig Werte wie soziale Verpflichtung und Zusammengehörigkeitsgefühl verkümmern läßt.

Rohrmoser (1989: 21) sieht in der Existenz solcher ethischer Einstellungen, die den Menschen letztlich übergehen, einen der Hauptgründe für die Destruktion der Lebensgrundlagen; er spricht deshalb von einem Kulturproblem erster Ordnung. Durch einen Sozialisierungsprozeß, in dem ein Welt- und Menschenbild vermittelt wird, das durch die oben genannten Wertorientierungen in starkem Maße beeinflußt wird, festigen sich seelische und charakterliche Strukturen, die die Entwicklung eines prosozialen Verhaltens beeinträchtigen. Jax (1988: 152) faßt deshalb zusammen: "daß Umweltprobleme letztlich nicht losgelöst von gesellschaftlichen Prozessen gesehen werden können und die Ausrichtung von Handlungen immer auch eine Klärung der eigenen Motivation voraussetzt".

5 Perspektiven menschlichen Handelns

Betrachtet man die heutige gesellschaftliche Situation, erscheint die Entwicklung und das Zustandekommen eines umweltgerechten Handelns sehr schwierig, ist aber sicherlich möglich. Gegen die seit Anbeginn der Philosophie vorgetragene Meinung, es könne keine allgemein verbindliche handlungsleitende Ethik geben (vgl. Löw 1989: 27), wendete sich 1947 der Sozialpsychologe Fromm. Er vertritt die Meinung, daß die "Kenntnis der Natur des Menschen nicht zu einem ethischen Relativismus führt, sondern im Gegenteil zu der Überzeugung, daß die Quellen der Normen für eine sittliche Lebensführung in der Natur des Menschen selbst zu finden sind" und versucht aufzuzeigen, daß "ethische Normen in Qualitäten gründen, die dem Menschen innewohnen, und daß ihre Verletzung psychische und emotionale Desintegration zur Folge hat" (Fromm 1986: 16). Verbindendes Element einer humanistischen Ethik, die ausdrücklich ideologiefrei sein sowie ohne eine konkrete konfessionelle oder religiöse Gebundenheit auskommen muß, ist die soziale Natur des Menschen. Doch ist festzustellen, daß, diesem Fakt zuwiderlaufend, menschliches Leben und gesellschaftliche Strukturen heute zu wenig auf das mitmenschliche, kooperative und solidarische Zusammenwirken hin ausgerichtet sind.

Um prosoziales Verhalten stärker als bisher gesellschaftlich zu fördern, muß eine Umwertung der gelebten Werte stattfinden, so daß das in der Geschichte immer wieder postulierte Ziel des größtmöglichen Wohls für alle Menschen auch Wirklichkeit wird. Diese Ethik, die die Orientierung an einer konsequent humanistischen Wertordnung ermöglicht, muß eine problemorientierte sowie eine über das Individuum hinausweisende Ethik sein, die sich auf die Weltbevölkerung als Ganzes bezieht, eine Humanisierung des gesellschaftlichen Lebens bewirkt und damit auch das Mensch-Umwelt-Verhältnis positiv beeinflußt.

Die meisten Umweltsstudien enthalten detaillierte Analysen der aktuellen Situation und beschreiben die vielfältigen Auswirkungen auf Mensch und Umwelt, die anthropogene Eingriffe in den Naturhaushalt heute haben können. Doch ist zu konstatieren, daß trotz eines enormen wissenschaftlichen Erkenntniszuwachses im Umweltsektor alleine noch keine Reduktion der Umweltkrise bewirkt werden konnte. Obwohl unzählige Tagungen zu Fragen der Ökologie, des Umwelt- und Naturschutzes in den vergangenen Jahren durchgeführt worden sind, ist nach Kinzelbach (1989: 147) auch heute noch eine große Diskrepanz zwischen ökologischem Fachwissen und umweltgerechten Handeln festzustellen.

Die Notwendigkeit der Umsetzung des vorhandenen Wissens in weitergefaßte Zielsetzungen wird sowohl von den politisch Verantwortlichen als auch von der Mehrheit der Bürger gesehen, doch setzen sich in der Regel auch heute noch Entscheidungen durch, deren Zeit- und Raumhorizont sehr eng begrenzt ist (vgl. Jonas 1984: 9). Gegenwärtiges Handeln hat demnach nicht nur Auswirkungen auf die gesamte heute lebende

Menschheit und deren Umwelt, sondern beeinflußt auch Optionen künftiger Generationen. Aus diesem Grunde fordert Rohrmoser, daß alle Entscheidungsträger "in universalen Zusammenhängen denkende und reflektierende Menschen werden" (1989: 22). Darüber hinaus sind aber auch Anstrengungen zu unternehmen, einen verantwortlichen Umgang mit den Mitmenschen und der Umwelt allgemeingesellschaftlich zu verankern. In diesem Zusammenhang vertritt Scherhorn (1989: 64) die Auffassung, daß eine Veränderung der Lebensführung nur möglich ist, wenn jeder einzelne seine "inneren Widerstände" erkennt. Nur auf dieser Basis können Menschen "zu einem neuen, verantwortungsbereiten Handeln gegenüber der Natur befähigt werden". Auch Jonas (1984) fordert für die gesamte Menschheit eine Ethik der Veranwortung. Es stellt sich aber die Frage, wie gesolltes Handeln (Zillessen 1988: 4) in gelebte Wertorientierungen überführt werden kann. Grundlage des fehlenden Engagements für die Anliegen der gesamten Zivilisation ist eine unzureichende Sozialisation. Sie ist die eigentliche Ursache vieler Mißstände und Fehlleistungen. Ein Verantwortungsgefühl überindividueller Art und somit ein ausgeprägtes prosoziales Verhalten haben nach Zimmerli (1985: 316) die wenigsten Menschen gelernt. In der Primärsozialisation sind sie - wie zuvor ausgeführt - mit Wertorientierungen vertraut gemacht worden, die einer Verantwortung, wie sie die heutigen gesellschaftlichen Verhältnisse erfordern, nicht entsprechen. Mit anderen Worten: Prosoziales Verhalten, d. h. auch überindividuelle Verantwortung, muß in der Primärsozialisation verstärkt eingeübt werden. Hierzu ist ein genaues Verständnis der menschlichen Natur unerläßlich. Doch ist über die Primärsozialisation hinaus auch in den weiteren Sozialisationsphasen prosoziales Verhalten auf allen Ebenen zu fördern. Nur auf diese Weise kann gesolltes Handeln auch in gelebte Wertorientierungen überführt werden.

Benning (1980: 84) führt aus, daß neben der Schule und weiterer gesellschaftlicher Institutionen v. a. die Familie in die pädagogisch-ethische Verantwortung genommen werden muß: "Sie ist der Ort, wo Grundwerte und - daraus folgend - Grundhaltungen vorgelebt, geweckt, geprägt und gefördert werden, wo der Sinn für Grundwerte wie Freiheit, Toleranz, Solidarität, soziale Gerechtigkeit, Leben, Liebe geschärft wird; sie muß in einem Klima des Vertrauens, der Sicherheit - und nicht des Zweifels, der Verzweiflung, Angst, Resignation und des Unbehagens - wirken können". An dieser Stelle schließt sich wieder der Kreis von der Familie zu den gesamtgesellschaftlichen Verhältnissen.

Besonders hervorzuheben ist auch die Vorbildfunktion des Erziehers. Brezinka (1988: 20) und auch von Hentig (1989: 60) sehen im nachahmenswerten Handeln - im Gegensatz zur ausschließlichen Wertproklamation - eine große Möglichkeit, positive Wertorientierungen bei dem zu Erziehenden zu festigen. "Der Erzieher, der dem jungen Menschen in dieser Hinsicht Hilfe und Handbietungen leisten will, muß nicht nur selbst Werte bejahen und sie verkörpern, sondern auch den Mut zum erzieherischen Vorbild haben. Werte müssen sich personalisieren, d. h. in Persönlichkeiten inkarnieren, wenn sie anschaulich werden sollen" (Benning 1980: 79).

Als Resümee kann mit Teutsch (1984: 25) festgehalten werden: "Einstellungsbildung soll den Menschen (...) nicht konditionieren im Sinne einer die Person von außen steuernden Manipulation, sondern soll ihm helfen, in moralischer Mündigkeit ein soziales Gewissen zu entwickeln und die daraus resultierenden Normen auch gegen Widerstände durchzuhalten".

6 Schlußwort

Wie wir gesehen haben, sind menschliche Natur, gesellschaftliche Zustände und der Zustand der Umwelt nicht voneinander zu trennen, da sie sich gegenseitig bedingen. Um wirklich einschneidende Fortschritte im Kampf für eine intakte Umwelt zu erreichen, müssen anthropologische, gesellschaftliche wie auch pädagogische und psychologische Grundlagen konsequent in die Untersuchungen mit einbezogen werden.
Zusammenfassend ist festzuhalten: Damit sich ein umweltgerechtes Handeln künftig entwickeln und etablieren kann, das langfristig Wirkung zeigt, sind folgende Aspekte zu berücksichtigen:
1. Jeder Mensch muß sich an einem Wertsystem orientieren, das das Wohl der gesamten Menschheit an erste Stelle setzt, und dies auch auf Kosten eines beschränkten kurzfristigen Nutzens.
2. Um Menschen zu einem derartigen Mitgefühl zu befähigen, sind sie zu überindividuell verantwortlichem, prosozialem Verhalten anzuleiten. Die Voraussetzung zu dieser Fähigkeit wird in der Primärsozialisation gelegt und muß in der weiteren Sozialisation vertieft werden.

Literaturverzeichnis

Benedict R (1955) Urformen der Kultur. Hamburg
Benning A (1980) Ethik der Erziehung. Grundlegung und Konkretisierung einer Pädagogischen Ethik. Freiburg
Brezinka W (1988) Erziehung - Kunst des Möglichen. München, 3. Aufl.
Darwin C (1871) The Descent of Man. London
Fromm E (1986) Psychoanalyse und Ethik. Bausteine zu einer humanistischen Charakterologie. 2. Aufl. München
Hartkopf G, Bohne E (1983) Die Ausgangssituation unserer Umweltpolitik. In: Aus Politik und Zeitgeschichte, Bd 42, S 3 - 12
Hentig H von (1989) Werte und Erziehung. In: Cribler L, Gonon P (Hrsg) Ist Ökologie lehrbar? Bern, S 40-63
Honecker M (1989) Schöpfungsbewahrung aus theologischer Perspektive. In: Kohler A., Scherhorn G (Hrsg) Umweltethik. Verantwortung für den Menschen, Verantwortung für die Natur. 21. Hohenheimer Umwelttagung. Weikersheim, S 31-51
Jax K (1988) Ökologie zwischen Wissenschaft und Weltanschauung. Gedanken zur Einführung. In: Ingensiep HW, Jax K (Hrsg) Mensch, Umwelt und Philosophie. Interdisziplinäre Beiträge. Bonn, S 149-152
Jonas H (1984) Das Prinzip Verantwortung. Versuch einer Ethik für die technologische Zivilisation. Frankfurt/Main
Kinzelbach RK (1989) Ökologie - Naturschutz - Umweltschutz. Darmstadt
Leaky RE, Lewin R (1978) Wie der Mensch zum Menschen wurde. Neue Erkenntnisse über den Ursprung und die Zukunft des Menschen. Hamburg
Löw R (1989) Gentechnologie und Ethik. In: Kohler A u. Scherhorn G (Hrsg) Umweltethik. Verantwortung für den Menschen, Verantwortung für die Natur. 21. Hohenheimer Umwelttagung. Weikersheim, S 25 - 38
Malinowski B (1975) Eine wissenschaftliche Theorie der Kultur. Frankfurt/Main
Montagu MFA (1968) The Direction of Human Development. New York

Nickel H (1976) Entwicklungspsychologie des Kindes- und Jugendalter. Band 1. Bern (3. Auflage)

Piaget J (1954) Das moralische Urteil beim Kinde. Zürich

Portmann A (1944) Biologische Fragmente zu einer Lehre vom Menschen. Basel

Rohrmoser G (1989) Krise der Industriegesellschaft - Krise der Landwirtschaft. In: Kohler A u. Scherhorn G (Hrsg) Umweltethik. Verantwortung für den Menschen, Verantwortung für die Natur. 21. Hohenheimer Umwelttagung. Weikersheim, S 17-24

Scherhorn G. (1989) Der innere Widerstand gegen eine naturverträgliche Ökonomie. In: Kohler A. und Scherhorn G (Hrsg) Umweltethik. Verantwortung für den Menschen, Verantwortung für die Natur. 21. Hohenheimer Umwelttagung. Weikersheim, S 53-66

Staub E (1982) Entwicklung prosozialen Verhaltens. Zur Psychologie der Mitmenschlichkeit. München

Teutsch GM (1984) Ethik und Pädagogik des Naturschutzes. In: Staatsinstitut für Schulpädagogik und Bildungsforschung, München (Hrsg) Naturschutz. Handreichung zur Förderung des Naturschutzgedankens im Unterricht. München, S 18-30

Tretter F (1988) Humanökologie - ein Forschungsansatz und Handlungsansatz im Umgang mit Mensch-Umwelt-Beziehungen. In: Psychosozial 11, S 22-29

Weber E (1979) Pädagogik. Grundfragen und Grundbegriffe. Donauwörth (7. Auflage)

Winter G (1981) Umweltbewußtsein im Licht sozial-psychologischer Theorien. In: Fietkau H J u. Kessel H (Hrsg) Umweltlernen. Königstein/Ts., S 53-116

Zillessen H (1988) Die normativen Voraussetzungen der Umweltpolitik. Zur Wiederannäherung von Ethik und Politik. In: Aus Politik und Zeitgeschichte B 27/88, S 3-14

Zimmerli WC (1985) Jenseits der individuellen Verantwortung. In: Böhren H u. Tatz J, Wissenschaft und Rüstung. Braunschweig, S 299-318

Personal holism in practice

Richard Langlais
Department of Human Ecology, University of Göteborg, Viktoriagatan 13
S-411 25 Göteborg, Schweden

Abstract

Theoretical speculations in human ecology can be motivated by the conclusion that practical measures are required in order to ameliorate human society´s environmental problems. One such practical measure is to change attitudes towards the environment. The attitude of holism is one of the prescriptions which human ecologists, in their study of humanity´s relationship with nature, have proposed. This paper is a discussion of the possibility that researchers in those matters face a problem of consistency when separating their personal lives from their work on holism.

The author would like to thank Ingrid Ekenberg and Eva Hoffmann for their helpful comments in the crafting of this paper.

Ecosophy, Rational Ecology,
Deep Ecology, Human ...
Ecology ... Ah! ...
Forest birds singing
in the rain.

R. L.

In the earlier part of this summer of 1990, an electrifying report was broadcast on Swedish radio and television news programm. A huge, mysterious, strangely-shaped cloud was said to have formed over the Kola Peninsula in the Soviet Union, just to the east of Finland. Dread formed in many listeners´ mind; was this another Chernobyl? Had yet another nuclear submarine suffered an accident, but this time of much more ominous proportions? Even though we humble citizens were told, in the next few days, that the cloud was actually a harmless freak formation, the strongest memory of that time was of the overwhelming helplessness with which we as individuals could only sit and wait to learn of a potential catastrophe coming our way. There was absolutely nothing to do about it; we could only stay where we were and hope.

This anecdote is cited by way of a foreword to my addressing one of this symposium´s central questions - and I quote now from the invitation - "Which is the factor the individual environment plays for a person by transferring environmental attitudes into environmental behavior?" It should be clear from my introductory story that the "individual environment" seems to be as big as one´s awareness of it and that the degree of transfer of attitudes into behavior is hugely dependent on the circumstances. In the case cited above, whatever our attitudes, our behavior was too late; a situation which could be seen as wreaking radioactive disaster within a few hours would proceed without being affected by our psychological make-up.

Although the above example provides possibilities for rich analysis, I would like to leave it in order to bring up other factors in response to our question. One of these is my suspicion that, without a personal, direct experience of the negative aspects of environmental destruction, it is not likely that, perhaps, most people would feel motivated to change our behavior in the radical way which many human ecologists feel is needed. Here, I would like to take advantage of this symposium´s invitation to "get away from a scientific ivory tower" and relate more of my own experience in these matters. Before ever having worked under the title of human ecologist, I had witnessed many scenes of environmental destruction without becoming convinced that it should become my vocation to try to do anything about it. For instance, I walked for six months in eastern Tibet and saw some of the last of its great trees being felled to make, among other things, disposable chopsticks in the rest of Asia. A couple years earlier, I had seen seismic exploration for the digging of open pit mines on the steppes of Mongolia. These activities, of course, meant whole-scale alteration of the aboriginal population´s ages-old lifestyles. While still a student in Asia Studies in my native Canada, I saw the clearcutting of vast forests on entire mountainsides, with only half-hearted replanting. The wiping out of the enormous herds of bison which used to roam the prairies was already anly a dim story from my childhood.

Two other interesting examples, which I often ponder, stand out in my mind. Both involve serious air polution. During a period in the early eighties when I was studying in Edmonton, in western Canada, a deep well in a nearby oilfield exploded, with the result that hydrogen sulfide gas from underground was released and blew over our city for several months. I was among those who suffered watering eyes and constant, pounding headaches then. The government finally admitted that it quite simply knew almost nothing of the effects of this gas on human populations. Yet I did not devote my life to environmental matters as a result; I simply suffered and kept on with my intensive studies of the Chinese language. This differs in an essential way from a second experience I later had in early 1987, in the southern Swedish city of Malmö. One day I went out for a walk. The sun shone with beautiful sunset colours through the late afternoon haze. It seemed strange, as I noticed my throbbing head-ache, that there were so few people in the streets, even though it was rush hour. Unable in those days to understand Swedish, I had missed the radio warnings to stay inside, as a cloud of toxic pollution had just moved in over the city from cross the Baltic. This time I decided that to work on environmental matters was of the highest priority.

What was different in this instance? Probably many factors in my environment were at work in changing my environmental attitudes into environmental behavior. The most significant one, as far as I can understand, was that in Malmö I was not so totally preoccupied by other matters. I had also been in some of the most polluted regions of Asia for several years and was in supposedly clean Sweden to take a "breather" (it certainly was) and visit friends before continuing home to a supposedly even cleaner Canada. There was time to notice environment, and in doing so, the global nature of the problem became evident; there was no place truly unaffected where one could slip off to anymore.

Thus far, personal experience of the negative effects of environmental change, and having the time and circumstances to ponder it, are what I would consider as instrumental in providing an initial motivation to work for change. As phenomenology would put it, there is a strong likelihood that having undergone similar circumstances and experience, other people would also report that they had found their motivation to work for environmental improvements in similar ways. But the key question for me is, "How do we sustain this motivation in the face of extreme counter-pressure from our society and culture to do otherwise?"

In the example given previously, which can be described as local problems with a global connection, the possibility that the individual can affecct change seems infinitesimally small. In Sweden, we are reminded of the current situation, where the government has set three ambitious energy policy objectives for the nation: begin the process of dismantling its nuclear reactors in 1995, freeze the total carbon dioxide output at 1987 levels, and resist the temptation to develop the hydroelectric potential of Sweden´s last four undisturbed rivers, all without negative effects to the economy. As 1995 swiftly approaches, it becomes difficult to see any adequate concrete moves towards even preparations for such drastic targets. Individual citizens as well as industry all wonder how this is going to be achieved. Everyone waits, but little happens, while the politicians seem to lack the motivation to propose appropriate plans. Again we need to ask why it has been so difficult to sustain the original good intentions and strong motivations which originally fired everyone to reach consensus in this.

Life is very good in Sweden and in the face of this material prosperity it is easy to be lulled back into a way of looking at the world which ignores ecological values. Simply put, not enough time is spent looking directly at our natural surroundings to be able to sense that something is indeed deeply wrong in our continued ignorance of them. This is, at least, where human ecology comes in.

Human ecology has at its core the aim of studying the relationship between people and nature. There have been many different paraphrasings of this, such as its being the study of the relationship between man and his environment, and so on, but I consider that their essential implication is similar. The point is that the study is of what is happening *between* two fields, or entities, or what have you decided (which is another discussion). The emphasis is on the relationship, the between. Human ecology is premeated with this; it wants to integrate what has been fragmented. This is again evident in the invitation to this very symposium. The already-mentioned ivory tower symbolizes the separation of academia and society; the split between the two cultures of the natural sciences and the humanities and social sciences are, according to our invitation, to be bridged by human ecology. We also find this in numerous articles which proclaim the weakness of analytical reductionism. The therapy often proposed is integration. Rather than taking this apart, we should study how to put them together; we are to study what emerges in the newly created relationships, in the space between and at emerging levels of hierarchies. This kind of thinking is often described as a type of holism, which is also not short of its critics; Popper and his scorn of holism in central planning perhaps being the more illustrious of them (Popper 1957).

I think that human ecology has something to teach about sustaining motivation in environmentally-sound practice. The theoretical aspect of my own work involves a comparison of the kind of holism found in the ancient Chinese text, the *Tao Te Ching*, and that espoused in the writings of Arne Naess, a prominent philosopher in the contemporary deep ecology movement. An important aspect of both of these traditions is precisely that they discuss the relationship which exists between the individual and nature, but, significantly, without neglecting the social context.

To draw the various threads together then, I have tried to make the theme of my research consistent with my personal search for wisdom. The character of this work has been heavily influenced by the program of doctorate studies which my colleagues and I have been pursuing at the University of Göteborg. Because, as far as we know, we are the only institution in the world (and we would be glad to be corrected on this point) which grants doctorate degrees in human ecology, we have become especially sensitive to what it means to be human ecologists. It must be emphasized here that these are not Ph. D. degrees in for example geography, or anthropology, with a human ecological amphasis. Thus, rather than doing a degree in Asia Studies with human ecological flavour, I am working towards a doctorate in human ecology with an Asia and philosophical component. Such is the influence of institutions.

An additional interesting point about our work is that members of the Institute are often called on to speak about human ecology to children in the local schools. One of the first questions often asked by the students is the direct and no-holds-barred one of the means by which the speaker came to school. Did the speaker travel alone in their own car? Or did he or she take public transport? Or fly? The need for consistency is not lost on these fresh young minds (Jungen 1990).

Since I have become so sensitized to the question of what human ecological work is, and since the theory I work with is central to human ecology itself, then it is perhaps natural that consistency between my actual working method and the theory behind it has been sought. As well, since human ecology is so often emphasized as being an integrative activity, then it has struck me as being ironically inconsistent to work with methods which are derived from the tradition of analytical reductionism. It would feel slightly absurd to be studying this in a way which sets me apart from the "object" of my study, or from my "subject" matter. (The use of these two terms is but an indication of confusion which exists around this kind of language.) When the theory behind my work involves the relation between people and nature, how am I a good human ecologist if I set myself apart from the subject of my work? Can I really sustain the fiction that the observer does not affect the observed? My realization is that my own relationship to nature probably affects my theoretical work concerning the same theme. It has therefore become primary to find out more about my own relationship with nature; I try to be open to the possibility that insight gained from this interaction can contribute to my theoretical work.

How does one develop a relation with nature? This is a essential question. It would seem, quite naturally, that it requires that the elements which are to be in relationship to each other must at least have some kind of contact. This could be sustained over a long distance, but probably it has the greatest possibility of richness if the contact is close. So my solution has been to try to develop as close a contact with nature as I can in the area where I live. My method is naively simple, but its most important ingredient is that I have consciously given up a portion of my time, in our busy modern world, for its practice.

Every week when I have been at home, since the beginning of January, 1990, I have taken at least one morning and gone hiking around a stretch of the coastline of one of the islands near us. Although the island is traversed by a major highway, and in spite of the fact that it lies barely one kilometer away from Scandinavia´s largest concentration of refineries and chemical plants, most of it has an uninhabited natural shoreline. Of course, as creations of human beings, the refineries are part of nature and utilize natural processes in their functioning. In addition, a third of the island is occupied by residential areas, yet almost every time that I have gone on my walks I have been in complete isolation. Whole series of months have gone by without my having met anyone out there; it has been the discovery of a new kind of wilderness in the midst of northern Europe. I have been keeping a journal and have written, or not written, in it as it suits the moment. Whatever is interesting is put down on paper. As it has turned out, these have often been reflections about my theoretical work, which have suddenly seemed clearer in such moments as when watching a seabird dive into the water in an attack upon some silver flash it had seen below. It has struck me that, although I have developed this activity as a response to a problem, it bears great resemblance to the action meditation present in both Taoism and various forms of Buddhist practice. Upon hearing about it, people have told me that it sounds to them like philosophy, or like action research in sociology; other university colleagues have pronounced it cognitive psychology, others say aesthetics, while yet others declare it phenomenology, or even, from the methodological standpoint, as therapeutic practice. I respond to them all by saying, "not really; it is actually typical of human ecology´s interdisciplinary character."

With this form of holistic practice, I hope to have both created, and allowed, an opportunity for my environment to affect my work and, hence, my life, and - is it perhaps too much to say - the lives of others. Increasing in this way the meaning which this environment had for me has certainly had a direct influence in convincing me that I should ride my bicycle from Malmö, in southern Sweden, to this symposium and back again, as a symbolic, ecologically-informed gesture. Most of this paper was indeed written on a cliff-top on the coast out there, which has no doubt contributed to making me feel the necessity of speaking this way on its behalf.

Before concluding, I would briefly like to mention a lecture by William Carpenter, entitled, "Human Ecology: The Possibility of an Aesthetic Science", given at the Second International Conference of the Society for Human Ecology, in 1986. In this talk, he relates how at another lecture he had participated in, a student interrupted with the question, "Why are we in here studying photographs of paintings of nature when we could be outside looking at nature itself?" After two years of reflection, Carpenter´s response was that sitting indoors discussing paintings crystallized human ecology´s central challenge, "to bring the man-made universe of shadow and language and illusion into congruence with the other, original world, so that this one corresponds to and re-expresses the one outside" (Carpenter 1988: 3). While I can agree with his defence, he still leaves unanswered the second part of the question, that of why we should or should not go outdoors.

My reply would be that, of course, we need both. We need to develop our aesthetic and theoretical concerns about what we, as human beings and as human ecologists, think that nature and society are about, but we also need to be physically out there, directly in nature, increasing the meaning of our relationship with it. In this way, there is a good chance that we can find the time, and the motivation to get on with "the real work" (Snyder 1980) of living in an ecologically sound way.

Lastly, in all this talk of the relationship between human beings and nature, I would remind that relationships are usually two-way. Does nature develop a relationship with us? My answer is that I suspect that it does, but that we simply do not know it.

References

Carpenter W (1988) Human Ecology: The Possibility of an Aesthetic Science. In: Borden RJ, Jacobs JJ (eds) (1986) Selected pabers from the second international conference of the society of human ecology, college of the Atlantic, October 17-19, 1986, published by society for human eclogogy, College Park, Maryland pp 1-8

Jungen B (1990) Personal communication

Popper KR (1957) The poverty of historicism. Routledge & Kegan Paul, London

Snyder G (1980) The real work: interviews and talks, 1964-1979. Edited with an introduction by Scott Mclean W, A new directions book, New York

Teil III

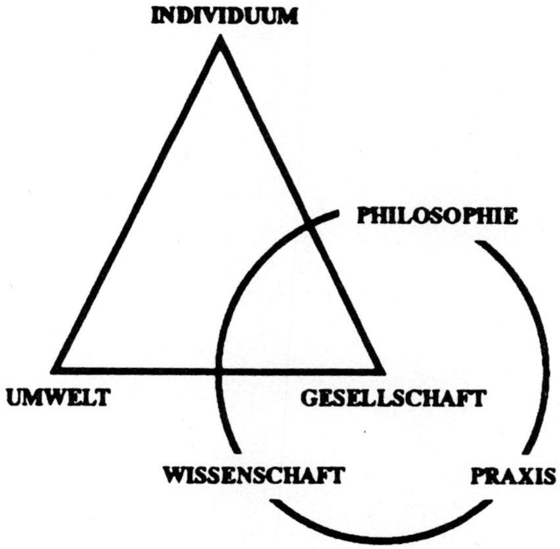

Humanökologische Perspektiven der Vermittlung zwischen Theorie und Praxis
2. Institutionelle Regulative

Verhaltensänderungen bewirken?

Fallstudie über einen sozialen Selbstorganisationsprozeß mit teilweise ökologischer Zielsetzung, am Beispiel der «ShareCom» in Zürich, einer Genossenschaft zur gemeinsamen Nutzung von Gebrauchsgütern

Wolfgang Zierhofer

Geographisches Institut der ETH, Winterthurerstraße 190, CH-8057 Zürich, Schweiz

Abstract

In the analysis of five structured interviews, I try to give an adequate description of the constitution and growth of "ShareCom", a co-operative society in Zürich. Its members have share of cars and other objects since 1987. To become a member you have to buy a share of the co-operative, pay an annual fee and a tax for the use of the object. In the case of cars all costs are included in a price per kilometer. Some members already shared a car for several years before the founding of ShareCom. Nearly all the 16 founding members knew each other as friends for years. For this reason they could rely on their common moral and environmental attitude. There was no need to specify the use of the objects. Meanwhile the co-operative grows and is open to anyone. It has furthermore a goal to build a network all over Switzerland which makes cars available not only in the core areas but also at remoter places in connection with railway or bus stops. The co-operative will no longer be a morally integrated group, but rather a more anonymous system of interactions. The informal social control by morality and various personal contacts will be substituted by formal rules. My interview partners all dislike strict forms of social control, but fear as well the exploitation of the system. In what sense could such a co-operative be regarded as a model for the dominant structures of consumption in a ecolgically sustainble society? We can hardly estimate the effect of share co-operatives on the attitudes towards the environment, because ecological awareness seems to be the main reason for membership. The co-operative offers a viable alternative to satisfy mobility needs. In principle the success of ShareCom is based on the reduced but nevertheless efficient use of resources by sharing them. The same consumption level can be realized comparatively cheaper. "It does not hurt" someone said. But the anonymous system is open to a materialistic definition of quality of life. It does not exclude the idea of having everything anytime at one's disposal. Considering the use of resources we cannot be sure of having gained anything else but time, as long as consumption is only reduced and rationalized. Only by the shift towards life forms, which are no longer based on the turn over and disposal of material goods in the same manner as today, does the possibility of an ecologically sustainable economy become conceivable. The model of share co-operative societies could be a starting point and an episode which one has to go through on the way to these future life-forms. I maintain, that the concepts of human conduct, which presently dominate environmental policies and campaigns, obstruct the recognition of processes of social self-organization similar to the constitution of Share-Com, as forms of ecologically minded actions, which could be supported by organizations that share the same ecological aims. Too often we face the opinion that changes of behaviour have to be brought about. In this sense individuals are considered to be directable in a causal manner and their relevant behaviour is seen as isolated, regardless all the other related unique actions and routines, that build the pattern of the fabric that I call a 'life-form'. Certainly in Switzerland the policies which are based on regulations and prescriptions are perceived as offences against personal freedom and amplify the growth of an extreme nationalistic-populistic opposition. Information campaigns and moral appeals suffer as well from a decreasing marginal utility. In this situation the support of self-initiated projects and experiments, could, in the long run, represent a considerable ecological potential. But it certainly cannot be a substitute for traditional environmental policies.

1 Verschiedene Auffassungen von Verhaltensänderungen (eine Einleitung)

Ich möchte mich mit dem Bereich von Umweltschutzaktivitäten befassen, den man gemeinhin, z. B. in politischen Debatten oder in Medienprodukten, unter dem Begriff *Verhaltensänderungen* zusammenfaßt. Verhaltensänderung heißt zunächst nur, daß Personen von gewissen Tätgikeiten ablassen, die als problematisch angesehen werden. Mit dem Begriff Verhalten scheint mir in diesem Zusammenhang meist die Vorstellung mitzuschwingen, daß Verhalten etwas sei, das isolierte Individuen isoliert von anderem Verhalten ausführen. Manchmal habe ich auch den Eindruck, auf die Ansicht zu stoßen, daß sich Verhaltensänderungen auch bewirken lassen, daß man da "den Hebel ansetzen könne", sofern man nur den richtigen Ansatzpunkt findet. Wenn meine Eindrücke zutreffen, dann ist diese Auffassung von Verhaltensänderungen in unserer Gesellschaft relativ weit verbreitet, dann fließt sie nicht nur in Werbekonzepte ein, sondern auch in Energiesparkampagnen, Umweltschutzgesetze und andere Umweltschutzaktivitäten.

Vor diesem Hintergrund rekonstriere ich ein Beispiel für Änderungen alltäglicher Handlungsweisen mit umweltverantwortlicher Orientierung. Im Gegensatz zu den oben skizzierten Vorstellungen "lebt" es vom *sozialen* Handeln. Es ist ein Beispiel dafür, wie mit gesellschaftlich und ökologisch relevanten Handlungsweisen andere *Randbedingungen* geschaffen werden, wie die Veränderungen des Handelns in einen *Lebensstil* und eine *Weltanschauung* integriert sind, und daß sich Veränderungen von Routinetätigkeiten durch einen Prozeß der *Selbstorganisation* ergeben können und nicht immer durch Drittpersonen bewirkt werden müssen. Selbstorganisation heißt hier nicht mehr und nicht weniger, als daß Individuen aus eigenem Interesse mittels eines geplanten sozialen Prozesses ihrem Handeln neue Randbedingungen setzen, um andere Handlungsweisen realisieren zu können. Es ist das Beispiel der Gebrauchsgüterteilgenossenschaft "ShareCom" in Zürich. ShareCom ist die Abkürzung für "share community". Sie ist eines von mehreren Autoteilprojekten, die zur Zeit in der Schweiz existieren.

Im Rahmen eines Projekts über *Formen umweltbezogenen Handelns*, das während 2 Jahren, bis Sommer 1991 in Zürich durchgeführt wird, wird neben anderen Teilprojekten die *ShareCom als Fallstudie* untersucht. Ich habe mit 6 Mitgliedern 5 strukturierte Interviews von je ca. 1 1/2 Stunden Länge geführt. Die befragten Personen teilen das Auto schon unterschiedlich lange und sie unterscheiden sich z. T. recht deutlich in ihrem Lebensstil und in ihrer Arbeit. Der Leitfaden für die Interviews umfaßte folgende Blöcke: a) Erzählen, wie man Mitglied wurde; b) Teilen und Lebensstil; c) persönliche Bedeutung des Umweltschutzgedankens; d) über die Zukunft der ShareCom;

e) persönliche Eigenschaften. Das Ziel der Untersuchung ist *explorativ* : ich will den Wachstumsprozeß einer Organisation mit ökologischer Zielsetzung verstehen lernen, um Thesen zu formulieren. Die ShareCom habe ich als Gegenstand einer Fallstudie ausgewählt, weil ein anderer Gebrauch des Autos zu den heftigst geforderten Verhaltensänderungen zählt, weil die Mobilität ein zentrales Element der Lebensführung ist und weil *Selbstorganisation als Idealfall von Verhaltensänderungen* angesehen werden kann.

2 Wie ist die ShareCom entstanden?

Eine der befragten Personen hat mir die Entstehung so geschildert:

Die ShareCom wurde im Juni 1987 mit 16 Mitgliedern gegründet. Schon etwa 1980 haben wir uns Gedanken über unsere Umwelt gemacht und wir fanden: wieso müssen wir immer alles haben, alles alleine besitzen? Wäre es nicht sinnvoller, wenn man Dinge die sich teilen lassen auch gemeinsam besitzt? Der finanzielle Aspekt spielte sicher auch eine Rolle, aber es war nicht der Hauptgrund. Wir dachten, daß durch das Teilen weniger Ressourcen für die Herstellung und den Gebrauch von Gütern benötigt würden, und daß man dann die Dinge viel bewußter benutzt und eher Alternativen miteinbezieht.

Im Jahr 1981 oder 1982 haben sich schon zwei Gruppen in Zürich unabhängig voneinander das Auto geteilt. Zwei befreundete Familien haben sich ein Auto geteilt und ich habe mit einer Kollegin ein weiteres geteilt. Die sind dann nach einem Jahr auseinander, weil die eine Familie weggezogen ist. Und dann haben wir versucht mit der anderen Familie zu teilen, und später kam noch ein Kollege hinzu. Auch die Familie hatte ich zuvor schon einige Jahre gekannt und ihr früher schon mal mein Auto ausgeliehen. Und ab 1985 haben wir gemeinsam eine Videokamera geteilt, mit Vertrag und allem Drum und Drann. 1987 war dann die Genossenschaftsgründung, wobei das Auto und die Kamera von der Genossenschaft übernommen wurden.Von den 16 Gründungsmitgliedern habe ich 15 sehr gut persönlich gekannt. Sie stammen alle aus dem Bekannten- oder Freundeskreis. Nur das 16. habe ich erst an der Gründungsversammlung kennengelernt. Bis anfangs 1989 haben wir kein neues Mitglied aufgenommen.

Noch 1989 sind wir von 16 auf 55 Mitglieder gewachsen. Und Mitte Februar 1990 waren wir schon gut 80 Mitglieder! Wir hätten auch vorher schon neue Mitglieder aufgenommen, aber wir sind nicht an die Öffentlichkeit getreten, weil wir mit der Organisation und den Vorbereitungen der Öffentlichkeitsarbeit zu beschäftigt waren. Bei uns ist nämlich alle Arbeit ehrennamtlich. Seit Mitte letzten Jahres sind wir dann mit Inseraten und durch Kontakte zu Redaktionen von verschiedensten Zeitungen an die Öffentlichkeit getreten. (redigierte Interviewausschnitte)

3 Organisation der ShareCom

Die Genossenschaft ist in regionale Benutzergruppen unterteilt, die je eine eigene Leitung haben. Anfangs 1990 waren das Zürich, Basel und Bern für die Autos, sowie die ganze Schweiz für die Videokamera. Für jeden Gegenstand ist eine Person verantwortlich. In einer Benutzergruppe können also mehrere Autos integriert sein. Auf der Ebene Genossenschaft wird zusätzlich eine Liste geführt, für Gegenstände, die zwischen den Mitgliedern verliehen werden. Neben Auto und Videokamera sollen in Zukunft noch weitere Gegenstände über Benutzergruppen geiteilt werden, wie Personalcomputer, Surfbrett, Gartengeräte oder ein unpersönliches Generalabonnement der Bahn. Es werden auch laufend neue Autobenutzergruppen in verschiedensten Orten entstehen. Um Mitglied zu werden muß man für 100 Fr. einen Anteil an der Genossenschaft zeichnen und zusätzlich Anteile von 900.- Fr. für die Mitgliedschaft in einer Autobenutzergruppe bzw. 150.- Fr. im Falle der Videokamera. Dazu kommt noch ein Jahresbeitrag von 40.- Fr.

Die eigentliche Nutzung eines Auto wird per Kilometer verrechnet. Im Kilometerpreis ist alles enthalten: Vollkaskoversicherung, Haftpflicht, Amortisation, Verzinsung des Kapitals, Service, Reparaturen, das Benzin und die Parkplatzkosten. Damit soll ein realitätsnaher Vergleich mit anderen Transportmitteln möglich werden. Die Ausleihe eines Wagens sollte vernünftig gehandhabt werden. Es ist in Zürich zwar durchaus möglich eines der 8 Autos auch für längere Zeit zu beanspruchen. Das Auto nur für kurze Strecken mit in die Ferien zu nehmen ist zwar erlaubt, wird aber als Verhältnisblödsinn betrachtet. Man will nicht konsumfördernd wirken, jedoch kostendeckend kalkulieren. Dazu sollte ein Auto 12 000 km pro Jahr fahren.

Das Auto muß immer im voraus reserviert werden. Bis Anfang 1990 mußte man das Auto bei einem Verantwortlichen telefonisch reservieren und es befand sich immer beim letzten Benutzer. Dieses System hatte den Nachteil, daß man nicht sehr spontan reservieren konnte. Sobald der Kreis größer wurde, mußte das System verändert werden. Die ShareCom mietete Parkplätze und installierte jeweils einen Kasten mit Reservationsbuch und Autoschlüssel. Es gibt informelle Regelungen zwischen den Mitgliedern, deren zufolge man sich bei den Verantwortlichen telefonisch wegen Reservationen erkundigen kann, damit man nicht unnötig einen weiten Weg zum Parkplatz unternimmt.

4 Explizite Zielsetzungen der ShareCom

In einem kleinen Faltprospekt tritt die ShareCom mit dem Slogan:

ShareCom, nutzen statt besitzen! " an die Öffentlichkeit. Sie definiert sich in diesem Dokument wie folgt: "ShareCom setzt sich für den energie- und umweltschonenden Einsatz von Gebrauchsgütern ein. ShareCom bietet Ihnen die Möglichkeit, Produkte und Dienstleistungen zu benutzen, ohne sie besitzen zu müssen. Damit werden die vorhandenen Mittel gezielt, bewußt und sparsam eingesetzt." Und auf einer anderen Seite der Broschüre: "ShareCom - der andere Weg zum "genußvollen" Konsum. Konsum hat heute einen negativen Beigeschmack. Konsum weckt ein schlechtes Gewissen. Konsum wird manchmal zu Recht in Frage gestellt. Und manchmal zu Unrecht. Das genußvolle Benutzen von Gebrauchsgütern soll auch in der heutigen Zeit noch erlaubt sein. Daß Bedürfnisse aus Alltag und Freizeit gestillt werden können, ohne die Mitwelt dadurch zu strapazieren, zeigt ShareCom - dank Mehrfachnutzung. Denn diese Art, Produkte, Dienstleistungen und Strukturen zu nutzen, führt zu Lösungen, die nicht einschränken, sondern über verantwortungs- und respektvolles Verhalten zu persönlicher Befriedigung führen.

In einigen weiteren Passagen derselben Länge werden ganz grob das Angebot und die Funktionsweise der ShareCom erläutert. Dabei fehlen auch nicht Hinweise auf die Möglichkeit *Kosten einzusparen*..

5 Denken und Handeln der Mitglieder

In den folgenden Passagen versuche ich diejenigen Handlungsorientierungen der befragten Personen herauszuschälen und zusammenzufassen, die für die Entstehung aber auch für die weitere Entwicklung der ShareCom relevant waren.

5.1 Motivation zum Beitritt

Viele der Gründungsmitglieder haben sich schon vor der Gründung relativ gut gekannt und teilten eine ähnliche Grundhaltung im Leben. Bei allen meinen Interview-partnerInnen wurde auf eine metaphysische Dimension Bezug genommen, sei als Orientierung an einem nicht weiter erklärten Jenseits oder ganz explizit als Christen-tum. In den Gesprächen wurde eher ethisch-moralisch als utilitaristisch argumentiert. So wurde das Teilen beispielsweise, von einigen auch als Unabhängigkeit von weltlichen Dingen interpretiert.

Nach den Werbematerialien der ShareCom könnte man vermuten, daß sich die Mitglieder der ShareCom in erster Linie an Umweltproblemen orientieren. Etwas überrascht stellte ich in den Interviews fest, daß die Umweltgefährdung zwar als existentielles Problem beschrieben wird, daß aber die ökologische Dimension eher als Ausdruck tiefer liegender Mißstände betrachtet wird. Das Hauptgewicht legen die befragten Personen auf die soziale oder psychische Dimension: Es kommt darauf an, in der Gesellschaft zu einem umfassenden Umdenken beizutragen, sich dem Konsumzwang zu widersetzen, für soziale Gerechtigkeit einzutreten und die Verantwortung für die Mitmenschen, die Umwelt oder die Schöpfung zu fördern.

Einige der 6 Personen bemühen sich, je auf ihre Weise, die Existenz ganzheitlich zu sehen. Konsequenterweise sehen sie die Umweltproblematik eng verbunden mit Dritte-Welt-Problemen, aber auch mit Fragen der Gesundheit, der Ernährung und der Landwirtschaft. Von einer Person wird der Gedanke der Ganzheitlichkeit etwas radikaler gedacht und gelebt. Sie will nicht von Umwelt sondern von Mitwelt sprechen und die Idee des Teilens ist nur ein Element einer Gesellschaftsauffassung und Lebenshaltung, die sich an den Idealen der Kooperation und Solidarität orientiert.

Schließlich waren bei allen Personen auch ganz praktische Gründe für den konkreten Beitritt ausschlaggebend: Sei es, daß man sich kein Auto leisten wollte, daß man wegen des sporadischen Gebrauchs des Fahrzeugs mit der ShareCom günstiger fährt oder weil das private Auto verschrottet werden mußte.

5.2 Die Beziehung zum Auto als Element des Lebensstils

Von den 6 Personen hatten 5 vor dem Beitritt zur ShareCom ein eigenes Vehikel. Nur eine Person hatte sich zuvor schon öfters ein Auto bei Kollegen ausgeliehen und ist nun zu "mehr Auto" gekommen, weil das Ausleihen einfacher geworden ist. Ihre Fahrgewohnheiten haben sich dadurch kaum geändert. Bei 4 anderen Personen hat sich der Gebrauch des Autos von durchschnittlichen Kilometerleistungen auf die Hälfte bis auf ein Zehntel reduziert. Eine Person hatte nach einem längeren Auslandsaufenthalt ihren Lebensstil grundlegend geändert und bewußt ihren Wohnort so gewählt, daß sie nun ihren Beruf ohne Auto ausüben kann.

Auffallend ist, daß ohne gefragt worden zu sein, 4 der 6 Personen ihre Freude am Autofahren hervorheben, obwohl sie zugleich das Auto aus verschiedenen Gründen auch negativ besetzen. Und es ist vielleicht Zufall, daß zwei Personen vor Jahren auch mit Autos handelten. Die Umstellung auf ein Leben ohne privates Auto war bei allen in einen umfassenderen Wandel des Lebensstils eingebunden. Nur eine Person empfand in der ersten Zeit einen Verlust an Freiheit oder Mobilität. Einige ziehen eine Verbindung zu einem ruhigeren Lebensstil und/oder zur bewußten Wahl des Wohnortes vor. Den meisten Befragten dient das Auto heute nur für Transporte, Besuche oder Ausflüge, aber nicht mehr für den Arbeitsweg.

Die ShareCom scheint für ihre Mitglieder eher ein Mittel zu sein, ihre bereits bestehenden Ideale zu leben und weniger ein Anstoß zur Bewußtseinsänderung. Für keinen der untersuchten Fälle ließe sich der Beitritt zur ShareCom als isolierte Verhaltensänderung verstehen; bei allen befragten Personen lassen sich deutliche Anzeichen dafür finden, daß Verhaltensänderungen im Zusammenhang mit dem Auto nur ein Aspekt neben anderen Bemühungen um einen "anders" gestalteten Lebensweg sind. Darum erschöpft sich die Zielsetzung der ShareCom nicht darin, Autos zu teilen.

5.3 Vorstellungen über Umweltpolitik und Verhaltensänderungen

Wenn "Verhaltensänderungen bewirken" zum Thema wird, ist es spannend zu sehen, wie sich Mitglieder der ShareCom die Möglichkeiten der Umweltpolitik im weitesten

Sinn vorstellen und insbesondere, ob und wie sie die ShareCom selbst in dieser Hinsicht interpretieren. Eine generalisierende Antwort zu dieser Frage kann nicht gegeben werden, weil dieser Bereich im Leitfaden wenig vorstrukturiert war, so daß die selbstgewählten Zugänge zum Thema heterogen ausgefallen sind.

Am ehesten dürfte Konsens darin bestehen, daß sich Haltungen der Individuen ändern müssen, wenn sich an der Umweltsituation etwas ändern soll. Die Vorstellung, daß man bei den Individuen ansetzen sollte, teilen alle Befragten. "Der Mensch" wird eher als bequem, egoistisch, machthungrig und uneinsichtig beschrieben. Zu diesem Bild paßt der häufige Verweis auf die Bedeutung von Vorbildern und auf die Einflußnahme in direkten Kontakten. Ebenso erklärt nur eine Person, sie wolle sich parteipolitisch engagieren, wogegen mehrere Personen sich von der Politik enttäuscht zeigen oder sie nur als Symptombekämpfung einstufen. Vielleicht ist es Zufall, aber gerade die beiden befragten Frauen fühlen sich darüber hinaus ohnmächtig und befürchten einen gesellschaftlichen Zusammenbruch.

Gesellschaftliche Mechanismen werden nur von einer Person und dies in erster Linie vor dem Hintergrund der Dritte-Welt-Probleme deutlicher angesprochen. Sie wendet sich gegen das Marktprinzip, nach dem ein Produkt vom Produzenten über verschiedene Stationen zum Konsumenten läuft, wobei allen die Möglichkeit erwächst, die Verantwortung für die untragbaren Produktionsbedingungen auf andere abzuschieben. Sie fordert für alle Transaktionen Korrekturprinzipien zum Schutz von Mensch und Natur, nach dem Vorbild von Umweltverträglichkeitsprüfungen. Ist das nicht der Wunsch ein anonymes Interaktionssystem moralisch zu bändigen? Wir werden in den Abschnitten 5.5 und 6 sehen, daß beim Wachstum der ShareCom ähnliche Probleme befürchtet werden (vgl. Abschn. 5.5, Person C).

Eine andere Person will sich durch intensiven Kontakt mit Einzelpersonen in ihrer therapeutischen Arbeit politisch betätigen. Sie geht dabei von der Vorstellung aus, daß sie in ihren Klienten etwas zum Leben erwecken oder wiederbeleben kann, daß diese bewußter und verantwortungsvoller sich und der Mitwelt gegenüber werden läßt. In solchen Menschen sieht sie die politische Kraft, die in den Zellen der Gemeinschaft etwas bewirken kann. Die ShareCom könnte nach der Vorstellung dieser Person eine professionelle Beratungsinstitution für ähnliche Projekte werden. Es würde dabei darauf ankommen, auf die lokal unterschiedlichen Bedürfnisse der Leute einzugehen und ihnen Erfahrungen weiterzuleiten (vgl. Abschn. 5.5, Person B).

Eine 3. Person sieht schließlich im Teilen einen Hauptlösungsansatz für die Umweltprobleme. Der Ressourcenverschleiß und der Abfallberg würden dadurch zugleich vermindert und ein bewußterer Umgang mit Produkten stelle sich ein. Die ShareCom sei der erste Schritt in diese Richtung (vgl. Abschn. 5.5, Person A).

Genau diese 3 Befragten betonten auch die Wichtigkeit des Angebots von Alternativen. Gesetze und Informationen, die traditionellen Mittel der Umweltpolitik, wurden von den Befragten insgesamt selten erwähnt, und wenn, dann werden sie als notwendig, aber nicht als hinreichend betrachtet. Das Gesellschaftsverständnis der befragten Mitglieder stellt das Individuum ins Zentrum. Besonders individuelle Einstellungen und persönliche Kontakte finden gegenüber institutionellen Aspekten eher Beachtung. Letztere werden insbesondere nicht als prinzipielle Ansatzpunkte einer Umweltpolitik aufgefaßt, obwohl gerade die ShareCom selbst auf dieser Ebene ansetzt.

5.4 Anforderungen an andere Mitglieder

Ernsthafte Schwierigkeiten waren in der ShareCom bis jetzt selten. Doch das System mit den Reservationen setzt Zuverlässigkeit voraus. Die Mitglieder der ShareCom werden von meinen InterviewpartnerInnen positiv beschrieben. Sie haben ihnen zufolge eine bewußte oder idealistische Einstellung zum Leben, sie tragen den Gegenständen Sorge und verwenden sie ökologisch sinnvoll. Wer in der ShareCom mitmache, habe sich weitgehend vom Besitzdenken gelöst und sei auch nicht auf die Bequemlichkeit eines Autos vor der Haustüre angewiesen.

Es ist den meisten Mitgliedern wichtig, daß man mit den Leuten reden kann, daß man ihnen Vertrauen kann und daß Rücksicht herrscht. Dahinter steht die Befürchtung, daß Mitglieder das System mißbrauchen könnten - indem z. B. eine Beschädigung nicht gemeldet würde - sowie der Wunsch, weiterhin informelle Absprachen über den Gebrauch der Fahrzeuge treffen zu können, wie es bei 16 Mitgliedern ohne weiteres möglich war. Zum anderen will man nur das Notwendigste reglementieren, aus praktischen Gründen sicher, aber ohne es auszusprechen, auch wegen einer prinzipiellen Abscheu gegenüber Kontrollen und Sanktionen. Diese Vorstellungen passen eher zu einer Institution, die wesentlich auf persönlichen Kontakten und informeller sozialer Kontrolle beruht als zu einer anonymen Großorganisation.

5.5 Wachstum: Einschätzung und Bewertung der Zukunft

Die Vorstellungen der InterviewpartnerInnen über die Zukunft der ShareCom stelle ich im Gegensatz zu den vorangegangenen Abschnitten so dar, daß die Einheit der Person gewahrt bleibt. Die Aussagen bilden kohärente Blöcke, die sich in Form eines offiziellen Modells, den Bedenken ihm gegenüber und als ein alternatives Modell wiedergeben lassen.

Das offizielle Modell, propagiert von Person A:

Die ShareCom hat sich an der Vernehmlassung zur Luftreinhalteverordnung des Kantons Zürich mit einer Alternative zu »Park and Ride« beteiligt. Die Idee ist, daß der Kanton einer Organisation wie der ShareCom einen Parkplatz an Verkehrsknotenpunkten zur Verfügung stellt. Langstrecken würde man dann mit der Bahn fahren und die Kurzstrecke anschließend mit einem Auto: »ride and drive«. Das bedingt ein Reservationssystem, das von zuhause aus ganz spontan benutzt werden kann, z. B. auf der Basis von Videotext und Personalcomputer. Das Auto ist eigentlich nur der Motor des Ganzen. Wir versuchen eine ganzheitliche Denkensart hineinzubringen und haben weitere Projekte vor, wie Gartengeräte, Personalcomputer, Segelboot etc. Damit meine ich, kann die Lebensqualität enorm gesteigert werden. Wir wollen möglichst keine Anonymität. Das unterscheidet uns zwar beispielsweise nicht von einem Segelclub, aber doch von einer Bootsvermietung. Man kennt sich von der Reservationsliste, man weiß, wer den Wagen zuvor benutzt hat und das wirkt erziehend. Das System sollte für neue Mitglieder offen sein, denn mit steigender Anzahl wird es immer optimaler. Wir wollen zwar den Mitgliedern als einheitliche Organisation Angebote machen, aber es ist nicht ausgeschlossen, daß aus Benutzergruppen wieder neue Genossenschaften entstehen und sich zu einem Genossenschaftsbund zusammentun.

(stark gekürzte und redigierte Interviewpassagen)

Bedenken der Person C:

Klar, je mehr Autos zur Verfügung stehen, desto attraktiver wird es. Spannend finde ich auch, daß ein Netz in verschiedenen Städten entsteht. Ich frage mich aber, wie das mit hunderten und tausenden Mitgliedern noch zusammenhalten kann? Wenn etwas aus Idealismus gegründet wurde und am Anfang klein war und gut funktionierte, dann wird es mit zunehmender Größe gefährdeter und unpersönlicher. Es besteht die Gefahr, daß es auf Abwege kommt oder einfach im Markt eingebettet wird, als günstige Konkurrenz zur Autovermietung oder so. Es kommt darauf an, die Dinge verantwortlich zu gebrauchen, sie wie sein Eigentum zu behandeln und sich als Gemeinschaft zu verstehen. In der Anonymität fehlt diese Motivation. Man braucht das Auto einfach und wenn was beschädigt wurde, überläßt man den Schaden einfach dem nächsten. So kann der Egoismus wieder durchschlagen. Es könnte sein, daß man wegen der Reparaturen 10 Rappen pro Kilometer mehr verlangen müßte. Das wäre schade. Aber dieser Gefahr kann man entgegenwirken indem man das Ganze möglichst dezentral organisiert, damit jedes einzelne Mitglied in eine Ortsgruppe eingebunden ist.

(stark gekürzte und redigierte Interviewpassagen)

Das Wunschbild der Person D:

Ich hoffe auf ein stetiges Wachstum, bis die Leute, die im Prinzip dazu bereit sind, alle an so einer Auto- oder Gebrauchsgüterteilet mitmachen.

(stark gekürzte und redigierte Interviewpassage)

Der vorsichtige Optimismus der Person E:

Ich finde das sehr lässig, wenn bald in verschiedensten Städten ein Auto steht und wenn wir in einigen Jahren tausend Mitglieder haben. Es müßte machbar sein, aber ich habe auch Bedenken, daß einem die Sache über den Kopf wächst. Die Organisation sollte in dem Maß wachsen, wie sich Verantwortliche für die Gegenstände finden. Mit einem professionellen Management sollte es schon funktionie-ren. Dann stehe ich voll und ganz dahinter und werde mich ins System integrieren.

(stark gekürzte und redigierte Interviewpassagen)

Die bescheidene Welt der Person F:

Manchmal befürchte ich, das Wachstum könnte in einem Zusammenbruch enden. Wenn die Leute, die ich kenne, auch dabei bleiben, dann stört es mich nicht, daß es größer wird. Ich finde es gut, wenn das System auch an anderen Orten realisiert wird. Aber nicht, damit auch ich die Möglichkeit hätte, dort die Autos zu benutzen. Das finde ich irrelevant.

(stark gekürzte und redigierte Interviewpassagen)

Das alternative Modell der Person B:

Ich glaube, wir brauchen eine tiefere Bewußtseinsveränderung. Und da habe ich mit der Zeit ein wenig Mühe mit der ShareCom bekommen. Der Person A war es beispielsweise wichtig, eine große Anzahl Miglieder zu werben, die wenigstens einmal etwas teilen, egal mit welchem Bewußtsein. Es mag sinnvoll sein, einmal Mitglieder zu werben, die von dort aus weitergehen und die merken, aha, das ist ja auch eine Möglichkeit. Nur, ich bin nicht mehr der von Großorganisationen, ich bin der vom Quartierlädeli, wo es überschaubar ist, wo persönliche Beziehungen eine Rolle spielen, wo sie noch gelebt werden. Für mich war es wichtig warten zu lernen. Wir haben in Zürich nun 7 Autos und es ist bald soweit, daß wieder jederzeit ein Auto verfügbar ist. Natürlich brauchen wir weniger Ressourcen und es besteht die Hoffnung, daß eine kleine Veränderung stattfindet. Aber ich befürchte, daß es an der Oberfläche bleibt. Bei der ShareCom sehe ich die Gefahr, daß es eine Struktur ist, die vereinfacht werden muß, um zu funktionieren. Die Leute müssen in einem System funktionieren und das ist eigentlich nur ein kleines Abbild unserer Gesamtgesellschaft. Das ist keine Bewußtseinsveränderung, sondern nur eine Reproduktion auf etwas besserem, bewußterem Niveau. Mir schwebt eine Beratungsinstitution vor, mit Leuten, die ein Projekt durchlebt und erfahren haben, die sich durch eine Auseinandersetzung ein Wissen und ein Bewußtsein aneignen konnten. Die ShareCom könnte gezielt Leute in ihrem lokalen Bereich,

bei der praktischen Umsetzung einer Auto- oder Güter-teilet professionell unterstützen. Meines Erachtens wäre bei denen, die sich wirklich dafür interessieren eine vertiefte Bewußtseinsänderung denkbar.
(stark gekürzte und redigierte Interviewpassagen)

Der direkte ökologische Nutzen des Systems wird nicht in Frage gestellt. Ein Nebenproblem ist die Überwindung der ehrenamtlichen Arbeit; es scheint technisch lösbar zu sein. Als Hauptproblem hebt sich dagegen ganz klar die Frage der Anonymität ab. Es lassen sich grob 3 Befürchtungen daran knüpfen: a) Man verliert die heimelige Nähe zu den Mitgliedern; b) das auf persönlicher Kenntnis beruhende Vertrauen schwindet und muß verwaltungstechnisch, durch Vorschriften oder Mehrkosten kompensiert werden; c) mit zunehmender Anonymität neutralisiert sich die Institution gegenüber ihrer ursprünglichen Zielsetzung und verliert damit an Wirkung als Instrument der gezielten Selbst- und Gesellschaftsveränderung. Die Punkte b) und c) könnte man zugespitzt auch so formulieren: als Ahnung, daß in anonymen Interaktionssystemen Wertorientierungen (Ethik, Moral) beliebiger werden und in dem Maße ihre regulative Funktion einbüßen. Der Weg ist nicht länger das Ziel.

6 Gruppe oder Interaktionssystem?

6.1 Anonymität

Die ShareCom wandelt sich vom lokalen Grüppchen mit persönlichen Kontakten zum anonymen System, das überregional die Befriedigung eines gesellschaftlichen Bedürfnisses neuartig organisiert. Der Übergang von persönlichen zu anonymen Interaktionsformen dürfte ein wesentliches und kritisches Merkmal von institutionellen Wachstumsprozessen sein. Wesentlich, weil mit der Zahl der Akteure die Anonymität zunehmen muß, und kritisch, weil Anonymität bestimmte Formen sozialer Kontrolle ausschließt.

Um eine Institution reproduzieren zu können reicht in persönlichen Kontakten vielleicht ein ungeschriebener Verhaltenskodex, der in allgemein akzeptierten ethisch-moralischen Prinzipien verankert ist. Je mehr man über andere Mitglieder der Institution weiß, desto eher kann sich die soziale Kontrolle von der direkten Überwachung der relevanten Einzelhandlungen lösen, desto informeller wird sie. Die "lockere Gemeinschaft" der Gründungsmitglieder, die als Ausgangspunkt für das Projekt ShareCom vermutlich wichtig war, war sozial selektiv und "bürgte" dadurch für eine besondere moralische Haltung der Mitglieder. Man konnte darauf Vertrauen, daß die Gegenstände im Sinne aller benutzt werden - ohne alles im Detail zu regeln.

Dem anonymen Bereich fehlt in der Regel die Vorselektion der Mitglieder. Die Gruppenmitglieder interagieren primär nach einem System formeller Regeln, das potentiell verschiedenen Zwecken dienen kann. Die Wertorientierung der Interaktionspartner kann daher beliebiger sein. Mitglieder der ShareCom befürchten, daß die ökologische Zielsetzung von einer ökonomischen Orientierung unterlaufen werden könnte, indem beispielsweise Autos gleich auf Vorrat reserviert oder die Gegenstände nicht sorgsam behandelt werden. Detaillierte Benutzungsreglemente aufstellen heißt, den Akteuren Entscheidungen und Verantwortung abzunehmen und Vertrauen überflüssig zu machen. Die Akteure werden der Verwaltungsrationalität des Systems unterworfen. So besteht die Gefahr, daß mit dem Wachstum wieder Elemente eines Lebensstils hinzukommen, den man mit Umweltproblemen identifiziert und gerade durch die Institution hinter sich lassen wollte. Mit neuen Mitgliedern der ShareCom wird ein Eintrittsgespräch geführt und jährlich wird ein Waldhüttenfest gefeiert; auf diese Weise erreichte man bisher immerhin noch, daß sich die Personen, die dieselben Fahrzeuge benutzen, dem Namen nach bekannt sind und Gelegenheit haben, sich besser kennenzulernen.

6.2 Interaktionssystem und Gesellschaft

Das System ShareCom erlaubt es den Mitgliedern, Ziele zu verfolgen, die sich normalerweise widersprechen: Gebrauchsgüter konsumieren, Ressourcen schonen und Kosten sparen. Konsumreduktion fällt mit der ShareCom leichter, weil unter der Prämisse des reduzierten Pro-Kopf Konsums die Verfügbarkeit materieller Güter bzw. die Nutzung von Ressourcen optimiert wird. Der rein formale Begriff der Rationalisierung erfaßt dieses Bestreben, den Einsatz von Mitteln für gegebene Zwecke zu minimieren.

Die Rationalisierung hat bei der ShareCom nur zu einem "halben Abschied" vom Individualbesitz geführt. Denn auch dieses System kennt noch Grundkosten in Form von Jahresbeitrag und Anteilsscheinen, die sich möglichst in Nutzen verwandeln sollen. Wie beim individuellen Besitzt eines Autos, sind sie ein prinzipieller, wenn auch geringerer Anreiz, mehr zu fahren. Erst eine altruistische Einstellung, die Ablehnung des ökonomischen Primats, führt endgültig darüber hinweg. Es ist fraglich, ob diese Haltung, insbesondere im anonymen System, ohne weiteres aufrecht erhalten werden kann. Gewahrt bleibt aber eine Verbundenheit mit Gegenstand und Organisation, die einen rücksichtsvolleren Umgang mit Mitgliedern und Sachen erwarten läßt.

Es ist gut vorstellbar, daß einige Mitglieder ohne das Angebot der ShareCom auf ein Auto verzichten würden. Ihr gesellschaftliches "Aussteigen", ihre Radikalisierung wird sozusagen auf halber Strecke abgefangen. Der Gesellschaft erscheinen sie als Innovatoren, die nicht grundsätzlich die Entwicklungslogik bedrohen. Denn die neue Weise sich Lebensqualität zu verschaffen führt als Form von Rationalisierung im zweckrationalen Sinn traditionelle Fortschrittsmuster in modifizierter Form fort. "Eigentlich tut sie niemandem weh", meinte ein Interviewpartner über die ShareCom. Das könnte ein entscheidender Punkt bei der ShareCom und ähnlichen Projekten sein, wenn sie auf ihre gesellschaftsverändernde Funktion hin betrachtet werden.

Mit der ShareCom werden sowohl der Umweltschutz konsumfähiger als auch der Konsum ökologisch salonfähiger. In der Rationalisierung und in der Offenheit gegenüber materialistischen Auffassungen von Lebensqualität weist die ShareCom Parallelen zu zentralen Merkmalen der modernen Weltgesellschaft auf. Nicht nur persönliche Zielsetzungen und Systemteleologie können so in Widerspruch geraten. Auch durch die problemlose Integration ins Bestehende, bieten Projekte wie die ShareCom zwar eine Chance für den gesellschaftlichen Wandel in Richtung einer umweltverträglicheren Gesellschaft, doch könnten damit ebenso umweltbelastende Strukturen erhalten werden, wie z. B. die Orientierung am materiellen Konsum. Es ist daher kaum abzuschätzen, inwiefern *Gebrauchsgüterteilgenossenschaften Modelle für Strukturen einer zukünftigen umweltfreundlichen Gesellschaft* sein könnten. Gesamtgesellschaftlich könnte "qualitatives Wachstum" in einen weiteren Schub technologischen Fortschritts uminterpretiert werden, mit dem Haupt- oder Nebenziel, Ressourcen effizienter zu nutzen, ohne aber die materiellen Komponenten des Wohlstandsbegriffs, insbesondere die Verfügbarkeit in all ihren Facetten, nennenswert zu reduzieren oder zu ersetzen. Falls die künftige Entwicklung in diese Richtung laufen sollte, ist damit vielleicht nicht mehr als ein wenig Zeit gewonnen.

Diese Interpretation erscheint sehr pessimistisch, weil sie an das Malthus`sche Problem erinnert. Ich sehe persönlich auch noch keine "lebbaren" Alternativen zu den bestehenden Großstrukturen, wie Nationen und Konzerne, die eine ökonomisierte Weltgesellschaft in eine ökologisch verträgliche überführen könnten. Andererseits kann auch die Möglichkeit nicht ausgeschlossen werden, daß sich die Weltgesellschaft ohne "Modelle" und ohne "Entwicklungsplan" zu einer ökologisch nachhaltigen hin entwickeln wird.

7 Auf dem Weg zur umweltverantwortlichen Lebensform

7.1 Verhaltensänderungen

Am Beispiel einiger ShareCom-Mitglieder wird deutlich, daß ein Zustandekommen ökologisch gebotener Verhaltensänderungen kein isolierbares Phänomen ist, sondern eine Verschiebung im Netz interdependenter Handlungsweisen, das eine Person mit ihrer Umwelt verbindet. Eine Verhaltensänderung ist nur einer von vielen Aspekten des Wandels einer Lebensform. Wir sind keine Robinson Crusoe: Das leben persönlicher Ideale und Interessen kann nur gelingen, wenn die Lebensform von anderen Individuen mitgetragen wird. Ein Robinson benötigt die unangetastete Insel, ein Biobauer eine wertorientierte und zahlungsbereite Kundschaft und um teure Güter maßvoller zu gebrauchen, ohne gänzlich auf sie verzichten zu wollen, ist eine Genossenschaft mindestens eine vorteilhafte Alternative.

Lebensform und Umweltbewußtsein gehen Hand in Hand. Wissen und Werthaltungen sind nicht unabhängig von Erfahrungen und Kommunikationen. Wie immer diese Verknüpfung empirisch gestaltet sein mag, sie bildet zugleich Möglichkeit und Schwierigkeit der Umwelterziehung und der Öffentlichkeitsarbeit. Umweltbewußtsein schaffen, im herkömmlichen Sinn, vermag nur begrenzt direkt zu Verhaltensänderungen beitragen. Die in Umfragen zum Umweltbewußtsein immer wieder festgestellte Diskrepanz zwischen geäußerter Einstellung und effektivem Handeln wird meist als entmutigendes Ergebnis dargestellt. Die Schuld an den Zuständen wird fraglos den Untersuchten Subjekten zugeschrieben und es gilt foglich die Menschen oder ihr Bewußtsein zu verändern. Die Realisierung eines Ideals kann aber nicht unabhängig von den verfügbaren Mitteln, von Hindernissen und von anderen Zielen sein. Man könnte also einen Teil dieser festgestellten Diskrepanz auch als *Bereitschaft zu Verhaltensänderun-*

gen unter veränderten Bedingungen betrachten. Damit wäre ein Potential bezeichnet, das durch Umweltschutzprojekte und Umweltpolitik vielleicht genutzt werden könnte.

Umweltbewußtsein fördern setzt in erster Linie bei der Wert- oder Zielstruktur der Personen an und tendiert dazu die Diskrepanz zu erhöhen. Es ist vielleicht gar nicht so abwegig, diese Diskrepanz zwischen Einstellung und Handeln als Überforderung und psychische Belastung zu interpretieren. Veränderungen bei den Randbedingungen des Handelns, also angebotene Handlungsalternativen, tendieren dagegen zum Abbau dieser Diskrepanz. Ich glaube, daß die ShareCom das Prinzip der Veränderung von Randbedingungen des Handelns in ungewöhnlicher Klarheit aufzeigt. Gerade für das Autofahren wird in Umfragen immer die größte Diskrepanz ausgewiesen. Man muß sich vor Augen halten, daß die Entscheidung für oder gegen den Autobesitz eine Entscheidung für zentrale Merkmale einer Lebensform ist. Die Bedeutung von Kontaktgewohnheiten, Lebensrhythmus, das z. T. vorfinanzierte Transportangebot vor der Türe und seine Budgetbedeutung sind in der Regel zu groß, als daß man Verkehrsmittel "frei" wählen könnte. Eine Autoteilgenossenschaft reduziert nun für ihre Mitglieder die ökonomischen "Sachzwänge" ohne die Verfügbarkeit eines Autos gänzlich aufzugeben. Es wird leichter möglich etwas besseres zu tun und Handlungsalternativen zu realisieren. Man kann der Überforderung durch ökologische Anforderungen entgehen, indem man letzteren gerecht zu werden glaubt. In diesem Sinn erfüllt die ShareCom vermutlich eine psychohygienische Funktion.

7.2 Selbstorganisation fördern?

Trotz aller Ambivalenzen, die ich thesenartig am Beispiel der ShareCom ausgearbeitet habe, scheint es mir sinnvoll, die Unterstützung solcher und ähnlicher Projekte als Weg zur Förderung umweltverantwortlichen Handelns zu prüfen. Für das Verständnis von Verhaltensänderungen zeichnet sich folgende Perpektive ab:

- Isolierte Handlungsweisen, wie z. B. "weniger Autofahren" und "Aludeckelsammeln", sind als Bezugspunkt unzureichend. Hier kommt man offensichtlich kaum mehr weiter. Stattdessen könnte sich die Aufmerksamkeit auf Lebensweisen und ihre Verschränkungen mit Weltbildern, sozialen Kontaktnetzen, sozialen Organisationsformen und die Einbettung alldessen in die herkömmliche Gesellschaft richten. Auch die Informationen der Öffentlichkeitsarbeit beziehen sich dann nicht mehr auf alternative Handlungsweisen, sondern auf alternative Lebensweisen. Damit wird dem Umstand Rechnung getragen, daß Individuen in ihrem Alltag verschiedenen Ansprüchen gerecht werden müssen und daß Veränderungen im einen Lebensbereich oft Anpassungen in einem anderen nach sich ziehen.
- Statt der Bewußtseinsprozesse könnten soziale Prozesse, die das Umdenken umfassen, zum Gegenstand werden. Man könnte den Wandlungen in Politik und Ökonomie aber auch sog. sozialen Bewegungen oder experimentellen Lebensformen mehr Aufmerksamkeit schenken. Solange man dagegen nur mit Umdenken beginnen will, wird die Last immer wieder den Einzelnen zugeschoben. Man könnte den Versuch wagen, Prozesse selbstständigen Veränderns von Randbedingungen des Handelns zu unterstützen.

- Die Förderungsarbeit könnte sich an Emanzipation und Selbstorganisation orientieren: nicht Lösungen anbieten, sondern gemeinsam Lösungswege finden und anschließend Instrumente oder Mittel bereitstellen. Selbstorganisation fördern heißt, sich an Idealen wie Freiheit, Verantwortung und Kreativität ausrichten und Erlebnisse ermöglichen. Vielleicht wäre es auch ein Beitrag gegen die Gesellschaftsverdrossenheit.
- Es ist nur eine Vermutung: Mir scheint, daß Problemlagen vorzugsweise aus naturwissenschaftlichen Zusammenhängen heraus definiert werden, also in Kategorien von Stoffflüssen, Konzentrationen, Tierpopulationen etc. Die vorangehenden sozialen Prozesse oder Strukturen geraten dadurch nicht notwendigerweise ins Blickfeld. Beispielsweise befaßt sich die politische Diskussion um die Luftverschmutzung des Verkehrs in der Schweiz höchstens mit der Sozialtechnologie zur Verminderung von Emissionen. Das Auto als Prestigeobjekt, Mobilitäts-bedürfnisse, Güterströme und Siedlungsstruktur sind kaum der Rede Wert. Durch diesen Zugang wird erstens die Vielfalt umweltverantwortlichen Handelns auf jeweils eine, naturwissenschaftlich definierte Dimension reduziert und zweitens sind damit "End-of-Pipe-Strategien" praktisch schon vorprogrammiert.
- Öffentlichkeit darf nicht als Einbahnstraße für Informationen aus der Wissenschaft über die Medien zur Bevölkerung aufgefaßt werden. Wenn Selbstorganisation durch Öffentlichkeitsarbeit gefördert werden soll, dann muß Öffentlichkeit vielmehr als politisches Feld vor der Institutionalisierung begriffen werden: als Ort von Dialogen, Debatten, Präzisierungen, zu dem ein möglichst breiter Zugang möglich sein sollte.
- Was sich heute als Innovationsförderung an Betriebe wendet, könnte ebensogut Institutionen der Konsumentenseite angeboten werden: Risikokapital, Wissensvermittlung, Beratung, Kontakte vermitteln, Datenbankrecherchen, Medienzugang etc. Kriterien für den Einsatz der personellen und finanziellen Mittel wären sicher zu erarbeiten und in einem, nach Versuchsphasen abgestuften Wachstumsprozeß weiterzuentwickeln. Dabei sollte möglichst viel Flexibilität gewahrt bleiben, weil sich Innovationen nicht in so eng vorgezeichneten Bahnen, wie in Unternehmen bewegen werden.

Ist die Förderung von Selbstorganisationsprozessen nun das neue Wundermittel der Umweltpolitik? Es ist weder zu erwarten, daß alle Personen noch alle umweltbelastenden Handlungsweisen durch Selbstorganisationsprozesse ähnlicher Art erfaßt werden. Zudem lassen sich solche sozialen Prozesse nicht einfach generieren, schon gar nicht verwaltungstechnisch. Die Vertreter des Staates oder von Großorganisationen, die sich um den Einsatz ihrer Mittel bemühen, werden kaum zu den potentiellen Initianten zählen. Wenn, dann kommt ihnen die heikle Aufgabe zu, gesellschaftliche Entwicklungen oder soziale Experimente als unterstützungswürdig zu erkennen und sie so behutsam zu fördern, daß aus der Selbst- keine Fremdorganisation wird. Die Förderung von Selbstorganisationsprozessen kann kein Ersatz für andere umweltpolitische Maßnahmen sein, aber eine *hoffnungsvolle* Alternative.

Ökospezifische Sozialisation

Dipl. Päd. Dr. Detlef W. Promp
Pestruper Straße 93 a, D-2878 Wildeshausen, Deutschland

Abstract

Socialization is regarded as the species-specific form of the ontogenesis of the human behavior system, resting on a phylogenetically stabilized interrelation between adult members of a group and those growing up, destined to supply the latter with ecospecific knowledge, qualifying them to master their circumstances and making them fit for propagation. During ontogenetic development each person lives in a specific environment, including soil, water, air, climate, plants and animals, and also other persons and artifacts and mentifacts as well. As far as the reproductive and rearing ability depends on food acquisition and resource defence, many artifacts and mentifacts will refer to them. The usage of many most efficient artifacts, however, often has bad side-effects on the environment. The question is, whether this circle of enhancing efficacy and producing bad side-effects could be broken by means of socialization, when socialization itself must be regarded as a booster in this process.

Mit "Sozialisation" wird in der Regel jener geheimnisumwitterte Vorgang bezeichnet, in dessen Verlauf der als hilfloser Säugling auf die Welt gekommene Mensch zu einem voll handlungsfähigen Mitglied seiner jeweiligen Gesellschaft wird. Der Begriff ist recht vage. und sein Gebrauch richtet sich nach der Theorie, die man von dem Zusammenwirken des lebendigen Organismus "Mensch" und seiner Umwelt hat, in der und auf die bezogen dieser seine Verhaltensmuster, Einstellungen, Eigenschaften usw. gewinnt bzw. hervorbringt.

Um von vornherein Unklarheiten zu vermeiden, stellen wir deshalb unsere Definition des Sozialisationsbegriffs an den Anfang. Sie lautet:
"Sozialisation" meint den artspezifischen Verlauf der Ontogenese des menschlichen Verhaltenssystems, der auf einer phylogenetisch prästabilisierten Wechselbeziehung von erwachsenen und heranwachsenden Mitgliedern einer Gruppe beruht, wobei das bewährte ökospezifische Wissen und Können weitervermittelt wird mit dem Ziel, den Heranwachsenden zu Denkinterpretations- und Handlungsmustern zu verhelfen, die sie zur eigenständigen Bewältigung ihrer Lebensumstände und zur Fortpflanzung befähigen sollen.
An dieser Definition scheint einiges erklärungsbedürftig. Indem wir zugleich versuchen, unsere Vorstellungen vom Mensch-Umwelt-Verhältnis darzulegen.

Zunächst: Was heißt "artspezifischer Verlauf der Ontogenese"?

Wenn man die Geschichte des Lebens auf der Erde als einen ununterbrochenen "Strom" betrachtet (Hass), dann wird man finden, daß dieser Lebensstrom zusammengesetzt ist aus lauter Einzelleben, die sich seit der Entstehung des Lebens auf unserem Planeten teils durch einfache Teilung, teils sexuell fortgepflanzt haben, wobei die sexuelle Fortpflanzung sich sterblicher Individuen bedient. Diese Individuen bauen sich jedoch selbst wieder auf der Basis von Zellteilung und Gewebedifferenzierung auf. Das genetische Material der Zellkerne steuert diesen Aufbau in Abhängigkeit vom jeweiligen Milieu. Den Aufbau des Individuums von der befruchteten Eizelle (Zygote) bis zur Erlangung der Fähigkeit, sich selbst wieder fortzupflanzen, nennen wir Ontogenese. Da die stammesgeschichtliche Entwicklung zur Entstehung verschiedener Arten von Lebewesen geführt hat, die sich in ihrem Erbmaterial unterscheiden, spiegeln sich die genetischen Unterschiede selbstverständlich in der Ontogenese wieder.

Wir dürfen natürlich nicht vergessen, wenn wir von einer typisch menschlichen Form der Ontogenese ausgehen, daß der Mensch als lebender Organismus den grundlegen Gesetzlichkeiten unterliegt. die für lebende Organismen als gültig erkannt worden sind. Die typisch menschliche Ontogenese ist auch eine tierische Ontogenese, genauer: eine Säugetierontogenese, oder noch genauer: eine Primatenontogenese. Aber - artspezifisch bedeutet eben eine besondere Primatenontogenese.

Für die Sozialisation ist nun nicht der gesamte Prozeß der Ontogenese von der ersten Zellteilung an von Bedeutung, sondern nur der Ausschnitt, der mit dem Verhalten, des Menschen zu tun hat. Da das Verhalten auf der Tätigkeit des Nervensystems beruht, ist natürlich zu berücksichtigen, daß schon während der Embryogenese zahlreiche äußere und innere Faktoren einen (meist schädigenden) Einfluß auf das Nervensystem ausüben können. Dieser intrauterine Teil der Ontogenese betrifft aber noch nicht die Sozialisation in unserem Sinne, sondern eher die Voraussetzungen derselben. Erst mit der Geburt tritt die in unserer Definition genannte Wechselbeziehung von erwachsenen und heranwachsenden Gruppenmitgliedern in Kraft, für die dann allerdings von Bedeutung ist, ob das Nervensystem des Neugeborenen prae- oder auch perinatal geschädigt wurde oder nicht.

Die zentralnervöse Steuerung des menschlichen Verhaltens beruht auf stammesgeschichtlich alten Mechanismen. In der Tierwelt sind vielfältige arttypisch koordinierte Verhaltensweisen bekannt, die in spezifischen Situationen, die anhand bestimmter Merkmale als solche erkannt werden können, abzulaufen pflegen. Da das Tier sie ohne zu lernen kann, nennt man sie Erbkoordinationen und auch Instinkthandlungen. Oft sind mehrere solcher Instinkthandlungen zu funktionellen Einheiten verbunden, was in einer Hierarchisierung seinen Ausdruck findet. Da jede einzelne Erbkoordination über einen spezifischen Antrieb verfügt, der sich in einer am "biologischen Bedarf" orientierten, stammesgeschichtlich in der Auseinandersetzung mit längerfristig stabilen Umweltbedingungen entwickelten endogenen Rhythmik auflädt, zudem noch aufgrund der Hierarchisierung Einflüssen gegenseitiger Förderung oder Hemmung durch andere Antriebe unterliegt, entstehen in den motivierenden Arealen der Zentralnervensystems (ZNS) "flimmernde" Erregungsmuster, aus denen sich Pfade der Erregungsabfuhr aus den wahrnehmungsverarbeitenden Arealen andererseits beruhen. Je kleiner die einzelnen, relativ autonomen motorischen Elemente sind, desto vielfältigere motorische Muster werden möglich. Neben die vorhandenen Erbkoordinationen können Erwerbkoordinationen treten, Handlungsmuster, deren Koordination durch Stabilisierung spezifischer Erregungsmuster im handelnden Umgang mit den Dingen erworben wird.

Zugleich kann gelernt werden, in welchen Situationen welche motorischen Muster sinnvoll ablaufen können. Es entsteht so ein Fundus von erwerbkoordinierten Handlungsmustern und intelligenten Situationsanalysen und -interpretationen, die aber letztlich auf den Antriebs- und Auslösemechanismen der Instinkte beruhen. Leyhausen nennt diese Art der Verhaltensorganisation "Relative Stimmungshierarchie". In einer solchen Verhaltensorganisation sind trotz aller (relativer) Plastizität des Verhaltens die Aktivitäten des Organismus beziehbar auf die ursprünglichen Funktionszusammenhänge der Instinkthierarchien, nämlich Nahrungsbeschaffung (auch durch Arbeit), Nahrungsaufnahme, Körperhygiene und Schlaf, Dominanz und Territorialität, Fortpflanzung und Aufzucht, weil die Endhandlungen, die immer erbkoordiniert sind, das erwerbkoordinierte Verhalten als Appetenzverhalten dergestalt dominieren können, daß sie es zur Herbeiführung bzw. zum Aufsuchen der für sie spezifischen Auslösesituation sich unterordnen. Ihr ungehemmter Ablauf entpuppt sich dann als das eigentliche "Ziel" der vorangegangen Handlungssequenzen. Das Luxurieren einzelner Handlungsmuster als Sport, Kunst oder Arbeit läßt sich aus stammesgeschichtlich entwickelten spezifischen Antriebsüberschüssen bei den sog. "Werkzeugaktivitäten" erklären. Dies sind Bewegungen der Lokomotion und Manipulation, die als Bestandteile im Appetenzbereich zahlreicher Instinkthandlungen auftreten können. Gerade in den Bereichen "Sport" und "Kunst" läßt sich zeigen, daß die erwerbkoordinierten Handlungsmuster sowohl "um ihrer selbst willen" als Freizeitausgleich - also spielerisch - ablaufen können als auch professionell im Dienste des Nahrungserwerbs, genau wie die Handlungsmuster aus dem Bereich "Arbeit".

Die beschriebenen Mechanismen der Verhaltenssteuerung sind natürlich nicht gleich bei der Geburt vollständig und funktionsfähig vorhanden. Wir kommen damit zur Frage nach der Ontogenese des Verhaltenssystems. Die Instinktmechanismen reifen in einer stammesgeschichtlich festgelegten Reihenfolge, und diese Reihenfolge bestimmt, was der heranwachsende Mensch in seiner jeweiligen Entwicklungsphase will und was ihn interessiert. Die Reifung vollzieht sich in Schüben, wobei Organisations- und Konsolidierungsphasen sich abwechseln.

Die erste Organisationsphase ist die Säuglingszeit, die mit der Geburt beginnt. Einige Erbkoordinationen, z. B. Brustsuchen und Saugen, treten sofort auf, einige andere, wie das soziale Lächeln, reifen später. Ebenso reifen die Koordinationen des gezielten Greifens und der Fortbewegung, der Sprachbeginn fällt in diese Phase und die "Prägung" des Nachfolgeverhaltens. Das Kind interessiert sich hauptsächlich für Nahrung, Wärme und Zuwendung seitens einer Dauerperson.

Im Laufe des 2. Lebensjahres geht die Säuglingszeit langsam in die Konsolidierungsphase des Kleinkindalters über. Die Interessen weiten sich auf alle Elemente aus, die im Umfeld der Dauerpflegeperson zu erreichen sind. Sie werden manipuliert (ausprobiert), und die damit gesammelten Erfahrungen - auch im sozialen Bereich - münden in erste Handlungs- und Interpretationsmuster.

Mit dem 1. Gestaltwandel (Entwöhnung) löst sich das System von Antrieben und antriebsbezogenen Erfahrungen auf. Die nun reifenden Antriebe der Nahrungsbeschaffung müssen integriert werden, und es erfolgt die "Prägung" auf das Gegengeschlecht. Der soziale Erfahrungsraum weitet sich auf die "Peers" aus. In der folgenden Konsolidierungsphase der späten Kindheit (auch Schulkindalter)steht nun der sachgerechte Umgang mit der vorgefunden Umwelt über den häuslichen Rahmen hinaus im Vordergrund, der Aufbau problemorientierter Denk- und Handlungsmuster. Die Grundlagen für den späteren Nahrungserwerb werden gelegt.

Die nächste Organisationsphase ist die Pubertät. Die Reifung der sexuellen Antriebe stellt das Verhaltenssystem vor neue Aufgaben. Das Gegengeschlecht wird als "Objekt" interessant, und das Bedürfnis, einen definierten Platz in einer definierten soziokulturellen Einheit einzunehmen, äußert sich in verstärkten Gruppenaktivitäten und in erhöhter Vorurteilsbereitschaft.

Es schließt sich als Konsolidierungsphase die Adoleszenz an, in deren Verlauf die letzten notwendigen Denk- und Handlungsmuster für die Teilnahme am Erwachsenenleben der Gruppe einschließlich der Befähigung zur Aufzucht eigenen Nachwuchses erworben werden.

Wir verfügen nunmehr über eine ungefähre Vorstellung vom arttypischen Verlauf der Ontogenese des menschlichen Verhaltenssystems. Mit dem Auftreten der Antriebe des Fortpflanzungs- und Aufzuchtverhaltens um dem Aufbau angemessener Denk- und Handlungsmuster schließt sich der Kreislauf der Generationen. Wenn wir von einer phylogenetisch prästabilisierten Wechselbeziehung zwischen erwachsenen und heranwachsenden Mitgliedern einer Gruppe als Grundlage des ontogenetischen Prozesses sprechen, dann ist damit gemeint, daß die Fähigkeit zum helfenden Umgang mit dem eigenen Nachwuchs auf stammesgeschichtlich ererbten Dispositionen beruht, die sich phylogenetisch zugleich mit den Ansprüchen des Nachwuchses entwickelt haben müssen. Aufzuchtfähigkeit ist deshalb gleichbedeutend mit der Fähigkeit, die Ontogenese der nächsten Generation helfend zu begleiten, bis auch sie die Aufzuchtfähigkeit erlangt hat.

Nachdem wir nun gleichermaßen "von innen" die Ausfaltung des menschlichen Verhaltenssystems betrachtet haben, wollen wir im folgenden sehen, in welchem Medium sie sich vollzieht. Es geht uns jetzt um den Umweltaspekt.

In der Ökologie spricht man vom Biotop (= Lebensraum: Boden, Wasser, Klima), der von einer Biozönose (= Lebensgemeinschaft: Produzenten (autotrophe Pflanzen), Konsumenten (heterotrophe Pflanzen, Tiere) und Destruenten (vorw. Bakterien)) ausgefüllt wird. Die Biozönose in ihrem Biotop stellt ein Ökosystem dar. Dieses kann mit anderen Ökosystemen überlappen. Der Mensch tritt uns in sehr unterschiedlichen Biotopen und Biozönosen entgegen. Durch Bauten, Werkzeuge, Transportmittel usw. (Artefakte, die Ideen dazu, Pläne, Träume usw. = Mentifakte) hat er seine Biotope, durch Züchtung, Kultivierung, Medizin usw. (wiederum Artefakte + Mentifakte) seine Biozönosen tiefgreifend verändert, sicher mit der Absicht, sie seinen organismischen Bedürfnissen besser anzupassen. Damit aber existieren seine Artefakte und Mentifakte nicht in irgendeinem abgehobenen kulturellen Bereich, sondern sie sind ganz reale Elemente seines Ökosystems!

Man kann nun die Ausfaltung des menschlichen Verhaltenssystems unter ökologischem Aspekt auf 3 Ebenen betrachten: der synökologischen, der demökologischen und der autökologischen. Dabei beschreibt die Synökologie die Beziehung einer Art zu ihrer Umwelt, die Demökologie die einer Population und die Autökologie die Umweltbeziehungen eines Individuums.

Auf der synökologischen Ebene ist nach dem sog. "Aktionssystem des Menschen" gefragt (Koenig), nach den Bedingungen, an die das menschliche Verhaltenssystem phylogenetisch angepaßt ist und die sich aus dem beobachtbaren Verhalten selbst erschließen lassen. Danach ist der Mensch als ein Kleingruppenwesen zu charakterisieren, das als Jäger und Sammler strukturiertes Gelände bewohnt, wobei ihm bestimmte Präadaptationen aus seinem Primatenerbe die Entwicklung von Einsicht in komplexe Zusammenhänge ermöglichen. Sein Nachwuchs entwickelt sich langsam, was zu einem organischen Hineinwachsen in sein mit spezifischen Artefakten und Mentifakten durchsetztes Ökosystem führt. Den Verlauf der Ontogenese haben wir in seiner allgemeinen Form beschrieben.

Da der Mensch recht unterschiedliche Ökosysteme bevölkert, die die darin lebenden Populationen zudem noch mit unterschiedlichen populationsspezifischen Artefakten und Mentifakten, d. h. auch Denk- und Handlungsmuster, angereichert haben, wird die ökospezifische Sozialisation erst auf der demökologischen Ebene sichtbar. Trotz des allgemeinen Musters der menschlichen Ontogenese unterscheidet sich doch die Sozialisation eines Buschmanns in der Kalahari sehr erheblich von der eines ostfriesischen Krabbenfischers. Dabei sind nicht nur die Unterschiede zwischen Wüste und Wattenmeer entscheidend, sondern vielmehr die in bezug auf den jeweiligen Lebensraum einschließlich der darin lebenden Menschen bereits vorhandenen Artefakte und Mentifakte - kurz: die im Traditionsgut geronnene Geschichte der Auseinandersetzung der den Lebensraum bevölkernden Population mit den spezifischen Bedingungen, die dieser Raum mit dieser Lebensgemeinschaft bietet. Es mag hinzukommen, daß auch noch genetische Unterschiede eine Rolle spielen, die den Komplexionsgrad betreffen, der bei der Hervorbringung von Artefakten und Mentifakten bewältigt werden kann. Wesentlich aber ist, daß in einer gegebenen Population in einem gegebenen Ökosystem, das ja die Artefakte und Mentifakte umfaßt, die die Population bisher produziert hat, die nachwachsende Generation aller Faktoren - Boden, Wasser, Klima, Pflanzenwelt, Tierwelt, Gruppe, Fremde und sämtliche darauf bezogene Artefakte und Mentifakte - gleichermaßen als Umweltelemente erfährt, unter denen geregelte Beziehungen bestehen. Das eben macht den Systemcharakter aus. Ökospezifische Sozialisation sorgt so unter dem ökologischem Gesichtspunkt u. a. dafür, daß in Ökosystemen, die wesentlich durch das Vorhandensein von Artefakten und Mentifakten charakterisiert sind, vergängliche Elemente erneuert werden können, wobei das Prinzip der Tradierung immer auch die Chance zur Veränderung und Verbesserung beinhaltet.

Damit sind wir bei der autökologischen Ebene. Nicht jedes Individuum kommt mit allen Elementen, die das Ökosystem bilden, auch tatsächlich in Berührung. Deshalb sind es die individuellen Lebensumstände und -bedingungen, die im Einzelfall das "Angebotspaket" ausmachen, mit dem es sich im Verlaufe seiner Ontogenese auseinandersetzt, und es sind die individuellen Möglichkeiten des Antriebssystems und der intellektuellen Verarbeitung, die bestimmen, wie dieses Angebot letztlich in Persönlichkeit umgesetzt wird. Indem das individuelle Nervensystem nach eigenem Bedarf und nach eigenen Möglichkeiten aus dem Umweltangebot ausgewählt, das Verhaltenssystem sich an den Umweltgegebenheiten gleichsam interpretativ hochrankt und ausrichtet, kann es so etwas wie ein "Ich-Gefühl" entwickeln. Zugleich lernt es sich aber auch als Teil, als Element in einem übergeordneten Ganzen begreifen, und dieses Ganze ist nicht die Gruppe oder Population, auch nicht die Kultur oder die Gesellschaft, sondern es ist die Gesamtheit seines Ökosystems!

Betrachtet man nämlich den Menschen als System, aufgebaut aus Subsystemen (Verdauungssystem, Bewegungsapparat, Kreislaufsystem usw.), diese wiederum aufgebaut aus Subsystemen (einzelne Organe: Speiseröhre, Magen, Bauchspeicheldrüse, Dünndarm, Dickdarm usw.), diese bestehend aus Geweben, die aus Zellen usw. usw., dann gelangt man weiter absteigend irgendwann auf die Ebene der subatomaren Partikel. Wie aber, wenn man den umgekehrten Weg in die Welt der größten Dinge geht? Den Planeten Erde kann man als System bezeichnen, dann das Sonnensystem, die Galaxis - bis hin zum Kosmos als dem umfassenden System alles Seienden. Der einzige Schritt, der dabei Mühe macht, ist der vom Menschen zur nächsthöheren Ebene. Wenn man "System" als ein Ganzes definiert, das durch die geregelten Beziehungen seiner Teile untereinander entsteht, dann wäre die gesucht Ebene die des Mensch-Umwelt-Systems, wie sie die Demökologie beschreibt. Demökologische und autökologische Betrachtung des Menschen treffen sich also da, wo der Mensch als Individuum sich als Teil eines größeren Ganzen begreifen lernt. "Ich Gefühl" kann so zu "Ich-Identität" werden, wenn sich das Individuum als eines, das einen bestimmten Ort in einem erkennbaren Beziehungsgefüge innehat, erfahren kann. Und dieses erkennbare Beziehungsgefüge, in dem es seinen Ort finden muß, ergibt sich aus den Begegnungen mit seiner Umwelt, mit Wind und Wetter, Tieren und Pflanzen, Freunden und Feinden, Sprache und Kultur im Verlauf seiner Ontogenese.

Wir kommen damit zum letzten Teil unserer Ausführungen: zur Frage nach dem Praxisbezug.

Wenn der Mensch in seinem Ökosystem ein Element integriert, modifiziert oder eliminiert, verändert er das bestehende Gleichgewicht auf eine Weise, die er wegen der Vernetzung der Elemente untereinander und der Vernetzung des Gesamtsystems mit anderen Systemen nicht vollständig vorhersehen kann. Wegen der Unumkehrbarkeit der Zeit lassen sich auch Eingriffe grundsätzlich nicht rückgängig machen. Man kann höchstens versuchen, durch neue Eingriffe unerwünschte Folgen der vorherigen abzuwehren. Genau das geschieht, seit der Mensch Artefakte und Mentifakte als Elemente seiner jeweils vorgefundenen Umwelt hinzufügt. Mehr ist auch heute nicht möglich.

Der Mensch als tierischer Organismus gehört in seinem jeweiligen Ökosystem zu den Konsumenten. Sein Fortpflanzungserfolg hängt damit wesentlich von der Verfügbarkeit von Nahrung, bestehend aus Pflanzen und Tieren, ab. Angesicht relativ knapper Ressourcen dürfte ein großer Teil der von ihm geschaffenen Artefakte und Mentifakte die Verfügbarmachung von Nahrung zum Ziel haben. Dies kann durchaus mittelbar sein; alles, was seinem Lebensunterhalt dienlich ist, darf darunter subsummiert werden. Seit es Sozialisation gibt, und d. h.: Seit es Menschen gibt, bedeutet die Weitervermittlung ökospezifischen Wissens und Könnens zwecks Befähigung des Nachwuchses zur Fortpflanzung und Aufzucht u. a. auch die Einweihung in die jeweiligen Möglichkeiten der Nahrungsbeschaffung und Ressourcenverteidigung, wobei Konkurrenzdruck größtmögliche Effizienz erstrebenswert macht. Erst in jüngster Zeit wird immer deutlicher, daß die Steigerung der Effizienz bei der Ausbeutung und Verteidigung der Ressourcen mittels immer "besser" geeigneter Artefakte und Mentifakte Nebenwirkungen hat, die letztlich zur Vernichtung des menschlichen Lebens auf der Erde führen können. Und nun stehen wir vor der Frage, ob auf dem Wege der "Sozialisation hier etwas machbar ist, was diesen Prozeß stoppt.

Aufgrund der beschränkten Eingriffsmöglichkeiten in ein System kann es sich dabei nur um die Produktion von Artefakten und Mentifakten handeln, mit denen sich der Heranwachsende auseinandersetzen soll. Dies geschieht ja auch durch Umwelt- und Friedenserziehung an den Schulen, durch massenmediale Vermittlung usw. Allerdings entfaltet sich ihre Wirkung erst im Zusammenhang mit den anderen Elementen des Systems, mit denen der Heranwachsende in Beziehung tritt. Die Frage ist, ob es auf diese Weise gelingen kann, bei einem Lebewesen, das auf die beschriebene Form der Sozialisation angelegt ist, die Aufgabe kurzfristiger Konkurrenzvorteile zugunsten längerfristiger Perspektiven der Erhaltung seines Ökosystems zu erreichen.

Literaturverzeichnis

Hass H (1975) Energon. Molden, Wien
Koenig O (1975) Urmotiv Auge. Piper, München
Leyhausen P (1965) Über die Funktion der Relativen Stimmungshierarchie, dargestellt am Beispiel der phylogenetischen und ontogenetischen Entwicklung des Beutefangs von Raubtieren. In: Lorenz K, Leyhausen P (1968) Antriebe tierischen und menschlichen Verhaltens, Piper, München, S 169 - 271
Promp DW (1990) Sozialisation und Ontogenense. Parey, Berlin Hamburg

Grundannahmen einer humanökologischen Perspektive - Mit einigen Konkretisierungen zu Forschungsmöglichkeiten in der Erziehungswissenschaft

Seifert, M.J., Gukenbiehl, H.L., Jäger, R.S., Petillon, H., Wolf, B.
Zentrum für empirische pädagogische Forschung, Universität Koblenz-Landau
Im Fort 7, D-6740 Landau, Deutschland

Abstract

From the multiplicity and variety of research fields in human ecology, the International Organization of Human Ecology (I O H E 1981) has started a systematic list of major research topics, one of which is the ecology of childhood. Psychologists, sociologists and educationalists have been dealing with ecological socialisation research concerning (early) childhood for a long time. In the meantime, the deficits and the onesideness of ecological socialization research have appeared clearly. The problems of socialization research must be seen in its object orientation and in the neglect of the aspect of meaning by analyzing environmental circumstances. Therefore it is our concern, to formulate a general ecological perspective that is able to avoid the theoretical onesideness and from which new and emirically fruitful themes and questions can be generated. Starting from basis of (philosophical) anthropology concerning the man-environment-relationship, we try to formulate six fundamental assumptions: 1. the double-constituency of human ecologists; 2. human ecologies as action-mediated mind-object-units; 3. human ecologies as totalities of material, personal, social and cultural elements; 4. human ecologies as results of the self-constituted realization of "world"; 5. the multi-perspectivity of human ecologies and 6. the spatiotemporal localization of human ecologies. With reference to these assumptions, the re--levance and plausibility of the proposed human-ecological changes in ecology, as for example the start of schooling in early childhood.

1 Einleitung

In diesem Beitrag werden einige zentrale theoretische Grundannahmen einer humanökologischen Perspektive erläutert. Wir sind der Auffassung, daß diese Grundannahmen nicht nur für den von uns bearbeiteten Forschungsbereich der Sozialisations-forschung, sondern auch disziplin- und fächerübergreifend für andere Forschungsbereiche mit unterschiedlicher Thematik von Bedeutung sind.

Die mit dem Beitrag verbundene Zielsetzung ist eher forschungspragmatisch zu nennen: Es geht um die Formulierung grundlegender Sichtweisen und Perspektiven eines allgemeinen Forschungsrahmens, aus denen heraus neue und konkrete Fragestellungen generiert und empirisch bearbeitet werden können. Wir betrachten die hier zu formulierten Grundannahmen einer humanökologischen Perspektive vorläufig als "sensitizing concept", das kreative grundlagentheoretische Anstöße geben soll. Da die

Konstruktion eines allgemeinen humanökologischen Bezugsrahmens bzw. eines Forschungskonzepts ein dringendes Desiderat darstellt, wäre zu hoffen, daß aus einer solchen eher forschungspragmatischen Orientierung, eine klar umrissene Forschungsprogrammatik entsteht.

Es sei daran erinnert, daß in einer weiteren Bedeutung der Begriffe "Ökologie" und "ökologische Perspektive" gerade die kritische Auseinandersetzung mit der vorherrschenden objektivistisch-kausalanalytischen Forschungsprogrammatik und dem darin enthaltenen Subjekt-Objekt-Dualismus einen programmatischen Kernpunkt darstellt. Im allgemeinsten normativen Sinne soll doch die ökologische Sichtweise "harte" Wissenschaftsauffassungen und "harte" Technologien durch "sanfte" Technologien ersetzen, welche die natürlichen Kreisläufe wie die gegebenen menschlichen Lebenswelten nicht durch äußere Rationalitätsstandards kolonialisieren und manipulieren. Diese neue ökologische Wissenschaftsauffassung strebt danach, den Menschen wieder in seine Naturordnung zurückzuversetzen und einen naturalistisch-alltagsweltlichen Zugang zu seinem Sozialleben zu finden.

Es stellt sich demnach die Frage, welche theoretischen Grundannahmen dazu beitragen könnten, das vorherrschende wissenschaftliche Weltbild mit seinem Subjekt-Objekt-Dualismus, dem Konzept eines bloß reagierenden Verhaltensorganismus Mensch und einem rein deterministischen Umweltmodell zu überwinden, d. h., es geht damit um die Frage, was eigentlich konstitutiv und spezifisch ist für den Begriff der Humanökologie.

Nach der Darstellung der Grundannahmen werden pädagogisch relevante Fragestellungen und Konsequenzen für die Analyse kindlicher Ökologien skizziert.

2 Grundannahmen

Zu den Begriffen "Ökologie" und "ökologische Perspektive" existiert eine unübersehbare Fülle von Aussagen und Konzeptualisierungen unterschiedlichster Art, auf die im Rahmen dieses Beitrags nicht weiter eingegangen werden kann (vgl. Seifert et al. 1991). Der kleinste gemeinsame Nenner dieser Ökologiekonzepte scheint darin zu bestehen, daß Humanökologie ganz allgemein als Mensch-Umwelt-Relation begriffen wird, die ökologische Forschung sich also mit der Beziehung zwischen den Menschen und ihrer jeweiligen Umwelt befaßt. Gemeinsam ist diesen Konzepten weiterhin, daß mit Ökologie inhaltlich ein Ausschnitt aus der "Welt" gemeint ist, der aufgrund der Transaktionen des Menschen mit dieser Welt entstanden ist und das Verhalten oder das Handeln seinerseits wieder beeinflußt. Verhalten oder Handeln ist somit eine Funktion der Auseinandersetzung von Person und Umwelt ($V = f(P, U)$), Umwelt ist aber zugleich eine Funktion von Person und Verhalten ($U = f(P, V)$) und die Person ist schließlich eine Funktion von Verhalten und Umwelt ($P = f(V, U)$).

Will man aber über solche sehr allgemeine, streng genommen leerformelhafte Aussagen hinauskommen, ist man gehalten, die Art dieser Mensch-Umwelt-Beziehung und den Charakter der Auseinandersetzungsprozesse zu spezifizieren. Mit insgesamt 6 theoretischen Grundannahmen haben wir hierzu einen Versuch unternommen.

Die Grundannahmen sind in Teilen sicher nicht neu; sie entstammen vielmehr unterschiedlichen Disziplinen und Theoriezusammenhängen, z. B. der Ökopsychologie, der Anthropologie, der Wissenssoziologie, der Handlungstheorie. Sie werden dort jedoch entweder zu wenig explizit gemacht oder nur vereinzelt und nicht in ihrem Zusammenhang gesehen - v. a. wenn es darum geht, gegenstandsbezogene Forschungskonzepte zu formulieren. Neu erscheint uns dagegen die die Verbindung dieser Elemente, ihre forschungspragmatisch inspirierte Integration.

Wir sind der Meinung, daß die Grundannahmen sachlich-logisch eng miteinander verknüpft sind und nur zusammengenommen richtungsweisend für eine humanökologische Forschungspraxis sein können. Aus analytischen Gründen und aus Gründen einer übersichtlichen Präsentation werden sie jedoch der Reihe nach in Thesenform dargestellt.

2.1 Die Doppelkonstituiertheit von Humanökologien

Im Unterschied zu biologisch-organismischen Ökologien sind die als Humanökologien aufgefaßten Mensch-Umwelt-Beziehungen *doppelt* konstitutiert, nämlich sinnhaft *und* dinglich. Humanökologien bestehen einerseits aus dem Gesamt dinghaft-objektiv vorfindlicher Umweltgegebenheiten als widerständige oder chanceneröffnende Bedingungen. Andererseits enthalten sie Umwelt als das Gesamt subjektiv-individueller und quasiobjektiver, kollektiver Sinnkonstruktionen dieser Umweltgegebenheiten. Umwelt ist für den Menschen immer auch sinnhaft gegeben, subjektiv oder intersubjektiv definiert und strukturiert. Mit wachsender Intersubjektivität der Sinnkonstruktionen von Umwelt zeigt sich aber, daß die Elemente menschlicher Ökologien für die darin lebenden Personen den Status "objektiver" Wirklichkeit als einem von ihnen prinzipiell unabhängig existierenden Bezugsrahmen des Handelns einnehmen. Menschliches Handeln wird dementsprechend auch von objektiven Wirkkräften beeinflußt, die außerhalb des Wahrnehmungs- und Kognitionsfeldes des individuellen Bewußtseins bleiben.

2.2 Humanökologien als handlungsvermittelte Sinn-Ding--Einheiten

Diese beiden für Humanökologien konstitutiven Komponenten werden in Vorgängen wie Wahrnehmung, Denken und Handlung erst miteinander *verknüpft und vermittelt.* Dinghafte Chancenstrukturen einerseits und deren individuell- oder kollektiv-sinnhafte Deutung werden durch Handlung aufeinander bezogen. Durch Handlung wird die "Welt" für den Menschen aktualisiert und in bezug auf andere Menschen thematisiert. Mit der im Handlungsvorgang real vorgenommenen Selektion von Sinn wird Umweltbezug hergestellt, die Umwelt wahrgenommen, genutzt, gestaltet; andererseits ist diese Sinnselektion selbst wieder durch Umweltzugehörigkeit beeinflußt, d. h. vorstrukturiert (z. B. durch physikalische und normative Ordnungen, sozial verbindliche Deutungen von Umwelt, verbindliche Zuordnungen und Wechsel von Personen oder Dingen im Raum).

Humanökologien können so als *Sinn-Ding-Handlungs-Einheiten* oder *Sinn-Ding--Person-Einheiten* aufgefaßt werden. Analytisch betrachtet ist das Handlungs-Person-

-Element selbstverständlich in Wechselwirkung mit dem Moment des kollektiv-sozietären zu sehen, um eine individualistisch verkürzte Sichtweise zu vermeiden. Als Resultat wechselseitig aufeinanderbezogener Handlungen entstehen, Verkettungen, Stabilisierungen, Verdichtungen und Institutionalisierungen wechselseitiger Handlungs-prozesse, die man als Handlungsmuster, Normen, Rollen, aber auch als Handlungs-systeme (z. B. Gruppe, Organisation) konzeptualisieren könnte.

2.3 Humanökologien als Gesamtheiten kultureller, sozialer, personaler und materieller Elemente

Die Ökologie eines Menschen ist kein Agglomerat zufällig vorhandener Wirkfaktoren, sondern ein *integriertes, strukturiertes* und hochgradig *komplexes und interdependentes Gesamt* von personalen, kulturellen, sozialen und dinglich-materiellen Elementen:

- *Kulturelle Elemente* sind - wie auch die sozialen - geistige Produkte, Objektivationen von Sinn. Zu ihnen rechnen z. B. gemeinsame Symbolsysteme, allge-meine Welt(an)sichten, Leitbilder und Zielvorstellungen. Diese Elemente können durch Prozesse der Orientierung und Internalisierung seitens der Person oder auch durch Institutionalisierung für das Handeln oder Verhalten Bedeutung gewinnen.
- Zu den *sozialen Elementen* rechnen Normen und Muster des Handelns, Regeln für den Umgang mit Menschen, Dingen und Symbolen, soweit diese Regeln verpflichtend gemeint sind und Geltung beanspruchen. Solche Elemente können zu sozialen Rollen gebündelt und mit bestimmten Positionen verknüpft erscheinen.
- Das *materielle Substrat* einer Ökologie umfaßt die naturwissenschaftlich definierten Elemente samt ihrer räumlichen Ausdehnung und Anordnung. Sie bilden die materiell-räumliche Struktur einer Ökologie und - in Verbindung mit zugeschriebenen Bedeutungen - auch den objektiv-dinghaften Rahmen für das Handeln in ihr.
- *Personale Elemente* einer Ökologie werden durch diejenigen Menschen repräsentiert, die dieser analytisch zugerechnet werden dürfen. Diese Personen bringen jedoch nicht nur ihre biologisch-konstitutive Ausstattung in diese Ökologie ein, sondern u. a. ihre spezifische Biographie, Identität und ihre psychische Struktur mit Kognitionen und Emotionen. Dazu zählen auch die subjektiv-sinnhaften Rekonstruktionen, Sichtweisen und Bewertungen der Ökologie, die diese Personen auf der Grundlage soziokultureller Vorgaben entwerfen. Erst dadurch, daß Personen im Umgang untereinander und in der tätigen Auseinandersetzung mit kulturellen, sozialen und dinglich-materiellen Elementen sich diese subjektiv-sinnhaft aneignen, erhalten sie - vom Standpunkt des Handelnden aus gesehen - für das Handeln Bedeutung.

2.4 Humanökologien als eigentätig strukturierte Realisierung von Welt

Der Mensch findet Umwelt nicht einfach vor, sondern *interpretiert, strukturiert und verändert* sie; das Handeln ist die eigentätige Auseinandersetzung des Menschen mit seiner Umwelt in Transaktion mit anderen Menschen und in bezug auf objektiv vorfindbares Sinnhaftes und Dingliches. Aufgrund seiner anthropologisch bestimmbaren Sonderstellung ist der Mensch gezwungen, sich mit der ihn umgebenden Welt auseinanderzusetzen, sie eigentätig zu bearbeiten, damit sie für ihn verfügbar wird. Im Verlauf dieser eigentätigen Aneignung und der Transformation von Weltausschnitten zu "Umwelt für den Menschen", wird nicht nur die Umwelt verändert, sondern das aneignende *Subjekt konstitutiert sich selbst* als Person. Die Art und Weise seiner Auseinandersetzung mit und der Aneignung von Welt, sind entscheidend für die Persongenese, nicht die Umweltfaktoren an sich als Bestimmungsgrößen. Diese Weltaneignung ist der (übrigens auch sozialisatorisch entscheidende) Prozeß, bei dem Welt in das Innere des Menschen wächst und diese interne Strukturierung wiederum die Grundlagen und Kompetenzen zum eigentätigen Umgang mit der objektiven (sinnhaft und dinglich) präsenten Umwelt schafft. Um mit Gehlen zu sprechen: Die Selbstkonstitution als Mensch und die eigentätige Auseinandersetzung mit Welt, in deren Folge objektive Umweltgegebenheiten (sinnhaft und dinglich) strukturiert und gestaltet werden, sind wechselseitig sich verstärkende Kreisprozesse (vgl. dazu das Konzept der "integrativen Interaktion" bei Boesch 1980).

2.5 Die Multiperspektivität von Humanökologien

Ebenso wie der Handlungsbegriff ist Sinn eine übergeordnete Kategorie für die Formulierung einer humanökologischen Perspektive. Die Mensch-Umwelt-Beziehung ist immer auch sinnhaft gegeben, entweder sinnhaft-subjektiv oder sinnhaft-kollektiv (verbindlich). Daraus folgt: Ökologien sind als von Menschen strukturierte Umweltausschnitte aufzufassen, wobei die Strukturbildung mit Hilfe von Sinnmustern bzw. entsprechenden Bedeutungszuschreibungen erfolgt.

Dies bedeutet jedoch weiter: daß Humanökologien nur *perspektivisch* zu begreifen sind; sie sind nur als perspektivisch konstruierte soziale Wirklichkeit gegeben. Perspektiven können verstanden werden als "individuell verwendete, aber gesellschaftlich konstruierte und institutionalisierte Sinnsysteme, mit deren Hilfe Menschen Ausschnitte aus der Welt sowohl gedanklich als auch real selegieren und strukturieren" (Gukenbiehl 1990). Neben der Unterscheidung der "objektiven" Perspektive eines Wissenschaftlers und der Alltagsperspektive gesellschaftlich handelner Akteure (Betroffener) dürfte die Perspektivität nach je typischen personal-biographischen und sozialen Kriterien variieren (hier z. B. die Perspektive des Kindes). Humanökologien sind deswegen *multiperspektivisch* konstituiert, woraus sich ein Kompromiß- und Konsensarrangement einer oder mehrerer dominanter Sichtweisen von Mensch-Umwelt-Relationen in sozialen Aushandlungsprozessen ergeben mag (vgl. Gukenbiehl 1990).

2.6 Die raumzeitliche Verortung von Humanökologien

Humanökologien als Sinn-Ding-Person-Einheiten können adäquat nur in den Dimensionen von Raum und Zeit verstanden werden. Denn Handeln und die Institutionalisierung von Handlungsprogrammen bedeutet notwendig eine Verortung oder Situierung im Raum und gleichzeitig eine Festlegung bzw. Orientierung in der (sozialen) Zeit.

Ökologien sind *räumlich-dingliche Arrangements*, die - in Verbindung mit normativ-kulturellen Vorgaben - Handlungen mehr oder weniger strukturieren, im Sinne von nahelegen oder untersagen, ermöglichen oder zulassen. Diese Arrangements sind Ausdruck des gestalterischen Eingriffs (Planer, Architekt, Bauherr) und der damit verbundenen sozialen Prozesse; sie verkörpern oder enthalten Sinnhaftigkeit und stellen insofern materielle Vorgaben des Handelns anderer dar. Die Wahrnehmung, Nutzung und Veränderung solcher Arrangements ist zwar physikalisch vorstrukturiert, aber sozial normiert und geprägt, und beide - die materiellen Arrangements und deren sinnhafte Normierung - sind subjektiv-individuell interpretiert (perspektivisch).

Da anthropologisch gesehen die Regelung von *Zeitlichkeit* ein grundlegendes Anliegen menschlicher Existenz darstellt (vgl. Kaufmann 1970, S. 174ff.), ist Zeitlichkeit der Mensch-Umwelt-Relation ebenso immanent wie die Raumdimension. Zeit kann sowohl die Außengrenze einer Ökologie markieren, aber auch die Binnenstruktur mitdefinieren. Der Strukturierungsaspekt durch Zeit kann auf verschiedene Ebenen und Aspekte bezogen werden: z. B. Gesellschaftszeit (Epochen- oder Periodenbegriffe und deren subjektive Interpretation, sukzessiv ablaufender Ereignisstrom), Entstehungs- und Verlaufsgeschichten von Organisationen oder Gruppen, Standardisierung von Ablaufprozessen, Sukzessionen von Strukturkonstellationen (Zyklen), der chronologische Ereignisstrom personaler Lebensgeschichten, biographische Rekonstruktionen, Lebenszyklus, Retrospektionen, Zukunftsperspektiven und zukunftsgerichtete Lebensentwürfe, der Generationszusammenhang als eine Form der Diversifikation des Umgangs mit Umwelt (Gleichzeitigkeit des Ungleichzeitigen), die Synchronisierung verschiedener Lebensbereiche, Rhythmisierung und Sukzession im Wechsel von Handlungsräumen (subjektiv interpretiert oder kollektiv-sinnhaft normiert), die (erlebte, vorweggenommene, bewertete) "Alterung", Abnutzung und Entwertung von Dingen bzw. eine den Dingen "inhärente" Zeitlichkeit.

3 Fazit

Auf dem Hintergrund der ausformulierten Grundannahmen erscheint es uns möglich, eine vorläufige Begriffsbestimmung von Humanökologie vorzunehmen. Mit der Doppelkonstituiertheit der Mensch-Umwelt-Relation und der perspektivisch gegebenen, eigentätigen Aneignung von (Um-)Welt, im Verlauf derer Selbstproduktion und Umweltstrukturierung spiralförmig miteinander verknüpft sind, ist die Überfülle von Verweisungsmöglichkeiten menschlicher Umwelten mitgesetzt. Aus der unendlichen Vielfalt realer und imaginativer Weltbezüge werden im Prozeß der eigentätigen Auseinandersetzung des Menschen mit "Welt" und in Abhängigkeit von der Lebenslage, den Interessen und Ansprüchen, den Normierungen und sozialen Zwängen, einzelne Bezüge als relevante Umweltsegmente ausgewählt und definiert und zu einem gesamten Lebenszusammenhang strukturiert und synthetisiert. Dieses synthetisierte Gesamt an selegierten Weltbezügen, die für einen Menschen faktisch und virtuell präsent und handlungsrelevant sind, könnte man als *Humanökologie* bezeichnen. Humanökologien sind also als Weltausschnitte aufzufassen, die in der Auseinandersetzung des Menschen mit der "Welt" entstehen (vgl. Wolf et al. 1989, Wolf 1989). Indem sie den Lebens-

und Erfahrungshorizont abstecken, sind sie das für eine bestimmte Person oder eine bestimmte Gruppe/Kategorie von Personen existente, interdependente und komplexe Geflecht von Verweisungsmöglichkeiten, Bezugssystemen, dinglich, sinnhaft und sozial strukturierten Handlungs- und Lebensräumen, in denen die Personen sich real und imaginativ-virtuell bewegen.

Unter Zugrundelegung dieser sicherlich noch vorläufigen und weiter zu präzisierenden begrifflichen Umschreibung ergeben sich einige u. E. zentrale, in den bisherigen ökologischen Forschungsansätzen vernachlässigte programmatische Gesichtspunkte:

- Gerade für humanökologische Bemühungen ist es (ähnlich wie in der Tier- und Pflanzenökologie) entscheidend, das menschliche Handeln wieder in seinen *gesamten und umfassenden*, vielfältig vernetzten und interdependenten (Er-)Lebens- und Erfahrungszusammenhang zurückzustellen, aus dem es dort erstaunlicherweise herausgenommen wurde. Zentrales Anliegen der ökologischen Perspektive sollte es deshalb sein, die *Gesamtheit der tatsächlichen Lebenswelt* fokaler Personen auch aus deren Perspektive und Sichtweise zu rekonstruieren, einer Lebenswelt, die zumindest für die darin lebenden Menschen einen erlebten *Sinnzusammenhang* prozessual-dynamischer Art darstellen. Die ökologische Perspektive zielt deshalb ab auf die ganzheitliche Erfassung und Rekonstruktion der Lebenswelt und des Welthorizonts fokaler Personen (Gruppen). Dieses Anliegen kann u. E. nur realisiert werden, wenn die von uns bezeichneten Bestimmungselemente einer humanökologischen Perspektive bereits auf einer sehr frühen Stufe des Forschungsprozesses methodisch umgesetzt werden. Im Vordergrund steht hierbei die Notwendigkeit, *neben* den dinglich-räumlichen, den sozialen und personalen Elementen von Humanökologie die in der ökologischen Forschung bislang vernachlässigte Sinnhaftigkeit und den Bedeutungsaspekt von Umweltgegebenheiten angemessen zu berücksichtigen. Sinn und Kultur sind deswegen zentrale Konzepte einer humanökologisch zu rekonstruierenden Mensch-Umwelt-Relation, weil sie zur "conditio humana" gehören. Es ist die Sinn-, Kultur- und Handlungsfähigkeit des Menschen, die die Komplexität und Verweisungsfülle seines gesamten Erlebnis- und Lebenshorizonts ausmacht und die es darüber hinaus ermöglicht, daß er die Überfülle seiner Existenz in eine komplex durchstrukturierte und organisierte Lebenswelt umformt.
- Als zentral und konstitutiv erachten wir in diesem Zusammenhang auch die *"Multiperspektivität"* der menschlichen Auseinandersetzung mit (Um-)Welt, welche eine Differenziertheit und Komplexität von Verweisungszusammenhängen hervorbringt. Gerade aber weil wir die Multiperspektivität betonen, sehen wir in der objektiven Perspektive des Wissenschaftlers selbstverständlich weiterhin einen legitimen Zugang zu humanökologisch interpretierten Wirklichkeitsbereichen. Wir benutzen das Sinn- bzw. das Perspektivenkonzept nicht zu Zwecken subjektivistischer Verengung, vielmehr sollen objektive und Alltagsperspektive forschungspragmatisch integriert werden. Es besteht allerdings - und dies nicht nur in der Sozialisationsforschung - ein eminenter Nachholbedarf bezüglich der Frage, wie Menschen in höchst unterschiedlicher Weise die Umwelt wahrnehmen, interpretieren, strukturieren und gestalten, sondern auch, wie solche Perspektiven und Umgangsformen in sozialen Prozessen weitervermittelt und synthetisiert werden.

- Hervorzuheben ist auch die Grundannahme, daß die Mensch-Umwelt-Relation als ein *permanenter transaktionaler Prozeß* aufzufassen ist, in dem die eigentätige Auseinandersetzung des Menschen mit der "Welt" die sich wechselseitig beeinflussenden Vorgänge der Selbstkonstitution und Umweltstrukturierung bzw. Umweltgestaltung beinhaltet. Gerade im Rahmen der immer noch von behavioristischen Umwelteinflußtheorien und wahrscheinlichkeitsstatistischen Determinationskonzepten stark beherrschten Sozialisationsforschung muß folgendes betont werden: Aufwachsen und Sozialisation in pädagogisch bedeutsamen Umwelten (Ökologie der frühen Kindheit) bedeutet, daß Kinder im eigentätigen (auch: zweckfreien und spielerischen) sinnhaften Umgang mit den ihnen zugänglichen und zur Verfügung gestellten Umweltsegmenten, ihren Verboten, Chancen, Normierungen und Zuwendungen sich selbst als Person konstituieren. Die Art und Weise ihres Umgangs mit der Welt ist für die *Persongenese* entscheidend, wobei die mentale Binnenstrukturierung wiederum die Fähigkeit zur Auseinandersetzung mit der Umwelt und damit die Schaffung einer Ökologie aus der Sichtweise des Kindes beeinflußt (sich selbst steigernde Kreisprozesse, vgl. Gehlen 1978; vgl. dazu auch das Konzept der "integrativen Interaktion" von Boesch 198O). In der eigentätigen Auseinandersetzung des Kindes mit seiner Umwelt wächst diese in das Innere des Kindes hinein (innere Strukturierung, Persongenese) und befähigt das Kind wiederum zur Auseinandersetzung auf neuer Stufe der Wahrnehmung, Nutzung und Veränderung von Umwelt (*Soziogenese*).

Im weiteren wird versucht, auf *pädagogische* Implikationen unserer Grundannahmen einzugehen. Dabei wird eher fragmentarisch auf einige zentrale Aspekte eingegangen. Die daraus entwickelten Fragestellungen sind als ein erster Schritt der Konkretisierung in Richtung theoriegeleiteten empirischen Arbeitens gedacht. Dies gilt auch für den anschließenden Themenkatalog, der exemplarisch für den Bereich der frühen Kindheit, als eine Art "Ideensammlung", einen ersten Einblick in die Vielfalt einer humanökologischen Forschungsperspektiven geben soll.

4 Pädagogisch relevante Fragestellungen und Konsequenzen für die Analyse kindlicher Ökologien

Entsprechend unserer Vorstellungen zu einer humanökologischen Perspektive rückt das Kind in seinem eigentätigen sinnhaften Umgang mit der ihm zugänglichen und zur Verfügung gestellten Umwelt in den Mittelpunkt der Betrachtung (vgl. dazu auch die Ausführungen von Petillon 1987 zur Rekonstruktion der Schule aus der Perspektive des Kindes). Die Art und Weise dieses Umgangs mit der Welt, der für die *Persongenese* von entscheidender Bedeutung ist, sowie die eigenständige Schaffung einer "inneren Struktur", die zu neuen Formen der Wahrnehmung, Nutzung und Veränderung von Umwelt (*Soziogenese*) führt, können auch als zentrale Aspekte der Pädagogik gewertet werden (vgl. oben). Entsprechende Fragestellungen würden sich dementsprechend auf die Entwicklung und pädagogische Förderung derjenigen Fähigkeiten und Fertigkeiten konzentrieren, die das Kind zur Bewältigung seiner sozial-kulturellen und räumlich-materiellen Umwelt benötigt. Der Strukturierungsfähigkeit als Kompetenz zur Bildung und Umbildung von gedanklichen und objekthaften Zusammenhängen käme dabei besonderes Interesse zu. Die Entwicklung dieser *Strukturierungsfähigkeit* ist v. a. deshalb so bedeutsam, weil die zunehmende Pluralisierung der Lebensmöglichkeiten in unserer Gesellschaft und die verstärkte Tendenz zur Individualisierung der Lebens- und Handlungsentwürfe wachsende Anforderungen an die Handlungskompetenz und die Fähigkeit zur Strukturbildung des Kindes richten, ohne daß die Erwachsenen selbst über ausreichende Erfahrungen (im Sinne von "strukturkompatiblen", traditionellen Zugangsweisen) verfügen, die sie an die Kinder weitergeben könnten. Gleichzeitig müßten neben dem subjektiven Gesichtspunkt der Strukturierungsfähigkeit als "objektives Pendant" die *Strukturierungspotentiale*, d. h. die in der Umwelt vorstrukturierten Handlungschancen einer Betrachtung unterzogen und mit dem Handeln der Person in Beziehung gesetzt werden. Hieraus ergeben sich wichtige Fragestellungen, die bisher in der Pädagogik weitgehen vernachlässigt wurden:

- Wie erleben und strukturieren Kinder ihren Lebensbereich, welche Sichtweisen und Bilder haben sie von ihrer Ökologie?
- Darauf aufbauend: Wie verwenden Kinder solche internen Strukturierungen im alltäglichen Umgang mit Dingen, Personen und Regeln?
- Mit welchen Perspektiven von Umwelt werden Kinder konfrontiert, und wie gehen sie mit solchen Vorgaben um (wahrnehmend, denkend, handelnd und emotional)?
- Welche Effekte hat der Umgang mit der ökologischen Erfahrungswelt für die kindliche Entwicklung?
- Wie bringen Kinder es fertig, vorgefundene räumlich-dingliche oder soziale Arrangement umzugestalten?
- Welche objektiven und objektivierten Parameter kennzeichnen kindliche Umwelten?
- Wie sind objektive und objektivierte Faktoren der Umwelt mit kindlichen Rekonstruktionen verknüpft?

Diese sehr allgemein formulierten Fragestellungen könnten dadurch konkretisiert werden, daß man sie auf bedeutsame pädagogische Handlungsfelder der frühen Kindheit überträgt. Der nachfolgende noch sehr unsystematische Fragen -und Themenkatalog mag zum Abschluß des Vortrags einen ersten Einblick in die Vielfalt und Relevanz von Forschung im Rahmen einer humanökologischen Perspektive geben:

- *Kontinuität:* Wie bewältigt das Kind Übergänge (Familie, Kindergarten, Schule)? Wie werden divergierende Deutungsmuster in eine interne Struktur integriert? In welcher Beziehung stehen Antizipationen neuer Umweltsegmente mit der tatsächlich erfahrenen Situation? Welche objektiven Faktoren kennzeichnen die Unterschiedlichkeit der einzelnen Umweltsegmente? Bieten sich Chancen zu einem allmählichen "Hineinwachsen" in die neue Situation?
- *Umgang mit Objekten*: Wie gehen die Kinder mit Spielzeug, Lernmaterialien, technischem Gerät um? In welchem Verhältnis stehen pädagogische Absicht und kindliche Deutung im handelnden Umgang? Welche Spiel- und Lernmöglichkeiten bieten einzelne Objekte (technische Analyse, Analyse der "Regeln des Gebrauchs")?

- *Räume:* Wie "eignen" sich Kinder Spielzimmer, Kindergartenräume, Klassenzimmer, Schulhöfe, Schulwege, Spielplätze an? In welchem Verhältnis stehen objektive Merkmale (z. B. Größe, Nutzungsvorgaben) zu kindlichen "Aneignungsstrategien"?
- *Vermittlung:* Von wem und in welcher Form werden Rekonstruktionen von Umwelt vermittelt? Wie kommt die Vermittlung beim Kind an? Wie stellen sich pädagogische Prinzipien wie Kindgemäßheit und Lebensnähe aus humanökologischer Perspektive dar?
- *Medien:* Welchen Zusammenhang stellen Kinder zwischen der wahrgenommenen Welt in Medien und dem eigenen Alltag her?
- *Emotionalität:* Welche Emotionen entstehen im Umgang mit der Umwelt (z. B. sich in Räumen geborgen oder unsicher fühlen, emotionale "Bindungen" an Objekte, Zufriedenheit mit eigenen Bewältigungserfolgen, sich abhängig fühlen von fremden Deutungsmustern).
- *Sprache:* Wie wird die Rekonstruktion der Umwelt "versprachlicht"? Welchen Stellenwert besitzt die Sprache bei der Entwicklung von Strukturierungsfähigkeit?
- *Identität:* Wie "verortet" sich das Kind in seiner Alltagswelt? Wie werden neue Umwelterfahrungen in das Identitätskonzept integriert? Wie geht es mit "Brüchen" in seiner Umwelt um (z. B. Wohnungswechsel, Scheidung der Eltern, Arbeitslosigkeit)?

Literaturverzeichnis

Boesch EE (1980) Kultur und Handlung. Einführung in die Kulturpsychologie. Huber: Bern

Gehlen A (1978) Der Mensch. Seine Natur und seine Stellung in der Welt. 12. Aufl. Akademische Verlagsgesellschaft Athenaion, Wiesbaden

Gukenbiehl HL (1990) Materiell-räumliche Faktoren in der ökologischen Sozialisationsforschung. Plädoyer für eine mehrperspektivische Analyse. Zeitschrift für Sozialisationsforschung und Erziehungssoziologie 10 (2): 130-146

Kaufmann F-X (1970) Sicherheit als soziologisches und sozialpolitisches Problem. Stuttgart

Petillon H (1987) Der Schüler. Rekonstruktion der Schule aus der Perspektive von Kindern und Jugendlichen. Wissenschaftliche Buchgesellschaft, Darmstadt

Seifert MJ, Gukenbiehl HL, Jäger RS, Petillon H, Wolf B (1991) Humanökologische Perspektive - ein interdisziplinärer Versuch zur Erforschung von Sozialisationsumwelten früher Kindheit. Zeitschrift für Internationale Erziehungs- und Sozialwissenschaftliche Forschung (im Druck)

Wolf B (1989) Ökologische Perspektiven in der Entwicklungspsychologie. Landau (Referatmanuskript für die 9. Tagung Entwicklungspsychologie in München)

Wolf B, Gukenbiehl HL, Jäger RS, Petillon H, Seifert MJ (1989) Pädagogisch bedeutsame Umwelten in der frühen Kindheit - ökologische Perspektiven. Landau (Manuskript)

Werkzeuge des integrativen Ansatzes der Humanökologie

Dr. Helmut Knötig
Karlsplatz 13, A-1040 Wien, Österreich

Abstract

Authors related to I O H E (International Organization for Human Ecology) time and again have called the integrated approach the "earmark of human ecology". The paper first of all asks why it is of such importance that it is called the earmark of a whole scientific realm (note: human ecology should not be called a "discipline" in the usual sense). The answer is that this integrative approach appears to be completely typical of human ecology since the basic paradigm of the latter, i. e. "human being(s) - outside surrounding world" needed for using the integrative approach is also a topic of this paper. Based on these prerequisites the main part of this contribution shows the different "tools" (i. e. the parts of the conceptual framework) really counting in this realization.

Notwendigkeit eines integrativen Ansatzes

In Schlagworten läßt sich die seit den 60er Jahren unseres Jahrhunderts immer deutlicher gewordene Notwendigkeit eines integrativen Ansatzes zur Erfassung (und damit zur Ermöglichung geeigneter Lösungen) der in seiner überwätigenden Bedeutung neu heraufkommenden Problematik vielleicht mit der nachfolgenden Aufstellung umreissen.

Ausgangsposition:

1. Unbehagen (an der Zivilisation)
   "Unwirtlichkeit" (der Habitate, der Lebensräume)
   "Umweltzerstörung" (späterer Ausdruck; vgl. Carson 1963; Forrester 1972; Meadows 1972; "Club of Rome; ...)

2. Erkenntnis der Verflochtenheit der Phänomene:
   - Beitrag aller (Einzel-)Wissenschaften gefragt
   - "systemische", integrative Ansätze notwendig

3. Wissenschaftstheoretische Problemlage:
   - Jede Einzelwissenschaft hat ein eigenes, auf *ihr* Erkenntnisobjekt abgestimmtes Begriffs- (und dementsprechend auch Gedanken-) Gebäude - mit daraus resultierendem Ausschließen der übrigen Teile der Welt aus der eigenen Betrachtung (statt dessen Einführung als "Randbedingung", "Alltagserfahrungen", "Erfahrungen des gesunden Menschenverstandes", ...)
   - Die einzelnen Fachwissenschaften (als "Modell der einzelnen Teile der Wirklichkeit") können ebensowenig einfach zu einer Gesamtwissenschaft ("unified science") im Sinne eines einzigen "Modells der Gesamtwirklichkeit" zusammengefaßt werden, wie einzelne Detailkarten der ganzen Erde zusammengefügt werden können: eine Kugeloberfläche kann nicht plan abgewickelt werden.
   - Ausreichend präzise Zusammenführung von einzelwissenschaftlichen Aussagen ist möglich, sofern diese *problembezogen* sind (Vergleich der kartographischen Abbildung: Die Abweichung zwischen planer Kartendarstellung und Verhältnissen auf der realen Erdoberfläche kann beliebig klein gehalten werden, wenn sich die -abbildung auf eine genügend kleine Umgebung um einen Punkt der Erdoberfläche herum beschränkt).

Gesucht:

Ein Begriffs- und Gedankensystem, das - problembezogen - als "Kupplungsglied" zwischen den einzelwissenschaftlichen Aussagen wissenschaftlich einwandfreie Beziehungen herzustellen erlaubt bzw. aus diesen Einzelaussagen eine Gesamtaussage zu dem jeweiligen Problem ermöglicht.

Aus dieser Ausgangsposition mit dem eben beschriebenen Suchbild ergibt sich einigermaßen zwingend die *Notwendigkeit* eines "integrativen Ansatzes". Offen ist aber noch das Problem, wie dieser Ansatz im Wissenschaftsalltag wirksam werden soll.

Realisierung des "integrativen Ansatzes"

Hier ergeben sich v. a. 2 Fragen:

a) In welcher Art soll ein solcher "integrativer Ansatz" in der *Wissenschaftspraxis* realisiert werde?
b) Unter welchem Aspekt soll eine solche Integrationsbemühung stattfinden?

a) In der Wirklichkeit beginnen natürlich alle Versuche, konkrete Probleme in humanökologischer Weise zu behandeln, mit einer multidisziplinären Phase. ... Ungeachtet dessen ist die humanökologische Qualität solcher Versuche nicht zuletzt durch den Grad der Interdisziplinarität, der erreicht wird, gekennzeichnet. Natürlich muß wirklich humanökologische Arbeit schließlich zur Verwendung eines integrativen Ansatzes gelangen ... .

Was bedeutet das für die konkrete wissenschaftliche Arbeit? Ausgehend von der Art und Weise, wie üblicherweise Probleme behandelt werden, die letztlich einen humanökologischen Ansatz erfordern, könnten die oben erwähnten 3 Schritte folgendermaßen gekennzeichnet werden:

"Multidisziplinärer Ansatz": Ein Problem, das zu verschiedenen Disziplinen in Beziehung steht, wird innerhalb dieser verschiedenen Disziplinen behandelt und die Ergebnisse werden mit Hilfe der ihnen je eigenen Begriffssysteme beschrieben. Diese verschiedenartig formulierten Ergebnisse werden dann nebeneinander gestellt und es bleibt dem Nutzer überlassen, die verschiedenen Beiträge so miteinander zu verbinden, daß sich eine zusammenhängende Sicht des Problems ergibt - sofern er dazu in der Lage ist.

"Interdisziplinärer Ansatz": Ein derartiges Problem wird zunächst im Rahmen des eigenen Begriffsystems jeder beteiligten Wissenschaft bearbeitet. Bei der Formulierung der Resultate werden aber die aus den verschiedenen Disziplinen stammenden Begriffe aufeinander bezogen. So besorgen die Forscher selbst bereits eine solide Verbindung der Resultate. Trotzdem kann es dem Nutzer Schwierigkeiten bereiten, einer Mehrzahl verschiedener wissenschaftlich gleichrangiger Perspektiven gegenüberzustehen.

"Integrativer Ansatz": Ein eigenständiges Begriffsystem (wie es z. B. während der letzten Dekade in der "Wiener Schule der Humanökologie" erarbeitet wurde) wird zur Verfügung gestellt und ermöglicht die Zusammenführung der für das jeweilige Problem relevanten und von verschiedenen Einzeldisziplinen erarbeiteten Resultate in eine einzige "Sprache". Das darf natürlich keinesfalls als "einheitliche Sprache aller Wissenschaften" (vgl. Muck 1979, S. 42) mißverstanden werden - es kann aber wohl als Erarbeitung "vereinheitlichender Konzepte" (vgl. van Dobben, Lowe-McConnell 1975) verstanden werden. (Zit. nach Knötig 1979b)

Die hier beschriebene Entwicklung von der multidisziplinären zur integrativen Vorgangsweise gilt natürlich unabhängig davon, ob die Integration unter dem Aspekt des humanökologischen oder eines anderen Paradigmas erfolgt.

b) Für die unter "Ausgangsposition" oben angedeutete Problemlage schien sich der Aspekt "Mensch und umgebende Außenwelt" anzubieten, d. h. ein humanökologischer Aspekt. Es wird hier der Ausdruck "*ein* humanökologischer Aspekt" verwendet, weil unter dem Ausdruck "Humanökologie" sehr vieles angeboten wird, das nicht ohne weiteres mit der unten angegebenen Definition in Übereinstimmung zu bringen ist - und hier nicht über Sinn oder Unsinn verschiedener Bezeichnungen diskutiert werden soll (wissenschaftliche Ausdrücke genießen ja auch keinen Markenschutz im engeren Sinne).

"Humanökologie"

Für die weitere Behandlung des Themas "Werkzeuge des integrierten Ansatzes der Humanökologie" soll unter "Humanökologie" jener Begriff verstanden werden, der in der I.O.H.E. (International Organization for Human Ecology), insbesondere aber in deren Vienna School of Human Ecology seit Ende der 60er Jahre in seinen konkreten Ableitungen verwendet wird:

Humanökologie = Ökologie der Spezies *Homo sapiens*

- Ökologie: "Unter Oecologie verstehen wir die gesammte Wissenschaft von den Beziehungen des Organismus zur umgebenden Außenwelt" (Heackel 1868)

  [*geometrische* Zentrierung der Welt um das Lebewesen (oder das Ensemble von Lebewesen)]

- *Uexküll-Transformation:* Die "Beziehung des Organismus" (Haeckel 1868) bzw. "Wechselbeziehungen" (I.O.H.E. 1981) gestalten sich gemäß der Uexküllschen "Umwelt"-Definition: "Es krystallisiert, sozusagen, das Subjekt merkend (und) wirkend alle Objekte im eigenen Interesse um, und schafft sich dadurch eine sichere Umwelt, deren Mittelpunkt es selbst bildet. Diese Umwelt enthält nichts fremdes, ... (Uexküll 1928; Sperrung hier). Diese Aussage involviert die Vorstellung, daß es sich bei "S2" und "S3" (s. unten) um voneinander primär *unabhängige* "Aktivitätsquellen" handelt (in striktem Gegensatz zur sog. "stimulus-response"-Theorie).

  [*Bedeutungsmäßige* Zentrierung der Welt um das Lebewesen (das Ensemble von Lebewesen)]

  D. h.:
  "Mapping" / "interne Abbildung[1] der umgebenden Außenwelt" (= "primärer Abbildungsvorgang") ist konstitutiv für *alle* Lebewesen.
- Spezies *Homo sapiens* : "Nosce te ipsum" [erkenne dich selbst] (Linke 1758)

1 "Abbildung" im mathematischen Sinne verstanden als Zuordnung zwischen Elementenmengen:

- primäre Abbildung: Zuordnung zwischen den Elementen der "umgehenden -Außenwelt" (unten: "S3") und den Elementen des Modelles "Umwelt" ("M´U´") im G.I.A.S. (Generelles Inter-Aktions-Schema; s. unten);
- Meta-Abbildung: Zuordnung zwischen den Elementen, die den primären Abbildungsvorgang konstatieren (einschließlich Teilen des "S3" und des "M´u´" selbst) und Elementen des "M´U´".

D. h.:
"Meta-Mapping[2]" / "interne Abbildung des primären Abbildungsvorganges" kommt allen Individuen der Spezies *Homo sapiens* zu.

Da das Phänomen des Meta-Mapping allen Menschen, aber offensichtlich keinem anderen Lebewesen zukommt, wird die Fähigkeit des Meta-Mapping auch das (informationstheoretisch formulierte) "Specificum humanum" genannt.

Werkzeuge der Integration

Die "Werkzeuge" der Integration, d. h. des Begriffs- und Methodeninstrumentarium der humanökologischen Arbeit sind in ihrer Form und Struktur natürlich abhängig von der Funktion der als notwendig erkannten Integration. Daher sei hier nochmals kurz das diesbezügliche Resümee aus den vorstehenden Überlegungen formuliert:

Es geht um Integration

nicht	der Einzelwissenschaften als *Ganzes*,
sondern	der einzelwissenschaftlichen *Ergebnisse* (und Methoden) und zwar insoweit sie auf ein je spezifisches *Problem bezogenen* sind.

Die erste begriffsbildende Formalisierung der Humanökologie im Zuge dieser "problembezogenen Integration" setzt bei der in den Definitionen von Haeckel und Uexküll enthaltenen Gegenüberstellung "Organismus - umgebende Außenwelt" an:

	"S2"	"S3"
Humanautökologie "Individualökologie"	einzelner Mensch ("Individuum")	die ihn "umgebende Außenwelt" seine "Umgebung"
Humandemökologie "Sozialökologie"	Anzahl von Menschen ("Ensemble")	die sie gemeinsam "umgebende Außenwelt" ihre "Umgebung"

2 Der ursprünglich gebräuchliche Ausdruck "Abbildung des primären Abbildungsvorgangs" wurde durch "Meta-Mapping" / "Meta-Abbildung" ersetzt, nachdem in Bateson (1972) das Zeitwort "to meta-map" verwendet worden war.

Welcher einzelne Mensch /für den Zweck der Behandlung eines praktischen Problems) oder idealtypische Mensch (im Falle einer theoretischen Untersuchung) bzw. welches konkrete oder idealtypische "Ensemble" als "S2" bezeichnet wird, ist eine *Setzung* des betreffenden Untersuchers, die er je nach Problemstellung und Zweckmäßigkeit für die Untersuchung ohne jede weitere Vorbedingung vornimmt.

Die *Grundüberlegung* der Humanökologie, mit der sie die Beiträge der Einzelwissenschaften zur Erfassung und Lösung von Problemen zu Gesamtaussagen integriert, ist aber das Verhältnis:

"ökologische Potenz (des 'S2' : ökologische Valenz (des 'S3')".

Die Definition der beiden Begriffe "ökologische Potenz" ("ö. P.") und ökologische Valenz ("ö. V."), hat zwar von den ersten Vorschlägen in Hesse (1924) über Peus (1954) und Schwerdtfeger (1963) bis zu Knötig (1972) und letztlich zu der in der "Vienna School of Human Ecology" (V. S. H. E.) verwendeten Ausformungen (Knötig 1976; Knötig u. Panzhausen 1976) einige Wandlungen durchgemacht, verfolgte aber immer die gleiche Intention. Die Definitionen dieser beiden wie auch der vorgelagerten Begriffe "S2", "S3" und "S2" lauten:

System "S2": Individuum (Person) oder Ensemble von Menschen, dessen (deren) Wechselbeziehungen mit der es (sie) umgebenden Außenwelt betrachtet wird;

System "S3": "Umgebende Außenwelt" oder "Umgebung" eines "S2", d. i. im abstrakten Ansatz die gesamte Welt, ausgenommen eben die für den Zweck der Betrachtung als "S2" gesetzten Person (en), im weiteren eingeschränkt auf jene Teile der Welt, von denen Einflüsse ausgehen, die signifikante Wirkungen auf das betreffende "S2" ausüben (oder von denen angenommen wird, daß derartige Einflüsse von ihnen ausgehen);

System "S1": Gesamtheit der Wechselbeziehungen zwischen einem als "S2" gesetzten Einzelmenschen oder menschlichen Ensemble und dem zugehörigen "S3";

Ökologische Potenz (ö. P.): Gesamtheit der konkreten Ausprägungen der Eigenschaften eines "S2" in ihrer Bedeutung für die Auseinandersetzung mit dem zugehörigen "S3";

Ökologische Valenz (ö. V.): Gesamtheit der konkreten Ausprägungen der Eigenschaften eines "S3" in ihrer Bedeutung für das zugehörige "S2".

Wenn eine derartig generelle Aussage, wie sie die "Grundüberlegung" darstellt, auf konkrete Problemstellungen und Problemlösungen angewandt werden soll, ist die Erarbeitung konkreter Einzelheiten des eingangs gesuchten Begriffs- und Gedankensystems (des "Kupplungsgliedes" erforderlich.

Die Grundlage müssen hierbei Begriffe bilden, die einen Zugang zum Begriffsystem praktisch jeder Einzelwissenschaft erlauben; das setzt natürlich voraus, daß es sich um sehr abstrakte und allgemeine Begriffe handelt, die dann ein Weiterschreiten in die spezifischere Ausformung der einzelnen fachlichen Begriffssysteme hinein - und von dort wieder heraus in Richtung zum "Kupplungsglied" und zu den anderen fachlichen Begriffsgebäuden - ermöglicht.

Als solche Begriffe kommen v. a. in Frage: die "Zahlenreihe" (die Reihe der natürlichen Zahlen), allgemeine mathematisch-logische Begriffe wie "größer", "kleiner" und wohl auch noch einiges anderes.

Gerade für das Hauptproblem der *Human*ökologie, die Verknüpfung von geistes- (oder sozial-) wissenschaftlichen mit naturwissenschaftlichen Aussagen ist damit aber noch zu wenig gewonnen. Es bietet sich hier ein Begriffspaar (das erste der 3 "Generalcharakteristiken" der V. S. H. E.; vgl. Knötig 1979a) an, das den Weg zur "Sicherheit" physikalischer Aussagen mit dem Weg zur "Beweglichkeit" und Komplexität geisteswissenschaftlicher Aussagen in rational einwandfreier Weise verbindet und das in der als gültig vorausgesetzten Behauptung enthalten ist:

> An jeder Entität, an jedem Zustand, an jedem Vorgang läßt sich sowohl ein "materiell-energetischer Aspekt" wie auch ein "informatorischer Aspekt" unterscheiden.

Hierbei bedeuten (vgl. Knötig 1966, 1972, 1979a, 1980):

- *materiell-energetischer Aspekt (m.-e. Aspekt):* alles, was als im wissenschaftlichen Sinne existent angesehen wird, ist mit Mengen (ungleich 0) an Masse und/oder Energie (zahlenmäßig verknüpft durch $E = m \cdot c^2$) verbunden. Dieser Mengen-Aspekt an Masse/Energie wird als "m.-e. Aspekt" verstanden.
- *informatorischer Aspekt (inf. Aspekt):* Die mit Entitäten (unbelebten Dingen, nichtmenschlichen und menschlichen Lebewesen), Zuständen, Vorgängen, verbundenen Masse/Energiemengen sind in Raum und Zeit verteilt. Diese raum-zeitliche Verteilung kann als "Struktur" aufgefaßt werden, der ein "Informationsgehalt" *zugeordnet* werden kann (wenn durch diesen die Struktur auch nicht vollständig beschrieben werden kann!). Dieser Struktur/Informationsaspekt wird als "inf. Aspekt" verstanden.

Als "erkenntnisleitendes Modell" (*nicht* als Aussage über irgendeine "Wirklichkeit"!) kann sowohl jedes "S2" (einzelner Mensch oder menschliches Ensemble) wie auch jedes "S3" (der durch die Setzung des "S2" bestimmte Teil der Welt) - und letztlich auch jedes daraus resultierende "S1" - als etwas angesehen werden, das sowohl als materie-energieverarbeitendes System behandelt werden kann.

Das in Knötig (1980) näher beschriebene Verhältnis von Materie-Energie-Verarbeitung ("Menge") und Informationsverarbeitung ("Verteilung", "Struktur", "Programme") führt dazu, daß in weiteren Ausformungen dieser Modellvorstellung die - im Prinzip als gleichgewichtig angesehene - Informationsverarbeitung ein Übergewicht gegenüber der Materie-Energie-Verarbeitung gewinnt. Dies zeigt sich ganz besonders am G. I. A. S. (Generelles Inter-Aktions-Schema; Knötig 1980; s. Abb. 2), das sich gerade in dieser Eigenart in dem Jahrzehnt seit seiner Vollausgestaltung bewährt hat (vgl. z. B. Knötig 1987; Knötig, Kurz, Panzhauser 1987; Knötig u. Panzhauser 1987) Dieses "Universalwerkzeug" auf komplexer Ebene entstanden aus den Vorstellungen, die sich aus der Auswertung vielfältiger Arbeiten der Streßforschung (insb. Frank 1953, 1954a, 1954b; Autrum u. Holst 1968; Holst 1969) ergaben und zunächst im Individualdistanzschema (eindimensional, s. Abb. 1; dreidimensional: "Individualraumschema") ihren Ausdruck fanden (Knötig 1972, 1975).

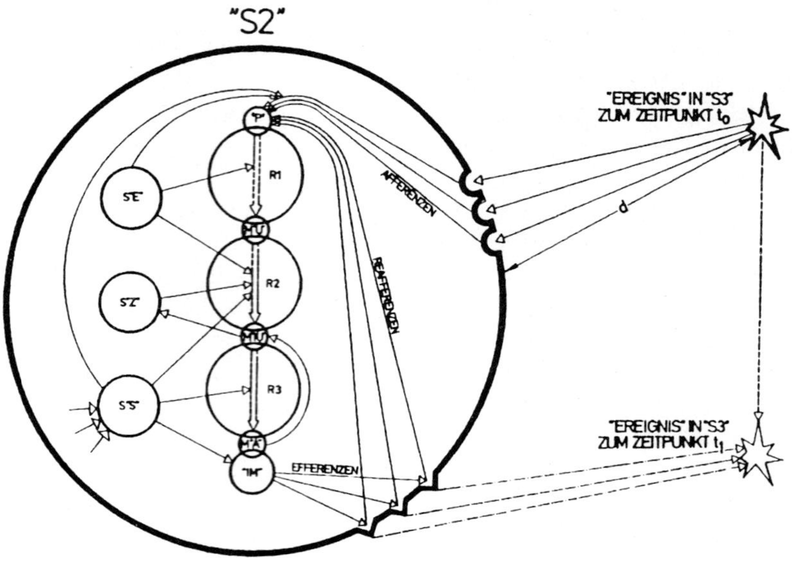

INDIVIDUALDISTANZ-SCHEMA

d = DISTANZ "S2" - "EREIGNIS"; weitere Erläuterungen s. Abb. "G.I.A.S."

Abb. 1. Individualdistanzschema

Immer deutlicher stellt sich dabei heraus, daß die Kapazität der internen Informationsverarbeitung - die natürlich so begrenzt ist, wie alle anderen Leistungen des Menschen auch - in sehr vielen Fällen eine entscheidende Rolle spielt. Das gilt auch für eine Schlüsselstelle im G. I. A. S., das "Modell ‘ Aktivität’" (M"A"): Wenn der Mensch - aus welchem Grunde auch immer - auf Dauer oder mindestens auf längere Zeit in einer wichtigen Angelegenheit nicht in der Lage ist, ein "erfolgsversprechendes" M"A" zu erstellen (mit bewußten wie unbewußten Anteilen), so ist der Kern oder General Inter-Action zumindestens ein wesentlicher Teil der Schwierigkeiten, die sich in sehr verschiedener Form äußerlich (somatisch, aber auch verhaltensmäßig) manifestieren: (Dis-) Streß, psychosomatische Erscheinungen anderer Art, Depressionen, ..., Selbstmord.

Je mehr ein solches M"A" in der internen (und letztlich auch in der externen) Erprobung ohne Schwierigkeiten erstellt werden kann, umso "wohler" fühlt sich ein Mensch - und vergleichbares gilt auch von einem "Ensemble". Sichere Ressourcenverfügbarkeit und andere Umstände, bei denen der materiell-energetische Aspekt die führende Rolle spielt, sind natürlich ein wichtiger Faktor bei den (bewußten wie unbewußten Anteilen) der internen Informationsverarbeitungsvorgänge zur Erstellung eines "erfolgversprechenden" M"A".

Der eben verwendete Ausdruck "*sichere* Ressourcenverfügbarkeit" deutet darauf hin, daß der *Voraussagbarkeit* eine entscheidende Rolle zukommt. Dies ist aus der Beschränktheit der Informationsverarbeitungskapazität leicht verständlich: Je leichter ("sicherer") ein künftiger Vorgang, Zustand, ... vorausgesagt werden kann, um so weniger Kapazität der internen Informationsverarbeitung wird beansprucht, um ein solches erfolgsversprechendes M"A" erstellen zu können (vgl. auch Ursin et al. 1978).

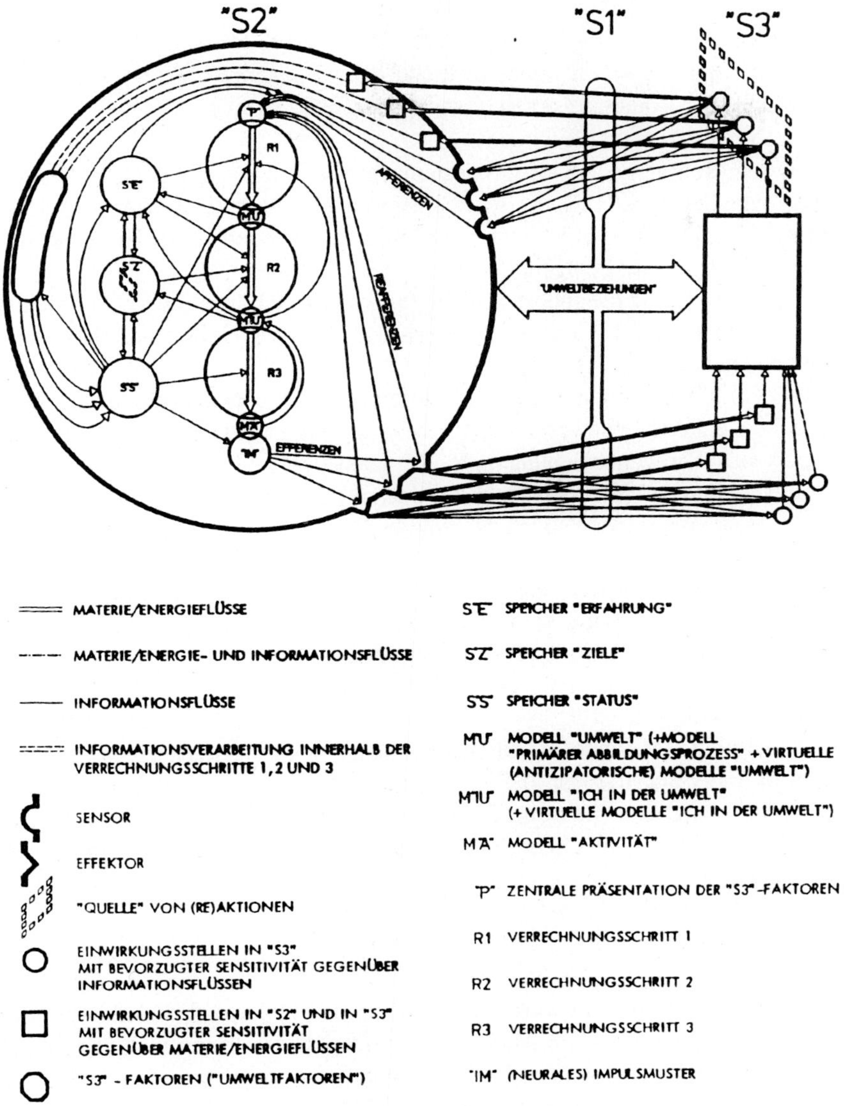

Abb. 2. Generelles Inter-Aktions-Schema, G. I. A. S.

Aus sehr verschiedenen Beobachtungen und Überlegungen hat sich dann die Zweckmäßigkeit der Konstruktion des "Sumptionsquotienten" (SQ) und die Gültigkeit der Behauptung "Die Minimierung des Sumptionsquotienten ist positiv getönt" ergeben. Es handelt sich um den Quotienten aus "Informationsverarbeitungsaufwand" (S_{ip}) und dem "Grad der Voraussagbarkeit" (G_p), beides bezüglich eines bestimmtem Umstands, Vorgangs, ... Es ist aus dem oben Dargelegten sinnvoll anzunehmen, daß die positive Tönung jeder Verkleinerung des SQ in der biologischen wie in der kulturellen Evolution einen Selektionsvorteil darstellt (vgl. Knötig 1980).

$$SQ = S_{ip} \cdot G_p^{-1}$$

S_{ip} = Informationsverarbeitungsaufwand (*Sumptus informationis praetractandae*)
G_p = Grad der Voraussagbarkeit (*Gradus praedictabilitatis*)

Die diesem Beitrag gesteckten Grenzen machen es möglich, die verschiedenen weiteren Werkzeuge der V. S. H. E. für die Realisierung des integrativen Ansatzes der Humanökologie im Detail vorzustellen. Es sollen hier nur noch kurze Hinweise auf einige derartige Instrumente erfolgen.

Als erstes wäre an die anderen beiden (außer materiell-energetischem und informatorischem Aspekt) der 3 "Generalcharakteristika" der sog. "Umweltbeziehungen" (Knötig 1979a) zu denken, die Begriffspaare

- ligierende Komponente *und* konfrontierende Komponente (die für die Wechselbeziehungen aller Lebewesen mit der sie umgebenden Außenwelt von Bedeutung ist),
- personale Umweltbeziehung *oder* apersonale Umweltbeziehung (die für die Wechselbeziehungen von Menschen mit der umgebenden Außenwelt von Bedeutung - und zwar von großer Bedeutung - sind).

Ein anderes Begriffspaar, dessen Bedeutung sich aus der Eigenart der (internen) menschlichen Informationsverarbeitung erklärt und das für die praktische Arbeit vielfach von großer Wichtigkeit ist, wird dargestellt von

- Realfunktion,
- Symbolfunktion,

deren vielfältige Beziehungen zueinander von nicht geringem Reiz ist.

Ein weiteres Begriffspaar, daß schon aus der teilweise sehr groben Ungleichverteilung von verfügbaren Ressourcen in unserer Zeit von großer Wichtigkeit ist, steht zugleich mit dem eigentlichen Menschlichen, dem Specificum humanum in sehr enger Verbindung:

- Mangelsituation,
- Überangebotssituation.

Als Specificum humanum wurde weiter oben die Fähigkeit der Meta-Abbildung vorgestellt: Damit wird es dem Menschen - kurz gesagt - ermöglicht, "Einsicht" in die Zusammenhänge zwischen den Verhältnissen in der umgebenden Außenwelt und dem Inhalt seines internen "Modells ‘Umwelt’" (M"U") zu gewinnen. Auf diese Art ist es dem Menschen (allein) möglich, sich - unter geeigneten Umständen- selbst eine Umgebung zu schaffen, die dann im Wege der "Uexküll-Transformation" einen (Teil-) Inhalt seines "M‘U’" so entstehen läßt, wie er es sich vorher vorgestellt hat. Und da er auch mehrere verschiedenartige antizipatorische "M‘U’"-(Teil-) Inhalte entwerfen kann, steht ihm auch prinzipiell die *Wahl* zwischen verschiedenartigen Alternativen frei.

Realiter gibt es derartige Alternativen, die den Einsatz des Specificum humanum, d. h. letztlich der Wahlmöglichkeit erlauben, in Überangebotssituationen viel häufiger als in Mangelsituationen - aber dieses Positivum für das Wirksamwerdenkönnen der Specificums humanum steht ein anderes Positivum gegenüber, das mehr der Mangelsituation zu eigen ist: die Herausforderung an die Kräfte der menschlichen Informationsverarbeitung, um die Lage zu verbessern. Außerdem besteht bei einem zu großen

Überangebot die Gefahr, daß dieses Angebot nicht mehr überblickt werden und damit auch keine wirkliche Wahl getroffen werden kann (sondern mehr oder weniger eine Zufallsauswahl stattfinden muß.

Von Wichtigkeit sind auch - v. a. für viele praktische Problemstellungen die Begriffsgruppen

- der (menschlichen) Grundfunktionen
  [Wohnen, Arbeiten, Sich regenerieren, Sich von Ort zu Ort begeben],
- des Raums
  - Individualraum
  - Habitate
  [jeder Grundfunktion ist ein Habitatstyp zugeordnet],
- der Zeit
  - Zeitgestalten (Zeitverläufe)
  - Zyklen (naturgegebene, kulturgegebene)
  - Zeitbudgets (Verweildauer in den einzelnen Habitaten / den einzelnen Grundfunktionen gewidmete Zeit)
  - 1. Diff.Quotient nach der Zeit: Änderungsgeschwindigkeiten (mindest notwendige, höchst erträgliche).

"Vienna School of Human Ecology" - die wichtigsten Merkmale

Die Unmöglichkeit weitere Details zu bringen, soll etwas kompensiert werden durch das kurze Aufzeigen des "Milieus", in dem diese "Werkzeuge des integrativen Ansatzes" verwendet werden.

1. Versuch mit Hilfe des Begriffs "Information"eine exaktwissenschaftliche Brücke zwischen Natur- und Geistes-/Sozialwissenschaft zu schlagen (*nicht* eine Vereinigung - "Unified Science" o. dgl. - herbeizuführen).
2. Struktur des Begriffsystems einer gut durchgearbeiteten allgemeinen (Bio-) Ökologie - zugleich den *Unterschied* zwischen einer "Ökologie der Spezies Homo sapiens" und der Ökologie jeder anderen Spezies (bzw. der Synökologie als Ökologie aller anderen Spezies) klar herausgestellt.
3. Anerkennung der tragenden Bedeutung des Uexküllschen Konzepts "Umwelt" für die geeignete Erfassung der Einflußnahme auf die Wechselbeziehungen Organismus - umgebende Außenwelt (im Sinne Haeckels) durch das betreffende Lebewesen ("Uexküll-Transformation"!).
4. *Specificum humanum:* Meta-Abbildung ("meta-mapping" nach dem von Bateson verwendeten Zeitwort "meta-map").
5. Ethische Komponente: "Pflicht zur Informationsbeschaffung" (Reichhardt 1976), Ableitungen aus der Fähigkeit der Meta-Abbildung: Einsicht, Wahl-/Entscheidungsvermögen, (mindestens partielles) Unterscheidungsvermögen zwischen "Gut" und "Böse", Verantwortung.

6. Wichtigste Werkzeuge: "Ökologische Potenz" - "ökologische Valenz" und "G. I. A. S." (General Inter-Action-Scheme - Generelles Inter-Aktions-Schema), das hervorgegangen ist aus dem I. D. (Individualdistanz-) Schema [dreidimensional: I. R: - (Individualraum-) Schema], das seinerseits aus den Ergebnissen der Streßforschung erwuchs. Das G. I. A. S. hat sich in konkreten Fragestellungen der Praxis bereits bewährt ("sick buildings", thermische Komponente der "Wohnungsbehaglichkeit", ...).

Literaturverzeichnis

Autrum H, Holst D v (1968) Sozialer "Stress" bei Tupajas (Tupaia glis) und seine Wirkung auf Wachstum, Körpergewicht und Fortpflanzung. Z vgl Physiol 58: 347 - 355

Bateson G (1972) Steps to an ecology of mind. Ballantine, New York

Carson R (1954) Der stumme Frühling.

Forrester JW (19729 der teuflische Regelkreis. Dt Verlags-Anstalt, Stuttgart

Frank F (1953) Untersuchungen über den Zusammenbruch von Feldmausplagen (Microtus arvalis Pallas). Zool Jb, Abt System, Ökologie u. Geographie 82: 95 - 136

Frank F (1954a) Beiträge zur Biologie der Feldmaus Microtus arvalis (Pallas). Zool Jb, Abt System, Ökologie u. Geographie 82: 354 - 404

Frank F (1954b) Die Kausalität der Nagetier-Zyklen im Lichte neuer populationsdynamischer Untersuchungen an deutschen Microtinen. 2. Morph u Ökol Tiere 43: 321 - 536

Haeckel E (1868) Generelle Morphologie der Organismen, Bd 2. Allgemeine Ent-wickelungsgeschichte der Organismen, Reimer, Berlin

Haider M, Jansen P, Kafka-Lützow A, Knötig H, Panzhauser E (1987) Vorzugstemperatur und IR-Reflexion von Bauteilinnenflächen. Archivum Oecologiae Hominis, Wien

Hesse R (1924) Tiergeographie auf ökologischer Grundlage. Fischer, Jena

Holst D v (1969) Sozialer Stress bei Zupajas (Tupaia belangeri). Die Aktivierung des sympathischen Nervensystems und ihre Beziehung zu hormonal ausgelösten ethologischen und physiologischen Veränderungen. Z vgl Physiol 63: 1 - 58

I. O. H. E. (1981) Short information - Kurzinformation - Information succinte. Archivum Oecologiae Hominis, Wien (Selbstdarstellung der International Organization for Human Ecology)

Knötig H (1966) Energiefluß und Informationsfluß als komplementäre Anteile jeder Wechselwirkung zwischen Organismus und Umwelt. Helgoländer wiss Meeresunters 14: 279 - 290

Knötig H (1972) Bemerkungen zum Begriff "Humanökologie". Humanökol Bl / folia oecol hom 1, 2/3: 3 - 140

Knötig H (1975) The extent of the "Individualraum" - a cybernetic problem. Humanökol Bl / folia oecol hom 4: 125 - 135

Knötig H (1976) Terminology, Session Report. Coll intern 1: 119 - 144

Knötig H (1976a) Proceeding of the International Meeting on Human Ecology, Vienna 1975. St. Saphorin (Georgi)

Knötig H (Hrsg) (1979) Proceedings of the Second Vienna International Meeting on Human Ecology (1977). Wien (ARCHIVUM OECOLOGIAE HOMINIS)

Knötig H (1979a) Umweltbeziehungen als Element des Umweltbeziehungsmusters und ihre Parameter. In Knötig H (Hrsg) (1979), 97 - 110

Knötig H (1980) G. I. A. S. - General inter-action scheme - Generelles Inter-Aktions-Schema. Folia oecol hom 9: 45 - 130

Knötig H (1987) Zum informatorischen Aspekt des sogenannten "Umweltbelastung" des Menschen. Trend Commerz, Linz, Handb anläßl d 1. Kongr - Messe f Umwelttechnik Linz 1987

Knötig H, Kurz I, Panzhauser E (1987) "Sick buildings" - A phenomenon of internal information processing? In: Seifert et al. (Hrsg) 497 - 504

Knötig H, Panzhauser E (1976) 1975 decleration of principle of the Society for Human Ecology. Coll intern 1:158 - 171, 271 - 279

Knötig H, Panzhauser E (1987) Humanökologischer Ansatz. In: Haider M et al., Anhang 1

Linne C v (1758) Systema naturae, 10. Aufl, Stockholm

Meadows D (1972) Die Grenzen des Wachstums. Dt Verlags-Anstalt, Stuttgart

Muck O. (1979) Das "1978 Paris Symposium". Coll intern 4: 41 - 48

Peus F (1954) Auflösung der Begriffe "Biotop" und "Biozönose". Dt Ent Z, N F 1, 271 - 308

Reichhardt R (1976) Prolegomena zu einer humanökologischen Ethik. In: Knötig H (Hrsg) (1976), 529 - 543

Schwerdtfeger F (1963) Ökologie der Tiere, Bd 1, Autökologie, Parey, Hamburg

Seifert B, Esdorn H, Fischer M, Rüden H u. Wegener J (Hrsg) (1987) Indoor Ait ´87. Proceeding of the 4th International Conference on Indoor Air Quality and Climate, Bd 2, Berlin (Inst f Wasser-, Boden- u. Lufthygiene d Bundesgesundheitsamtes)

Uexküll J v (1928) Theoretische Biologie, 2. Aufl, Springer, Berlin

Ursin H, Baade E, Levine S (Hrsg) (1978) Psychobiology of stress. A study of coping men. Academic Press, New York

Ursin H, Blix AS, Rosseland S (1978) Subjects and the methods used in the field phase of the experiment. In: Ursin H, Baade E, Levine S (Hrsg) 23 - 33

Van Dobben WH, Lowe-McConnel RH (1975) Unifying concepts in ecology. Junk, The Hague

Teil IV

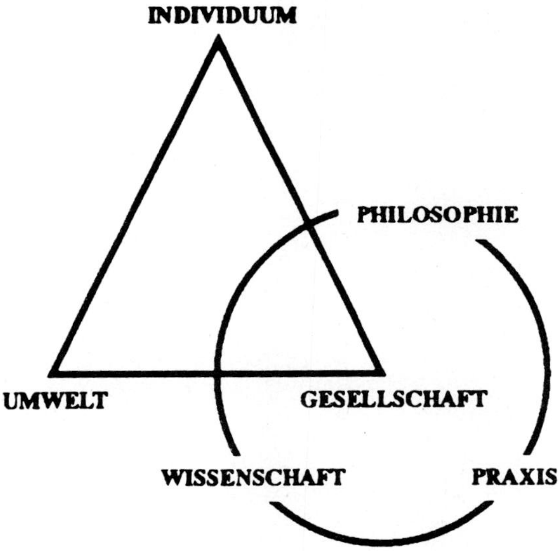

Das Mensch-Umwelt-Verhältnis im Zirkel der Humanökologie

Humanökologie als Co-Evolution

Wolfgang Crom
Friedrich-Dannenmann-Str. 28, D-7400 Tübingen, Deutschland

Abstract

The dynamic exchanges, that result from the systemic interrelationship by means of feedback effects between a biotic-abiotic environment and an included society imply a co-evolutionary progress. The gradual transformaton by man of an ecological niche into an economic nich finds its reciprocal counterpart in an institutionalized organization. The aim is the construction of a homeostatic equilibrium between intervention and exploitation for the reproduction power of the system without accident.

In the case of Egyptian history, the rise of the artificial basin irrigation in connexion with social differentiation of the society and the unfolding of the indispensable ritual context will be shown. The ceremony of canal opening in early dynastic Egypt, that resulted from a practical process, can be followed through until the placement of artificial basin irrigation by the modern practice of perennial irrigation. The canal-opening ceremony serves as an example for the co-evolutional development of a man-environment-complex towards a ritual-regulated, homeostatic equilibrium.

Menschliche Eingriffe in einen Landschaftshaushalt mit nachhaltig verändernder Wirkung sind seit langem Bestandteil ökologischer Landschaftsforschung. Die gestalterische - oder zerstörerische - Kraft des Menschen bildet einen Teilaspekt, der seinen Schwerpunkt heute in der man-made-hazard-Forschung findet. Bereits 1963 führte Troll, in enger Anlehnung an die biologische Terminologie, den Begriff der Landschaftssukzession in die Diskussion ein, wobei er alle Veränderungen einer Landschaft in einem bestimmten Zeitrahmen darunter subsummieren wollte. Die Frage nach internen oder externen Ursachen für umgestaltende Prozesse ist dabei der Erforschung des Wirkungsgefüges zwischen Biozönosen und deren Umweltbedingungen untergeordnet worden. Der Mensch ist zwar als potentieller Verursacher von Modifikationen im Natur- und Landschaftshaushalt ebenso bekannt wie als Initiator der Entstehung einer Folgelandschaft, gilt jedoch nicht als einzige hierfür verantwortliche Größe. Eine gegenseitige Beeinflussungsmöglichkeit zwischen Mensch und Umwelt wurden insofern angedeutet, daß, neben der Eingriffnahme des Menschen in das Landschaftsgefüge nun in die andere Richtung argumentierend, der Mansch für seine dauerhafte Existenz bestimmten bio- und geoökologischen Gegebenheiten unterliegt. Auf eine mögliche wechselseitige Dynamik wurde dabei nicht hingewiesen

Im Gegensatz dazu wird in der Humanökologie bei der Erforschung der Mensch-Umwelt-Verhältnisse der Mensch gleichsam als Sender und Empfänger betrachtet. Einerseits werden die Folgewirkungen anthropogener Eingriffnahmen in Ökosystemen untersucht, andererseits sind die auf den Menschen einwirkenden, sein Verhalten mitbestimmenden Umwelt- und Milieufaktoren zu berücksichtigen. Die hierbei auftretenden systemaren Vernetzungen verdeutlichen die wechselseitigen Zusammenhänge zwischen Mensch und Umwelt. Noch deutlicher wird dieser Sachverhalt bei der Untersuchung von Rückkoppelungen; im extremsten Fall sind dies den Menschen betreffende Umwelteinflüsse, die zuerst durch das Handeln des Menschen Änderungen im Naturhaushalt hervorgerufen hatten.

Ausgehend vom biologischen Ursprung der Haeckelschen Umweltlehre (Blick et al. 1984, S. 16 ff., vgl. Weichhart 1980, S. 51) ist Humanökologie die Lehre von der Umwelt des Menschen. Diese recht simple Formulierung steht für einen äußerst komplizierten Kontext, Da sich die Umwelt des Menschen nicht allein durch eine bestimmte Konstellation bio- und geoökologischer Elemente beschreiben läßt, sondern darüber hinaus das kulturelle und soziale Umfeld zu berücksichtigen ist. Das Handeln des Einzelnen muß als gesellschaftliche Interaktion und in Verbindung zur biotisch-abiotischen Umwelt gesehen werden. Die Einbeziehung soziokultureller Organisationsformen aber bedeutet, daß Humanökologie auch Gesellschaft-Umwelt-Beziehungen beinhaltet. Inwieweit der Ökologiebegriff durch die sehr weit gefaßte Anwendung dabei angesprochen wurde, soll nicht Gegenstand der vorliegenden Untersuchung sein (vgl. Müller 1974; Kattmann 1978). Das hier verfolgte Ziel ist die sich aus den Wechselwirkungen zwischen der biotisch-abiotischen Umwelt und einer darin lebenden Gesellschaft ergebenden dynamischen Wirkungen exemplarisch aufzuzeigen.

Dynamische Prozesse können ein evolutives Fortschreiten implizieren; geschieht diese Entwicklung als Interaktion zwischen zwei Komponenten, kann von Co-Evolution gesprochen werden. Ohne nach auslösenden endo- oder exogenen Kräften zu fragen, verdeutlichen die folgenden Schlagworte beispielhaft das Gemeinte:

Fischreichtum kann in vorgeschichtlicher Zeit zur Seßhaftwerdung einer Gruppe geführt haben, die Bevölkerung konzentriert sich auf einen begrenzten Raum; die Nutzung der natürlichen Ressourcen wird vom Zeit-Raum-Verhältnis bestimmt. Eine Selektion von Pflanzen der Umgebung hängt von Verarbeitungsmöglichkeit, Nahrhaftigkeit oder Geschmack ab und führt zur Entstehung von Kulturpflanzen durch Selektion, d. h. Spezialisierung der Nahrungsmittelbeschaffung bis hin zur Arbeitsteilung. Die Inanspruchnahme der zur Verfügung stehenden Raumressourcen für Siedlung und Anbau bewirkt an diesen Standorten die Reduzierung der natürlichen Vegetation, ebenso die zunehmende Intensivierung bei einsetzendem Gebrauch verbesserter technischer Hilfsmittel; die Entwicklung der Ertragslage zeigt bekanntlich ein enges Verhältnis zu wirtschaftlichen Organisationsformen. Bodenerosion oder -akkumultion verändern die Lage der Anbauflächen, Migrationen könnten folgen.

Diese Reihe ließe sich beliebig ergänzen oder fortsetzen. Die Reichweite der Eingriffnahmen des Menschen sowie allgemein die Wirkung der Wechselbeziehungen sind ebenso unterschiedlich wie die potentiell mölglichen Reaktionen auf Änderungen.

Eine Betrachtung der biologischen Art Mensch als Konsument im Ökosystemkonzept oder als - selbst Verursacher - Träger durch das Medium Umwelt zugefügter physiopathologischer Störungen wird einer co-evolutiven, also dynamisch-reziproken Sichtweise von Mensch-Umwelt-Beziehungen nicht gerecht. Vielmehr ist dem Kultur-träger Mensch durch die bei ihm wirksam gewordene psychosoziale Evolution (Huxley 1954, S. 11; Erben 1988, S. 349 ff.) in seinem Verhältnis zur Umwelt, d. h. einer Co-Evolution zwischen der biotisch-abiotischen Umwelt auf der einen und der soziokulturellen Umwelt auf der anderen Seite Aufmerksamkeit zu widmen. Wenn der Evolution, resp. Co-Evolution ein Ziel unterstellt werden kann, so läge dieses im Angepaßtsein oder in Adaption, die den Anforderungen des Überlebens genügen muß. Der optimale Zustand ist in einem homöostatischen Gleichgewicht erreicht, das sich in einem Mensch-Umwelt-System nach einer mehr oder weniger langen Entwicklungszeit in einem bestimmten Zusammenwirken der Systemelemente äußert. Dabei ist einerseits der Mensch sowohl physiopathologisch als auch soziokulturell auf seine Umwelt eingerichtet, andererseits hat er durch die Umwandlung einer ökologischen Nische die Umwelt auf seine Bedürfnisse hin gestaltet und versucht es durch ein kulturelles Regelwerk funktionsfähig zu halten. Ohne durch endogene Impulse hervorgerufene nachhaltige Folgen erwarten zu müssen, ist das System ebenso bei externen Einflüssen in der Lage, seine Struktur aufrecht zu halten und einen quasistabilen, d. h. im Kern dauerhaften Zustand zu bewahren. Der Kultur kommt innerhalb der Mensch-Umwelt-Beziehungen die Trägerfunktion der Systemsteuerung zu. Zur Ausübung der Funktion bedient sie sich z. B. normierter Gesetze oder ritueller Vorschriften, die religiöse Motive beinhalten und agiert damit als Mittler zwischen der biotisch-abiotischen sowie der sozialen Umwelt und den biologischen Bedürfnissen des Menschen. Rappaport (1969, 1971) hat bereits vor über 20 Jahren ein rituell gesteuertes Ökosystem bei einem Eingeborenenstamm auf Neuguinea aufzeigen können, wobei der gesamte Mensch-Umwelt-Komplex so, wie er von der Gruppe wahrgenommen wird, umfaßt wird. Es handelt sich bei der sehr offen liegenden Systemregulation um einen immer wiederkehrenden Ablauf in einem zeitlich variablen Rahmen, wodurch die Versorgung der Gemeinschaft durch Reproduktion sowie das soziale Verhalten nach innen und außen überwacht und gesteuert wird und damit auf eine kurz- und gleichfalls auch langfristige Bedürfnisbefriedigung eingerichtet ist (vgl. Weichhart 1989, S. 79 ff.)

Es ist aber davon auszugehen, daß eine derartiger Regulierungsmechanismus in der Regel nicht das gesamte Mensch-Umwelt-Gefüge einer Gesellschaft einschließt, sondern nur in einem Teilkomplex abläuft. Darüber hinaus ist eine wesentlich diffizilere und weniger offensichtliche Mittlerrolle des religiösen Rituals anzunehmen. Dennoch müssen wir es auch hier mit Mensch-Umwelt-Komplexen zu tun haben, die ein homöostatisches Gleichgewicht ausbalanciert haben. Auffällig ist die Dauerhaftigkeit des scheinbar unveränderlichen Zustands, der das Gefüge stabilisiert, zum Erhalt beiträgt und zur zyklischen Repetition befähigt. Aus der Sicht der betreffenden Gesellschaft handelt es sich demnach um einen Übertragungsmechanismus zur Konservation ideeller und materieller Werte; aus der Sicht der Ökosystemforschung um ein adaptiertes, autopoietisches (Varela et al. 1974) System.

Es schließt sich nun die Frage nach der Herausbildung eines Mensch-Umwelt-Systems mit den Eigenschaften eines homöostatischen Gleichgewichts und autopoietischem Charakter an. Humanökologische Komplexmodelle werden durch die Behandlung der entwicklungsgeschichtlichen Perspektive um die historische Dimension erweitert, in der die Ursprünge der co-evolutiven Interaktionen zwischen einer Gesellschaft und ihrer Umwelt begründet liegen.

Als Beispiel soll hier ein Aspekt aus der traditionellen Bewässerungspraxis im ägyptischen Niltal dargestellt werden, indem zunächst ein Überblick über die enorme

Persistenz einer rituellen Systemsteuerung gegeben wird, die ungeachtet modifikatorisch wirkender Ereignisse die enge Bindung der Elemente dieses Komplexes verdeutlicht, bevor deren Entstehung zu rekonstruieren ist.

Die Bewässerung der Felder wurde bis zur allmählichen Umstellung auf Dauerbewässerung seit der 2. Hälfte des vorigen Jahrhunderts durch das Einleiten des sommerlichen Nilhochwassers in die vorbereiteten Bassins mittels Kanälen bewerkstelligt (Abb. 1).

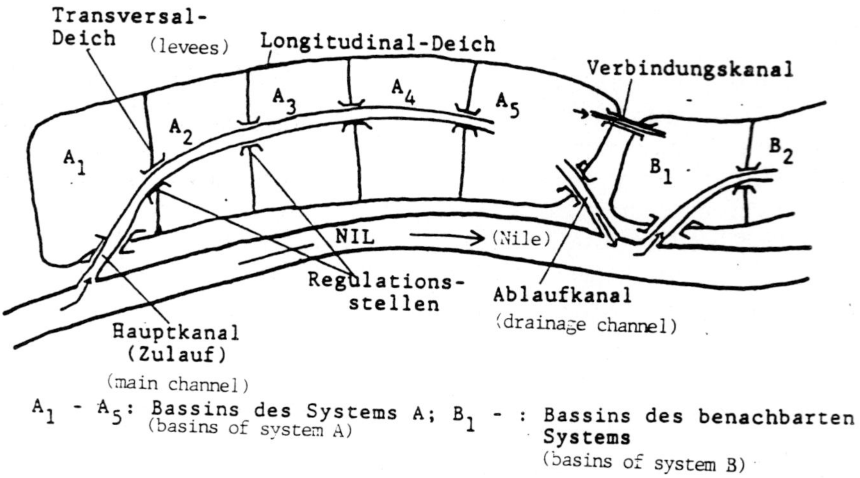

Abb. 1. Schema der künstlichen Bassinbewässerung. (Nach Willcocks 1899)

Durch den Dammeinstich konnte das dahinter aufgestaute Wasser in den Kanal eintreten, um die an ihn angeschlossenen Felder zu fluten (Willcocks 1899, S. 57 ff.). Bereits aus der Reichseinigungszeit um ca. 2050 v. Chr., d. h. der Epoche, die den frühgeschichtlichen Dynastien unmittelbar vorausging, ist uns die Darstellung einer Kanalöffnung auf dem Knauf einer Prunkkeule überliefert. Abbildung 2 zeigt den oberägyptischen König Skorpion über einen Wasserlauf stehend mit einer Hacke in seinen Händen. Ihm assistiert eine Person mit einem Bast- oder Schilfkorb, der als Abtransportbehäter für den Aushub dient. Darunter sind weiter Personen abgebildet, von denen die unterste auch wieder erkennbar eine Hacke hält. Sie führt scheinbar Arbeiten am Fließgewässer durch, auf dem sich ein Schiff nähert oder das gerade vorbeigefahren ist. Zwischen den Flußarmen sind die zu bestellenden bzw. zu bewässernden Felder mit eingeteilten Parzellen und ein Baum zu erkennen.Standartenträger, die die zum Herrschaftsgebiet gehörenden Provinzen repräsentieren, und eine mit Tanz feiernde Gruppe begleiten das Geschehen (Butzer 1976, S. 20 f.; Emery 1961, S. 38 f.; Helck 1954, S. 978 f.).

Das Fest der Kanalöffnung ist z. B. auch aus arabischen Zeiten überliefert. Einige ausgewählte Zitate mögen das bestätigen. In der von Qalqashandi erfaßten 'Geographie und Verwaltung von Ägypten (Wüstenfeld 1879) heißt es in einer Beschreibung der großen öffentlichen Aufzüge unter den Fâtimiden (969 - 1171) in Kairo: "Jetzt wurde eines der Fenster der schönen Aussicht geöffnet und der Chalif zeigte sich hoch oben über dem Kamm, dann daneben ein zweites Fenster, darin erschien einer der Herren mit der Kopfbinde und gab das Zeichen, den Damm zu öffnen, dies geschah vermittels Hacken und dabei wurden auf beiden Ufern die Trommeln und Pauken geschlagen. (...) Wenn das Wasser in den Canal trat, fuhren auch die kleinen Schiffe hinein und hinterdrein die großen (...) (Wüstenfeld 1879, S. 212). Ebenso zitiert Popper (1951, S. 83) wie der Kalif durch das Schleudern einer Hacke gegen den Damm das Zeichen gibt, diesen zu öffnen. Lane (1986, S 502f f.) nahm 1834 an der Kanalöffnung in Kairo teil, die vom Stadtoberhaupt durchgeführt wurde. Auch hier ist die Hacke das altbewährte Arbeitsgerät. Menschenmengen säumen die Ufer des Kanals und nach erfolgtem Durchstich befahren Boote die geöffnete Wasserstraße. Einen, wenn auch vagen, so doch nicht zu vernachlässigenden Hinweis über die Kanalöffnung aus koptischer Zeit ist durch Mas'ûdî, der 941 in Ägypten verweilte, überliefert, indem er als traditionellen Feiertag der Kanalöffnung den 14. September erwähnt, an dem die christliche Kirche das Fest der Kreuzerhöhung begeht (Pellat 1965, S. 296 bzw. Mas'ûdî, II, 364; vgl. Popper 1951, S. 85). Der Festakt der Kanalöffnung wurde von zahlreichen Zeremonien ebenso wie von hymnusartigen Gesängen, die die Ankunft der Nilschwelle beinhalten, begleitet. Hiervon sind Belege sowohl aus altägyptischer als auch aus islamischer Zeit überliefert. Ihr verwandtschaftlicher Charakter, über unterschiedliche politische wie religiöse Systeme und Zeitabschnitte hinweg, wurde bereits eingehender philologischer und volkskundlicher Untersuchungen unterzogen (Hermann 1959, S. 51; Hermann 1960; Popper 1951, S. 82 ff.).

Diese Beispiele belegen die Zelebration der Kanalöffnungsfeier über etwa 5000 Jahre ägyptischer Geschichte. Es lassen sich nicht alle kulturellen Modifikationen, die während dieses enormen Zeitraums aufgetreten sind, aufzählen, zu denen die relative Variabilität der Festsetzung des Feiertags ebenso zählt, wie die Einführung mechanischer Wasserhebegeräte. Die hiermit bewässerten Felder sind ohnehin lediglich als kleinflächige Ergänzung zur großräumigen Bassinbewässerung zu betrachten. Gemeinsam ist den vorgelegten Beschreibungen jedoch das Begehen der Feierlichkeiten mit Tanz und Gesang, das Befahren des geöffneten Kanals mit Booten sowie die Anwesenheit einer hochgestellten Persönlichkeit des öffentlichen Lebens, die die rituelle Öffnung des Damms durchführt. Das Kanalöffnungsritual ist stellvertretend für alle landesweit vorzunehmenden Kanalöffnungen zur Bewässerungssaison (-jahreszeit) eröffnet.

Um nun die Funktion und Herleitung des Rituals sowie den unmittelbaren Zusammenhang zwischen dem Ritual und der Bewässerungspraxis darstellen zu können, ist das Bewässerungssystem ägyptischer Provenienz zu erläutern. Die traditionelle Bassinbewässerung ist auf lokaler Ebene organisiert; die zu einer Dorfgemeinschaft gehörenden Felder sind mit einem eigenen Kanal am Nil angeschlossen (Abb. 1). Wegen der gestaltenden Eingriffe des Menschen bei der Errichtung der Becken und der Anlage der Kanäle wird dieser Typus als künstliche Bassinbewässerung bezeichnet. Diese leitet sich vom Typus als künstliche Bassinbewässerung ab, wobei der Nil wegen seiner Eigenschaften als Dammfluß durch das Aufschütten der Levees als Gestalter des alluvialen Talbodens auftritt. Neue und alte Levees, die sich kreuzen, ergeben die Anlage natürlicher Bassins (Butzer 1959, S. 69 ff., Butzer 1976, S. 15 ff.; Passarge 1940, S. 110 ff.). Die frühen Niltalbewohner haben sich die Gunsträume der Naturlandschaft zu eigen gemacht. Um von der von Jahr zu Jahr schwankenden Fluthöhe, den wechselnden Bodenqualitäten oder den veränderlichen Entfernungen zwischen dem am Talrand auf der Flachwüste, bzw. auf einem Levee angelegten Dorf und den zufällig genügend durchfeuchteten und gedüngten Feldern der Siedlungsgemeinschaft eine gewisse Unabhängigkeit zu erreichen, richteten sie sich die Bewässerungsbassins nach dem natürlichen Vorbild nun durch künstliche Dämme selber ein und schlossen diese durch Zulaufkanäle an den Nil an. (Abb. 1).

Der Zeitpunkt der Kanalöffnung wurde durch den Höchststand der Nilflut festgelegt. Damit konnte das natürliche Gefälle zwischen dem in seinem Bett angestiegenen Nil und den tiefer liegenden Feldern optimal ausgenutzt werden. Im Öffnen des Bewässerungskanals liegt die Schlüsselszene für die Ertragssicherung. Die hiermit beauftragte Person übernimmt die Verantwortung ebenso wie die Garantie für das Gelingen der Landwirtschaftlichen Arbeiten, wodurch sie als Autorität ausgewiesen wird. Es verwundert nicht, daß sich die Tätigkeit der Kanalöffnung zu einer rituellen Zeremonie entwickelte, die jedes Jahr den Auftakt zur Überflutung und Regenerierung der abgeernteten Äcker bildete. Bei territorialen Machtbereichserweiterungen einzelner Herrscher, wie es für das prädynastische Ägypten anzunehmen ist und das schließlich in der Reichseinigung um 2950 v. Chr. mündete (Atzler 1981), war die Kanalöffnungsfeier nicht mehr für jede Bassinanlage, bzw. jedes Dorf im Herrschaftsbereich zu bewerkstelligen. Stellvertretend für alle künstlichen Bassins wurde das Ritual an einem Kanal begangen. Auf die Anwesenheit einer hochgestellten öffentlichen Persönlichkeit, die für den Erfolg der Felderbestellung Sorge zu tragen hat, konnte wegen der überaus großen wirtschaftlichen Bedeutung nicht verzichtet werden. Die auf der Prunkkeule des Königs Skorpion abgebildeten Standartenträger symbolisieren durch ihre Teilnehme am Ritual die Übertragung auf die übrigen Landesteile (Abb. 2).

Abb. 2. Bruchstück der Prunkkeule des Königs Skorpion, ca. 3050 v. Chr.. (Emery 1961, S. 38, Abb. 3)

Zur Zeit der ägyptischen Vorgeschichte ist das Kanalöffnungsritual im Zusammenhang mit der Umstellung von der natürlichen Bassinbewässerung zur künstlichen Bassinbewässerung entwickelt worden. Von zunächst lokaler Funktion und Bedeutung der tatsächlichen Kanalöffnung wurde diese zu einem substituierend zelebrierten Ritual. Es regelte die an die nilotischen Bedingungen adaptierte Felderbewässerung, die nicht mehr wie vor den Eingriffen des Menschen in die Naturlandschaft des Niltals dem Zufall überlassen war. Zwischen den Bedürfnissen der Ägypter, d. h. der Ertragssicherung durch eine relative Unabhängigkeit von dem hin und her Wandern der geeigneten Anbauflächen und der Umwelt hat sich durch Co-Evolution aller am beschriebenen Mensch-Umwelt-Komplex beteiligten Elemente ein Gleichgewichtszustand eingestellt, dessen homöostatischen Eigenschaften durch Modifikationen wie dem Ablauf der Feierlichkeit unter verschiedenen Religionen oder Regimen ebenso wie der jährlich stark variierenden Überschwemmungshöhe erwiesen werden. Auch Butzer (1984, S. 12) betont den lange Zeit erfolgreichen Bestand der erfolgten Anpassung: "Viewed over a span of live millennia, Egypt (...) exemplifies the inherent diachronic dynamism of an adaptive system characterized by a particular social and natural environment." Die Bedeutung des Rituals und seine enge Bindung zum beschriebenen Bewässerungstypus wird schließlich dadurch verdeutlicht, daß das allmähliche Verschwinden der Feier mit allen dazugehörigen Volksbräuchen und Hymnen über die Ankunft des Nil mit der fortschreitenden Umstellung auf Dauerbewässerung, resp. mit der Umstellung auf ander Produktionsbedingungen einherging.

Die Übertragung der Evolutionstheorie auf die Kulturwissenschaften kann nicht gleichbedeutend mit der Suche nach Kulturstufen sein. Abgesehen davon, daß bei der ihr klassischerweise unterstellten Fortsschritts- und Wachstumsidee eine - meist unbeabsichtigte - Wertung der Höherentwicklung mitschwingt, wird bei dieser Sichtweise der Sinn der Evolution nicht erkannt. Sicherlich gibt es verschiedene Gesellschafts- oder Kulturformen mit unterschiedlichen Komplexitätsgraden des Zusammenlebens (Münch 1985); ihre Weiterentwicklung und zunehmende Komplexität entspräche aber einer Progessionsreihe. Der Blick muß von der Höherentwicklung der Kulturstufen, dem Abfallprodukt der Evolution, auf ihren eigentlichen Zweck, die Adaption, gewendet werden, denn nur die Anpassung an eine Umwelt garantiert ein Überleben in dieser. Zu bewertende Aspekte ergäben sich aus dem Grad des Angepaßtseins oder der Spezialisierung und aus der Prüfung der Flexibilität gegenüber Störungen. Die kybernetisch Humanökologie bietet durch die Berücksichtigung sowohl des Umwelt- als auch des Kultursystems, bzw. durch die Betrachtung ihrer vielfältigen Beziehungen zueinander die Grundlage für Untersuchungen homöostatischer Gleichgewichte, die sich im Verlauf einer Co-Evolution aufeinander abgestimmt haben.

Literaturverzeichnis

Atzler M (1981) Untersuchungen zur Herausbildung von Herrschaftsformen in Ägypten. Hildesheimer Ägyptologische Beiträge, 16, Gerstenberg, Hildesheim

Bick H et al. (Hrsg) (1984) Angewandte Ökologie - Mensch und Umwelt, Bd 1. Einführung, räumliche Strukturen, Wasser, Lärm, Luft, Abfall. Fischer, Stuttgart

Butzer K W Die Naturlandschaft Ägyptens während der Vorgeschichte und Dynastischen Zeit. Abh. d. Akad. d. Wissensch. u. Lit. Mainz, Math. -Naturwiss. Kl. 2: 43 - 122

Butzer K W (1976) Early Hydraulic Civilization in Egypt: A Study in Cultural Ecology. University of Chicago Press. Chicago London

Butzer K W (1984) Long-term nile food variation an political discontinuities in pharaonic Egypt. In: Clark JD, Brandt S (eds) From hunters to farmers. The causes and consequences of food production in Africa. University of California Press, Berkeley Los Angeles London, S 102 - 112

Crom W (1986) Zum Stand der Bewässerungstechnik im frühgeschichtlichen Ägypten. Ein Beitrag über die Entwicklung einer kulturhistorisch bedeutenden Wirtschaftsweise. Diplomarbeit, Geographische Institute der Univ. Bonn. Bonn, unveröffentlicht

Emery W B (1961) Ägypten. Geschichte und Kultur der Frühzeit 3200 - 2800 v. Chr. (Archaic Egypt, deutsch v. P. Baudisch) Goldmann, München

Erben H K (1988) Die Entwicklung der Lebewesen. Spielregeln der Evolution. Überarbeitete Neuausgabe, Piper, München

Helck W (1954) Herkunft und Deutung einiger Züge des frühägyptischen Königsbildes. Anthropos, Bd 49, S 961 - 991

Hermann A (1959) Der Nil und die Christen. Anthropos, Bd 2, S 30 - 69

Hermann A (1960) Die Ankunft des Nils. Zeitschrift für Ägyptische Sprache und Altertumskunde, Bd 85, S 35 - 42

Huxley J (1954) Entfaltung des Lebens. (Evolution in Action deutsch v. J. u. Th. A. Knust). Fischer, Frankfurt/M

Kattmann U (1978) Humanökologie zwischen Biologie und Humanwissenschaften, dargestellt am Beispiel des Ökosystemkonzeptes. In Verwandlungen der Gesellschaft für Ökologie, 7. Jahresversammlung Kiel 1977. Göttingen, S 541 - 549

Lane E W (1986) An account of the manners and customs of the modern Egyptians. Written in Egypt during the years 1833 - 1835. Nachdruck. London

Müller P (1974) Was ist Ökologie? Geoforum, Bd 18, S 78- 81

Münch R (1985) Differenzierung, Rationalisierung, Interpretation. Die Herausbildung der modernen Gesellschaft. In: H. Reimann (Hrsg), Soziologie und Ethnologie: Zur Interaktion zwischen zwei Disziplinen. Beiträge zu einem Symposium aus Anlaß des 80. Geburtstages von W. E. Mühlmann. Westdeutscher Verlag, Opladen, S 48 - 72

Passarge S Die Urlandschaft Ägyptens und die Lokalisierung der Wiege der altägyptischen Kultur. Nova Acta Leopoldina N. F. 9, S 77 - 152

Pellat C. (hrsg) (1965) Masùdi. Les Prairies D'Or. Traduction Francaise de B der Meynard et P. de Courteille. Revue et corrigée par C. Pellat. Tome II. Société Asiatique. Collection D'Ouvrages Orientaux Paris

Popper W (1951) The Cairo Nilometer. Studies in Ibn Taghri Bridi's Chronicles of Egypt: I. University of California Press, Berkeley Los Angeles

Rappaport RA (1969) Ritual regulation of environmental relations among an New Guinea Peopel. In: Vayda AP (ed) Environment an cultural behaviour (Am. Mus. Sourcebooks in Anthropology, S 181- 201

Rappaport RA (1971) Ritual, sancity and cybernetics. American Anthropologist, Bd 73, S 59 - 76

Troll C (1963) Über Landschaftssukzession. Vorwort zu HJ Bauer, Landschaftsökologische Untersuchungen im ausgekohlten rheinischen Braunkohlenrevier auf der Ville. Arbeiten zur Rheinischen Landeskunde 19: 5 - 12

Varela FG, Maturana HR, R Uribe (1974) Autopoiesis: The Organization of Living Systems, its Characterization and a Model. Biosystems 5: 187 - 196

Weichhart P (1980) Auf dem Wege zu einer Theorie der Gesellschaft-Umwelt-Beziehung? Mitteilungen der Österreichischen Geographischen Gesellschaft 122 I: 49 - 69

Weichhart P (1989) Werte und die Steuerung von Mensch-Umwelt-Systemen. In: B Glaeser (Hrsg) Humanökologie. Grundlagen präventiver Umweltpolitik. Westdeutscher Verlag, Opladen, S 76 - 93

Willcocks W (1899) Egyptian Irrigation., 2. Aufl. London

Wüstenfeld F (1879) Calcaschandi`s Geographie und Verwaltung von Ägypten. (Aus dem Arabischen). Abh. d. Königl. Gesellschaft der Wissenschaften zu Göttingen, Bd 25, S 3 - 225

Human ecology - a strategy for the dialogue between mind, hand and nature

Ingrid Ekenberg
Snöflingeg 3, S-431 39 Mölndal, Schweden

Abstract

This contribution to the symposium debate at Bad Herrenalb about human ecology between theory and practice takes its standpoint from a meta level perspective of science. It consists of two parts: the talk in manuscript form and an epilogue, which is the summary of what was added by the discussion following the talk.
The main concern is with the task of trying to articulate what the humanistic contribution to human ecology has touched apon. Starting with a brief history of the department of Human Ecology in Göteborg, and pointing out some social critical and ecological value components, presumably both typical and special for human ecological groups of the time, then, briefly, various authors´points about an evolutionary view of man, especially evolutionary epistemology and evolutionary ethics, are taken up. By partly paraphrasing the authors referred to the talk ends up with a suggestion for a choice between a weak and a strong programme for human ecological research, depending on whether the human is treated as extrinsic or intrinsic to ecosystems. The point of departure in the second part is a sketch, which is used at the same time as a comment and a response to the conference. Some distinctions, essential to a debate about science and action, namely between a "science territory" and the reflective, as opposed to the inquiring level of research, are used. The actual symposium is seen as a vital event at the reflective level. The conclusion roughly points out what might be a potential interdisciplinary cooperation between different strategies of research, parts of which could be distinguished in the participants´contributions to the debate at the conference.

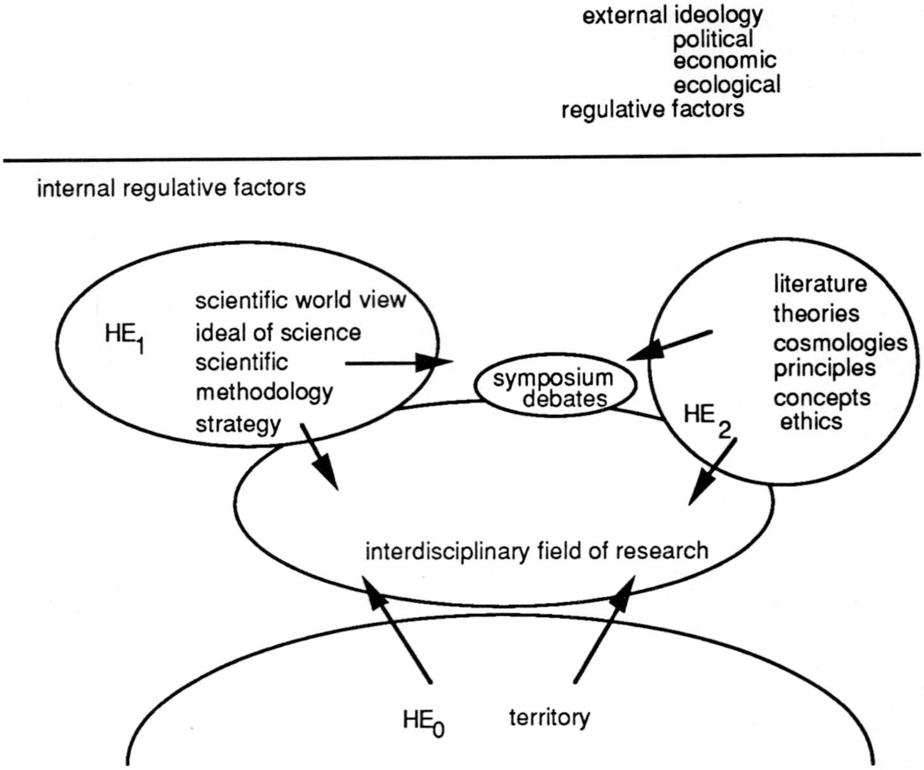

Abb. 1. Internal and external regulative factors

In this talk I want to discuss mainly three things, which I consider to be important for the role and relevance of human ecology as a science. First I am concerned with the humanistic contribution to human ecology - or how this could proceed. Second I would like to discuss the "self-image" of human ecology as a science, or rightly, its practitioners´view of the role of human ecology as a science in society. This question is closely related to the first one, as I see it, and is also connected with the researcher´s ideal of science and of scientific methodology, as well as epistemological issues and ontological assumptions. That is, to questions about the nature of knowledge, man, society and the natural environment, in a human ecological context. My third point is about the aim of human ecology and about the possibility of crystallizing some primary objectives and perhaps some ways of dealing with them.

Today, in 1990, there are about a hundred institutions of human ecology around the world. Some of them had their start, as did the department in Göteborg, in the early seventies, and shared a common concern about what was then called the eco crisis, involving environmental pollution as well as the food crisis and the threat of depletion of natural resources. At the same time as the third world´s population was increasing, living under both climatic, socio-economic and political constraints, the first and second worlds were deeply devoted to economic growth and welfare, including the enormous increase in armaments needed to protect it all against enemies.

The human ecologists of the early 1970s were then reacting towards a threefold predicament, (and I consider that this could be varied in many ways) being in the midst of a dilemma (or trilemma, as our Danish collegues express it) between nature and society: that is a dilemma in the position of science, which is involved both in studying and affecting its environment, which is to say nature and society. This also means an ethical dilemma, double-edged in each area, making it necessary to analyze the situation in a dialectical way (and that means in at least two multiplied by three different ways). What is certain is that there was a strong imperative to act consciously and morally against what was conceived as natural environment, but with the heart of the misuse, the center of the dilemma, in the social circumstances, all dealing with economic-political, technical and scientific and so forth, prerequisites and impacts.

At the time, this ethical imperative that scientists should act more responsibly with regard to actual problems, was expressed within science as an interest of the social function of science. In Göteborg, where collegues from the Theory of Science department were involved in an interdisciplinary doctorate course called the humanistic-scientific world view, which formed the prototype for the ensuing human ecology courses, this dimension of problems in the relation between science and society was recognized early, and has remained so in an ongoing dialogue (including doctorate courses in the theory of science at the human ecology department) about science in society.

But if the starting point in the early 1970s was expressed in terms of an interest in the social function of science, ,as for example by the authors playing a role in the Göteborg context, the members of the "Radical Science Movement", Steven Rose and Hilary Rose (1971) in "Social Responsibility: the myth of the neutrality of science", Impact of Science on Society, vol XXI, no 2, and by Noam Chomsky (1969) in "the role of the university in a time of crisis", (in: The Great Ideas Today, Encyclopedia Britannica 1969) the most urgent concern of the human ecologists at the time may be said to have been the *socio-ecological* function of science. In Göteborg, this concern was manifested in the organization of scientists into the Center of interdisciplinary studies of the human condition, 1972, which at first was the platform for the human ecology courses given in the following years, as well as for the first interdisciplinary projects of research with a human ecological approach.

Already from the birth of the human ecology department in Göteborg, I can see the emergence of some objects of study which are closely related to the questions above. First there is the huge ambition to teach about the modern scientific world view, that means involving interdisciplinary teaching, second to use this dynamic world view as a sort of frame of reference for a systems ecology structure of the world, third to sort out the human or societal subjects to deal with the enormous task of discribing and doing research about the relations between man and the total environment. In any case, it was decided very early on that the studies would be concentrated on the societal use of natural resources, and especially the management and control of them, which was felt would make the study of the fundamental exchange between nature and society more effective.

Now then: who is the "human" in human ecology, the man in the center of the relationship between nature and society? - In Göteborg there was an early ambition to point out the ethical responsibility for humanistic values as well as for the ecological values seemingly so neglected. At the same time, it was decided to orientate the study to the societal level of the use of natural resources, not the individual level at first hand. It was therefore essential to integrate all sorts of scientific knowledge into this new discipline of human ecology. Therefore, in Göteborg, the courses about man integrate several disciplines including the social and caring aspects of life, the nutritional and the psychological as well as the philisophical aspects. However, what is most striking about the view of man presented in the courses is the evolutionary view of man - not surprisingly - as it is the evolutionary and dynamic aspects of the universe as a whole, and of life, that are quite central to human ecology. This evolutionary view of man gives, as you all know, certain aspects to man, besides the evolutionary age of man and evolutionary kinship with the rest of nature, including also a background for the thoughts about the fitness of man´s brain and hand, and mind - to the environment - as it has been shown in man´s building of societies and even in the development of science. (As a proponent of this view see Bronowski 1973: The Ascent of Man, - however not used in the literature of the Göteborg course.) Ruse, who has studied the history and philosophy of biology, also points out the connections between an evolutionary epistemology of man and the evolutionary view of science - even resulting in what is often called " the naturalistic fallacy", that is the belief in ethics arrived at by the reasoning from "is" to "ought" - in this case resulting in what might be called "evolutionary ethics".

Incidentally I am tempted to take the sociobiological view of man as compared to the view of man in human ecology as the theme of my doctorate thesis.

Other authors of interest in this connection are Maturana and Valera (1987) in their book "The Tree of Knowledge, the Biological Roots of Human Understanding. This summer, while I was writing an introductory paper about human ecology for students, I was reading Luhmann´s book about ecological communication. Luhmann is elaborating the concept of *autopoiesis*, introduced by Maturana and Valera, the biologists, but Luhmann in his book applies it to social systems. As a "humanist" my interest in Luhmann´s writings was mostly focussed on his way of transferring concepts from one context to another - here from biological systems to social systems. Some interesting distinctions were revealed, such as how the author makes a point of the combination of *closure and openness in the same system*; this is partly due to his conception of the "structure" as open, and of "relations" as processes - in social systems communications. The topic which concerns the author of the book is the resonance of social systems to the challenges of environmental ethics.

Another point in his book is going to be part of my conclusion and perhaps a provocative suggestion for a choice between what I have liked to call a human ecological strong problem (HESP) and a weak human ecological program (WHEAP). A crucial point in environmental ethics is, namely, whether the human is considered to be part of, an element of, the ecosystems, or considered to be an external factor to them. Luhmann comments that a pragmatic view can handle the position of man as an external part of ecosystems as a useful departure for a critical discussion about man´s manipulation of the ecosystems. - In my view this could be the "weak" programme: one which sets its task as being to reveal and to criticize socio-ecological connections, to contrast use and misuse, to question the relations between science and practices, to make explicit and overt the nature of ecological circumstances in our daily life, and to make it possible and attainable for anyone to recognize them and communicate about them and of course to act understandigly and completely as "being-in-the-world" already there, perceiving and acting. - This would be a truely humanistic, emancipatory contribution to a truly human ecology, as I see it - and it requires among other things the skills and insight of people from the humanities in cooperation with the natural and social scientists to exhibit it.

The strong ecological program, on the other hand, has a somewhat dizzier task, and even more radical: to what extent is human ecology as a science, involved in the planning and ongoing exploitation of ecosystems - although with good intentions - as a planning instrument, as a science delivering hard facts about nature, eventually drawing up rules about human ecological affairs - being simultaneously an exponent of the actual social and ecological conditions at hand?

In fact, this includes the fatal question of the human ecologists themselves, as well as of the discipline.

I am posing the question as a riddle, knowing that it is somewhat paradoxical and rhetorical - but I am counting on the possibility of getting an answer to it here, on an occasion like this, in the midst of - or at the end of an ongoing debate among truly concious and competent human ecologists!

Epilogue

After this talk I sketched some figures on the blachboard, depicted what I conceived as being different levels, or dimensions, of reflections about science (see Fig. 1). The figure is based on a model used by the researchers of the theory of science department of Göteborg, Törnebohm, Elzinga, Wallén and others. My intention was to propose some - in my view - important distinctions about the very process of science and its social - and ecological - circumstances. The distinctions were meant to sort out some external from internal regulative factors of science, as well as to distinguish as self-reflective level from an inquiring level of science, and finally - and basically - a science territory from its inquiries (as well as from its world view, ethics, methods and results). In other words the distinctions concern the difference between a science territory (HE^0), and its (ontological) assumptions or images of man, society and nature, and its (epistemological) image of science, resulting also in its (methodological) strategies for the scientific inquiries (HE^1). In the special case of human ecology as an interdisciplinary science, though still in the very beginning of its interdisciplinary cooperation, I distinguish still another multiple, but potentially common "body of knowledge", consisting of various but in some sense shared, secondary references to literature, theories, cosmologies, principles, concepts, ethics and so on (HE^2). To some extent this "body of knowledge" is taught as *the* human ecology, containing also some guidelines, though sometimes implicit, about what is conceived as the primary objectives of human ecological research as well as the proper way of doing it. As I saw it, at the symposium in Bad Herrenalb, as also in the international literature on human ecology, this "composite body of human ecological knowledge" often contains more than one multilevel structure of the world, expressed in similar but not

identical concepts - and I guess, the reader of this book will understand what I mean. Now, what sometimes happens is, that this world view - in my scheme seen as a secondary composite set of world views is used in a performative way as the well established fact of how the world is. The notion human ecology then is no longer used as the notion of an interdisciplinary field of research or science, but refers to the science territory, HE^0, in my diagram. Human ecology then means the same as the very fact of man existing in the world. So, in this way, without demonstrating the differences, the notion is shifting from being a scientific program, world view or knowledge, into just being. Semantically this is not only a shift of connotations, but also a shift of denotation: it includes everything, it denotes nothing. (Hence, I guess, the often perceivied confusion of the listener to a human ecological debate.)
This, I suppose, is a mistake resulting from the HESP strategy, in this case a confusion of the strong imperative to human ecologists to emancipate man to have an appropiate relation to nature - with the conception of a possibility of directly implementing it by science. And this is, in my view, to forget about society - which after all is the opponent of science - politically and ideologically, as well as administratively and economically.
As a parallel to the notion in epistemology of a naive realism - that is to believe things to be the way they are perceived or described - you might differentiate a naive human ecology from a critical human ecology, which should be critically disposed both to scientific knowledge and to society. The latter should be characterized by its WHEAP strategy.
Further in the figure within dotted lines we see the potentially emerging common interdisciplinary field of research in human ecology, thus thought to be - also - a creative and constructive field of different human ecological approaches and inquiries - as well as of the other sciences. This was meant to depict the inquiring level of science mentioned above, as opposed to the reflective level. The dynamics between the levels was sketched by arrows illustrating communicative processes and events such as thematic discussion and - as in Bad Herrenalb - symposium debates among human ecological researchers, as well as - supposed - practical problems in the socio-ecological environment, eventually initiating scientific activities.
So to conclude, would it be possible to create within this interdisciplinary composite field of research - with its different methods, hypotheses, research projects and so on - a multiply varied combination of strategies - in order to act in a dialectical way? Could it be possible to cooperate - *within the aim of a critical human ecological* - in alternately changing from macrolevel, ecocentric perspectives -as a HESP strategy to micro- and mesolevel, anthropocentric -WHEAP strategies? This, I think, would be a three part dialogue between man, society and nature.

References

Bärmark J, Wallén G (1980) The development of an Interdisciplinary Project. The Sociology of the Science Yearbook 1980. In: Knorr KD, Krohn R, Whitley R (eds) The Social Process of Scientific Investigation, Reidel, Dordrecht

Elzinga A and Bohlin I (1989) The Politics of Science in Polar Regions. Ambio, vol 18, No 1, p 71-76

Eriksson K-E, Lundberg A (1975) A university experiment in Sweden. Centre for the Interdisciplinary Studies of the Human Condition, also Institute of Theoretical Physics and Department of Psychology, University of Göteborg (unpublished manuscript)

Jungen B (1988) Human Ecology (1988) Scope and Content. Department of Human Ecology, University of Göteborg (unpublished manuscript)

Luhmann N (1989) Ecological communication. Polity Press, Cambridge

Ruse M (1986) Taking Darwin seriously. A naturalistic Approach to Philosophy. Basil Blackwell, Oxford

Ruse M (1988) Philosophy of Biology Today. State University of New York Press, Albany

Thörnbohm H (1984) On complexes capable of development with special attention to fields of research. Report no 141, Department of Theory of Science, University of Göteborg

Die transaktionistische Weltsicht - ein konzeptioneller Impuls für die Humanökologie?

Ass. Prof. Dr. Peter Weichhart
Institut für Geographie der Universität Salzburg, Abteilung für Humanökologie
Hellbrunner Str. 34, A-5020 Salzburg, Österreich

Abstract

In environmental psychology discussions about a new theoretical approach have been going on for some time that may also be of special significance for further development of human ecology. Meanwhile, this "transactionism", which is characterized by a radical holistic perspective, has grown into a paradigm of its own with interdisciplinary impact. On the basis of a survey by Altmann and Rogoff (1987), the auther refers to some major features of transactionism in comparison with other world views of the social sciences. It may be regarded as a special quality of transactionism that it offers the conceptual possibility to overcome that threefold dichotomy between individual, physical environment and social system which has been typical for various traditional approaches of human ecology.

In der Umweltpsychologie werden seit einiger Zeit neuartige konzeptuell-theoretische Vorstellungen diskutiert, die einen z. T. radikalen Bruch mit dem traditionellen Lehrmeinungen und Weltbildern dieses Fachs implizieren. Da die hinter diesem Umbruch stehenden Ideen auch für die Weiterentwicklung der Humanökologie von besonderer Bedeutung sein dürften, soll mit dem vorliegenden Referat eine knappe Vorstellung dieser Neuansätze versucht werden.

Die Rede ist vom sog. "Transaktionismus" ("Transaktionalismus") oder der "transaktionalistischen Weltsicht". Unter dieser Bezeichnung werden in der Umweltpsychologie seit etwa Mitte der 70er Jahre und zunehmend seit Beginn der 80er Jahre eine Reihe von konzeptionellen Impulsen zusammengefaßt und erörtert, denen in der Zwischenzeit der Rang eines eigenständigen Paradigmas oder einer spezifischen wissenschaftlichen Weltperspektive zugesprochen wird. In anderen Disziplinen ist diese Bezeichnung nach dem Wissensstand des Autors (noch) nicht geläufig. Es sind ihm auch keine ausführlicheren nachbarwissenschaftlichen Verweise auf dieses Paradigma der Psychologie bekannt, das also offensichtlich von den anderen Human- und Sozialwissenschaften noch nicht umfassend rezipiert wurde. Interessanterweise können in verschiedenen anderen Disziplinen jedoch durchaus Parallelen dazu beobachtet werden, theoretische Entwicklungslinien und Konzepte, die zumindest in Teilaspekten einer große Ähnlichkeit zu diesen umweltpsychologischen Ansätzen aufweisen, aber anscheinend völlig unabhängig davon entstanden sind. Der folgende Bericht stützt sich auf einige Übersichtsartikel von Wapner (z. B. 1981), v. a. aber auf das umfangreiche

Einleitungskapitel, welches von Altmann u. Rogoff (1987) für das zweibändige "Handbook of Environmental Psychology" verfaßt wurde.

Die Entwicklung des transaktionistischen Paradigmas steht in Zusammenhang mit der sog. "kontextuellen Revolution" in der Psychologie (vgl. Stokols 1987, S. 42), die durch folgende Hauptmerkmale gekennzeichnet ist: durch eine Abwendung von mechanistischen und kausalistischen Modellen, durch eine Abkehr von Laborexperimenten und eine Hinwendung zur feldmäßigen Untersuchung psychischer Phänomene in realen Lebenszusammenhängen sowie durch eine generelle "Ökologisierung" der Forschung, also einer ausdrücklichen Berücksichtigung der räumlichen, zeitlichen und soziokulturellen Milieus, in denen psychische Prozesse stattfinden. Diese Trends waren v. a. für die Umweltpsychologie bedeutsam, die sich mit den psychischen Aspekten der Mensch-Umwelt-Interaktion beschäftigt und die damit eine der wichtigsten Basisdisziplinen der Humanökologie darstellt. Sie sind aber zunehmend auch in anderen Teilbereichen der Psychologie zu beobachten. Zur näheren Charakterisierung des Transaktionisnus haben Altmann u. Rogoff eine vereinfachende, aber aussagekräftige *Typologie psychischer Weltperspektiven* ausgearbeitet. Diese Typologie bietet ein grobes Raster, mit dessen Hilfe die verschiedenen Ansätze dieser Wissenschaft anhand eines vierteiligen Schemas miteinander verglichen werden können.

Den Autoren geht es dabei v. a. um einige ontologische und erkenntnistheoretische Axiome, durch die sich die betreffenden Weltbilder grundlegend voneinander unterscheiden. Man kann demnach die verwendete Typologie als Repräsentation unterschiedlicher Kosmologien auffassen, für die jeweils kontrastierende Voranahmen oder Behauptungen über Schlüsselkonzepte der Forschung Gültigkeit haben: über das Erkenntnisobjekt der Psychologie, über die Untersuchungseinheiten oder "Atome" der Analyse, über die Rolle des Beobachters oder über die Modelle der Kausalität. Altmann u. Rogoff stützen sich in ihrer Argumentation auf ältere erkenntnistheoretische Arbeiten von Dewey u. Bentley (1949) sowie von Pepper (1942, 1967). Die Autoren behaupten übrigens nicht, daß die von ihnen aufgestellte viergliedrige Typologie psychologischer Weltperspektiven eine rigide und gleichsam flächendeckende Klassifikation darstellt, die für jeden beliebigen Forschungsansatz des Fachs eine eindeutige Zuordnung erlaubt. Sie betonen auch ausdrücklich, daß mit ihrer Typologie keine Wertung verknüpft sei und jede der 4 Kosmologien unter bestimmten Rahmenbedingungen und für bestimmte Zielsetzungen eine brauchbare Basis der Forschung darstellen könne. Dennoch wird aus dem Argumentationszusammenhang eindeutig klar, daß die Aneinanderreihung der 4 Perspektiven doch auch eine Wertung im Sinne einer Weiterentwicklung oder Ausdifferenzierung der ontologischen und erkenntnistheoretischen Axiomatik bedeutet. Dem entspricht auch die zeitliche Aufeinanderfolge im wissenschaftlichen Ablauf. Es soll noch gezeigt werden, daß dieses Schema in seiner plakativen Einfachheit nicht nur für die Psychologie, sondern auch für andere Wissenschaften zwanglos anwendbar ist.

Die erste Weltperspektive wird von Altman u. Rogoff mit dem Begriff "trait", also "Charakterzug", bezeichnet. Bei Pepper findet sich dafür der Begriff "formism", Dewey u. Bentley sprechen von "self-action". Die *"formistische Perspektive"* geht davon aus, daß Phänomene der psychischen und sozialen Wirklichkeit durch intrinsische Qualitäten in ihrem So-Sein bestimmt sind: den Dingen selbst inhärenten "Kräfte", "Essenzen" oder eben "Charakterzüge" würden ihre Wirkung in der Welt determinieren.

Das *interaktionistische Weltbild* stützt sich auf eine mechanische und kausalistische Interpretation der Wirklichkeit. Die Maschine kann als Methapher für diese Perspektive dienen: Analytisch unterscheidbare Einzelelemente der Wirklichkeit seien auf kausale Weise wie die Teile einer Maschine miteinander verknüpft. Es wird angenommen, daß die Erforschung komplexer Phänomene durch die Beschreibung ihrer Einzelbestandteile und die Erfassung der gesetzmäßigen Wechselwirkungen zwischen ihnen möglich ist.

Demgegenüber ist die *organismische Weltperspektive* holistisch orientiert. Nicht analytisch faßbare Einzelelemente, sondern Ganzheiten stehen im Mittelpunkt der Forschungsinteressen. Komplexe Phänomene könnten angemessen nur ganzheitlich verstanden werden: Sie besitzen Eigenschaften, die nicht aus der Summe der Attribute ihrer Teilelemente abzuleiten sind. Die komplexen Wechselbeziehungen zwischen den Elementen und die Entwicklungsdynamik von Ganzheiten würden durch übergeordnete Systemgesetzlichketiten gesteuert, deren Wirkungen letztlich zu idealen End-, Gleichgewichts- oder Klimaxzuständen führen. Charakteristisch für diese Perspektive ist also auch ihre teleologische Ausrichtung.

Auch der *Transaktionismus* ist holistisch orientiert. Er geht dabei aber noch weiter als die organismische Perspektive und postuliert einen unauflösbaren Zusammenhang zwischen komplexen Phänomenen und dem raum-zeitlichen Kontext, in den sie eingebunden sind: Phänomene, Prozesse und Kontext werden als *Aspekte* von Ganzheiten aufgefaßt. Die Grundkategorie der Analyse ist das *Ereignis*, das bei raum-zeitlichen Zusammentreffen von Phänomenen, Akteuren, Prozessen und Settings konstituiert wird. Teleologische Prinzipien werden bei dieser Weltsicht *nicht* ausdrücklich unterstellt (aber auch nicht ausgeschlossen), einzelne Ereignisse streben also nicht mit Notwendigkeit einem vorbestimmten Endstatus zu.

In der folgenden tabellarischen Ubersicht (Tabelle 1) werden diese 4 weltsichten nun ausdrücklich auf die Psychologie bezogen. In der Gegenüberstellung der unterschiedlichen Ausprägung einzelner Grundkonzepte der Forschung sollen einige der wichtigsten Unterschiede zwischen den Perspektiven verdeutlicht werden.

Gravierende Gegensätze ergeben sich im Selbstverständnis des Fachs und hinsichtlich der dominanten Erkenntnisobjekte: In der "Trait"-Perspektive stehen die Untersuchung des Individuums, der Persönlichkeit, des "Geistes" oder einzelner mentaler Prozesse im Vordergrund. Derartige auf die individuelle Person bezogene Charakteristika werden als die wichtigsten und vom physischen und sozialen Kontext weitgehend unabhängigen Determinanten psychischer Systeme angesehen.

Demgegenüber kann als Erkenntnisobjekt einer interaktionalistischen Psychologie die Prognose und Kontrolle menschlichen Verhaltens und psychischer Prozesse angesehen werden. Diesem Weltbild ist das in der gegenwärtigen Psychologie dominierende neopositivistisch orientierte Selbstverständnis des Fachs verpfichtet, bei dem noch immer massive Anklänge an die Stimulus-Response-Modelle des Behaviorismus zu beobachten sind. Völlig anders sieht das Selbstverständnis der Psychologie im Rahmen der organismischen und der transaktionistischen Perspektive aus. Hier wird die traditionelle Subjekt-Objekt-Dichotomie zunehmend aufgebrochen

Tabelle 1. Ein Vergleich der 4 Weltperspektiven der Psychologie (Quelle: Altman u. Rogoff 1987, Tabelle 1.1 und 1.2, verändert und ergänzt.)

	"TRAIT" PERSPEKTIVE	INTERAKTIONISTISCHE PERSPEKTIVE	ORGANISMISCHE PERSPEKTIVE	TRANSAKTIONISTISCHE PERSPEKTIVE
Definition von Psychologie	Die Erforschung der Individuen, der Persönlichkeit oder einzelner psychischer Prozesse	Prognose und Kontrolle menschlichen Verhaltens und psychischer Prozesse.	Erforschung dynamischer und holistischer Psychosysteme, bei denen zwischen Person und Umwelt komplexe und wechselseitige Beziehungen existieren.	Erforschung des dynamischen Wechselwirkungen zwischen psychischen und umweltbezogenen Aspekten ganzheitlicher Systeme.
Analyse-einheit	Person, Persönlichkeitsmerkmale.	Psychische Attribute von Personen werden als gesonderte und verschiedenartige Einheiten behandelt, zwischen denen Wechselwirkungen bestehen.	Holistische Einheiten, die aus gesonderten Komponenten von Person und Umwelt bestehen, wobei durch die Wechselwirkungen zwischen den Teilen ganzheitliche Qualitäten entstehen, die "mehr sind als die Summe ihrer Teile".	Holistische Einheiten, die nicht in gesonderte Elemente zerlegt werden können, sondern unterschiedliche Aspekte ihrer Existenz offenbaren. Die Aspekte stehen in einem wechselseitigen Konstitutionszusammenhang, zeiträumliche Qualitäten sind intrinsische Aspekte der Ganzheiten.
Dominantes Kausalitäts-modell	Causa materialis; Kausalität ist den Phänomenen imanent.	Causa efficiens; Antezedenz-Konsequenz-Beziehungen, "Push-"-Modelle der Kausalität.	Causa finalis; teleologische "Pull-"-Modelle der Kausalität.	Causa formalis; Bezug auf die Muster, Formen, und Organisationsstrukturen von Phänomenen.

Beobachter	Beobachter sind objektiv, sie stehen den Phänomenen distanziert und abgesondert gegenüber. Verschiedene Beobachter kommen zu den gleichen Wahrnehmiungen und Ergebnissen.	Beobachter sind objektiv, sie stehen den Phänomenen distanziert und abgesondert gegenüber. Verschiedene Beobachter kommen zu den gleichen Wahrnehmungen und Ergebnissen.	Beobachter sind objektiv, sie stehen den Phänomenen distanziert und abgesondert gegenüber. Verschiedene Beobachter kommen zu den gleichen Wahrnehmungen und Ergebnissen.	Die Rolle des Beobachters ist relativ, auch Beobachter sind Aspekte der Ganzheiten; Beobachter an unterschielichen "Standorten" kommen zu unterschiedlichen Wahrnehmungen und Ergebnissen.
Ausgewählte Forschungsschwerpunkte	Suche nach Charakterdimensionen und Einzelelemente der Persönlichkeitsstruktur, nach universellen Gesetzlichkeiten psychischer Prozesse.	Untersuchung der Wechselbeziehungen zwischen psychischen Teildimensionen, Suche nach Gesetzlichkeiten welche die Beziehung zwischen externen Verursachungsvariablen und Elementen von Psychosystemen regeln.	Suche nach übergeordneten Systemgesetzlichkeiten; Befassung mit der Hierarchie von Subsystemen.	Untersuchung von "Ereignissen", die als integrierte Zusammenhänge von Mensch, Zeit, Raum und psychisch-sozialen Kontext angesehen werden; Suche nach Strukturprinzipien, welche die Entwicklung und das Muster von Ereignissen erklären können.
Ausgewählte Ausprägungsformen in anderen Wissenschaften	Aristotelische Physik; "Geofaktorenlehren" und "kulturgeographische Kräftelehre" in der klassischen Geographie; Vitalismus der Biologie.	Newtonsche Physik; verhaltenswissenschaftliche Geographie.	Klassisches Landschaftskonzept, handlungstheoretische Geographie; Bioökologie; "Theory of Living Systems".	Moderne feldtheoretische Physik; Theorie selbst referentielle Systeme, Synergetik, Chaostheorie; Strukturationstheorie.

und die Selbstbeschränkung ausschließlich auf den psychischen Teilbereich eines übergreifenden Systemzusammenhangs verworfen.

Das hat natürlich Auswirkungen auf die in der Forschung verwendeten Analyseeinheiten. Stehen bei den ersten beiden Perspektiven ausschließlich die Person und psychische Attribute von Personen im Brennpunkt des Interesses, so beziehen sich die Basiseinheiten der Untersuchung bei den beiden folgenen Weltbildern auf komplexe Ganzheiten, die aus Person *und* Umwelt bestehen. Dabei wird in der organismischen Perspektive noch die Möglichkeit einer analytischen Aufspaltung in Subsysteme offengelassen. Im Transaktionismus dagegen schließt man dezidiert aus, daß bestimmte Elemente der untersuchten Ganzheit als unabhängig existierende Entitäten konzipiert werden können. Es handle sich vielmehr um unterschiedliche Aspekte ein und derselben nicht weiter reduzierbaren Wirklichkeit.

Besonders aufschlußreich sind die Unterschiede bei den jeweils dominierenden Kausalitätsmodellen. Altman u. Rogoff demostrieren dies mit Hilfe der Aristotelischen Kausalitätsbegriffe. Auch die Rolle des Beobachters wird unterschiedlich gesehen. Während bei der ersten 3 Perspektiven Übereinstimmung darüber herrscht, daß der Beobachter eine von den Untersuchungsobjekten völlig unabhängige Instanz ist und verschiedene Beobachter ungeachtet ihrer jeweiligen Position zu Übereinstimmung gelangen müssen, ist er im Transaktionismus als *Aspekt* der betreffenden Ganzheit aufgefaßt, der je nach seinem Standort im Beziehungsfeld aller Aspekte verschiedenartige Information über den Untersuchungsgegenstand wahrnehmen wird. Natürlich bestehen hinsichtlich der Forschungsschwerpunkte Auffassungsdifferenzen. Auch hier äußert sich der radikalste Syntheseanspruch beim Transaktionismus.

Nach dem bisher Besprochenen lassen sich unschwer auch für verschiedene Forschungsrichtungen *anderer* wissenschaftlicher Disziplinen gewisse Affinitäten und Parallelen zu den besprochenen Weltperspektiven erkennen. So sind etwa die "Geofaktorenlehren" und "kulturgeographischen Kräftelehren" der klassischen Geographie ähnlich wie der Vitalismus der Biologie der Trait-Perspektive verwandt. Weite Bereiche der verhaltenswissenschaftlichen Geographie weisen Grundkonzeptionen auf, die der interaktionistischen Perspektive entsprechen. Die neuere handlungstheoretische Geographie, weite Bereiche der Bioökologie oder etwa die "Theorie lebender Systeme" von Miller (1978) sind organismisch orientiert. Wie dem Autor von kompetenten Kollegen aus der Physik glaubhaft versichert wurde, hat die moderne feldtheoretische Physik ein Weltbild, das dem Transaktionismus zumindest sehr nahe kommt. Auch die von Giddens (1984) vorgelegte Strukturationstheorie kann als eine soziologische Instanz des transaktionistischen Weltbilds interpretiert werden. Man bedenke etwa die Übereinstimmung mit dieser Perspektive, die bei Giddens´ Schlüsselkonzeptionen der Kontextualität zum Ausdruck kommt. Auch transdisziplinäre Formaltheorien wie die Synergetik oder die Chaostheorie passen perfekt in dieses Weltbild.

Die im Rahmen der transaktionistischen Perspektive konzipierten Ganzheit oder Untersuchungseinheiten bestehen nicht aus separierbaren Elementen oder Systemen, sondern werden als unauflösbarer Zusammenhang oder Zusammenfluß von Aspekten aufgefaßt, die wechselweise voneinander vollständig abhängig sind, als Einzelelemente also gar nicht existieren können (vgl. Altman u. Rogoff 1987, S. 24). Die Mutter-Säugling-Dyade könnte als einleuchtendes Beispiel für eine derartige wechselseitige Bedingtheit dienen. Da zeitliche Prozesse als immanente Bestandteile solcher Ganzheiten angesehen werden, thematisieren transaktionale Ansätze ausdrücklich auch die Dynamik der Veränderung von Aspektbeziehungen. Wie bereits erwähnt, ist die Grundkategorie der Analyse das *historische Ereignis*, das als raum-zeitliches Zusammenwirken von Personen, Settings und Handlungen aufgefaßt wird und sich dabei als komplex organisierte Einheit konstituiert. Es gibt also keine Einzelakteure in einem Ereignis. Statt dessen wird von Handlungszusammenhängen ("acting relationship") gesprochen, was bedeutet, daß die Handlung einer Person uns rational zu den Handlungen anderer Personen und zu den situativen Rahmenbedingungen oder Kontexten verstanden werden kann. Die Einzelaspekte eines Ereignisses definieren einander wechselseitig. Der gleiche Akteur in einem anderen Setting oder das gleiche Setting mit anderen Akteuren würde zur Konstituierung einer völlig verschiedenen Ganzheit führen. Die Aspekte eines Ereignisses sind so nachdrücklich miteinander verfilzt, daß die Darstellung eines bestimmten Aspekts gleichzeitig die Einbeziehung anderer Aspekte erfordert. Man befaßt sich also nicht mit den Beziehungen *zwischen* Elementen, in der Vorstellung, daß ein Element Veränderungen bei einem anderen Element kausal bewirken würde. Statt dessen nimmt man im Transaktionismus an, daß Akteure und Kontexte als die Aspekte des Systems koexistieren und einander wechselweise bedingen.

Als Beispiel verweisen Altman u. Rogoff auf ein Orchesterkonzert. Im Rahmen einer transaktionistischen Analyse eines solchen Ereignisses würde man sich *nicht* mit den Einzelmerkmalen und Attributen des Dirigenten, der Streicher, Bläser, der Partitur oder der akustischen und architektonischen Qualität des Konzertsaales beschäftigen. Von Interesse wären vielmehr die mit Notwendigkeit aufeinander bezogenen Handlungen der Teilnehmer an diesem Ereignis, die Regeln und Normen, die ihr individuelles Tun zu einem kollektiven Agieren verknüpfen, die Beziehungen zur physischen Struktur des Settings und der Gestimmtheit des Publikums sowie der zeitliche Ablauf des Ereignisses.

Von der organismischen Perspektive, die ja auch holistisch orientiert ist, unterscheidet sich der Transaktionismus u. a. durch ein wesentlich radikaleres Ganzheitskonzept. Während bei organismischen Konzepten die Komponenten eines Systems als Elemente oder für sich differenzierbare und in ihren Grenzen fixierbaren Subsysteme aufgefaßt werden, definiert der Transaktionismus die Einzelaspekte von Ganzheiten nicht als ausgrenzbare Elemente, sondern durch relationale Verweise auf die anderen Aspekte. Daher werden die Beziehungen zwischen den Aspekten von Ganzheiten auch nicht im Sinne einer wechselseitigen Beeinflussung oder Ursache-Wirkungs-Kette interpretiert, sondern als intrinsische Qualität der Gesamtheit.

Ähnlich wie bei der Strukturationstheorie werden raum-zeitliche Prozesse als inhärente Aspekte von Ereignissen aufgefaßt. Im Transaktionalismus wird nicht versucht, einzelne Ursachen von Veränderungen oder einer bestimmten Entwicklungsdynamik zu isolieren. Man nimmt vielmehr an, daß Veränderungen dem System immanent sind. Die Unterscheidung des Interaktionismus zwischen abhängigen und unabhängigen Variablen wird bei dieser Konzeption also sinnlos. Damit akzeptiert dieses Weltbild auch die (antiteleologische) Vorstellung, daß die Veränderungen von Systemzuständen notwendigerweise mit irgendwelchen Gleichgewichts- oder Klimaxstadien in Zusammenhang stehen. Statt dessen wird die System*dynamik* als immanenter Teilaspekt von Ganzheiten angesehen und die Möglichkeit emergenter Prozesse ausdrücklich eingeräumt. Das bedeutet, daß die Entwicklungsdynamik von Ganzheiten nicht vollständig vorhersehbar bzw. aus der Struktur der Systemaspekte prognostizierbar ist. Auch hier äußert sich eine gewisse Parallelität zur Strukturationstheorie.

In erkenntnistheoretischer Hinsicht kann der Transaktionismus als pragmatisch, eklektisch und relativistisch charakterisiert werden. Im übrigen ist anzumerken (das mag bei Geographen vielleicht nostalgische Gefühle wecken), daß in dieser Perspektiven auch die induvidualisierenden, ideographische Betrachtungsweise sehr hoch geschätzt wird, bei der die Spezifik, Einmaligkeit und Besonderheit singulärer Ereignisse ausfrücklich thematisiert ist.

Welche Position nimmt nun die Humanökologie in bezug auf die besprochenen 4 Weltperspektiven ein? Ohne es im einzelnen durch den Verweis auf konkrete Arbeiten belegen zu wollen, kann festgestellt werden, daß der weitaus überwiegende Teil der bisherigen humanökologischen Forschung an Konzeptionen orientiert ist, die dem organismischen, aber sehr häufig auch noch dem interaktionistischen Weltbild entsprechen. Ohne Zweifel sind dabei überaus wertvolle Arbeiten entstanden, ohne Zweifel hat diese sich eben erst formierende Disziplin damit bereits beachtliche Erkenntnisfortschritte erzielen können. Es wird auch in Zukunft durchaus sinnvoll und notwendig bleiben, spezifische humanökologische Problemfelder vor dem konzeptionellen Hintergrund dieser beiden Weltperspektiven zu bearbeiten. *Der Autor möchte aber die Behauptung aufstellen, daß für die qualitative Weiterentwicklung der Humanökologie eine programmatische Hinwendung zum Transaktionalismus aller Voraussicht nach sehr nützlich wäre.* Die überaus anregenden Diskussionen und Referate bei der Humanökologietagung in Appenberg (im Frühjahr 1989) vermitteln den Eindruck, daß auch die Züricher Arbeitsgruppe für Humanökologie (D. Steiner, Carlo Jäger et al.) auf einer ähnlichen Spur ist (vgl. dazu auch Jaeger 1988; Steiner 1988, Jaeger u. Steiner 1988).

Das fundamentale theoretische Problem, mit dem die gegenwärtige Humanökologie konfrontiert ist, kann wohl in der Überwindung jener 3fach konzeptionellen Dichotomie gesehen werden, die zwischen den Eckpunkten des sog. "humanökologischen Dreiecks" besteht, also zwischen den Polen Gesellschaft, Individuum und Umwelt (vgl. Weichhart, in Druck a). Es geht um die Suche nach theoretisch und empirisch brauchbaren Ansätzen, bei denen diese 3 Eckpunkte nicht als polare Gegensätze, sondern als unauflösbar ineinander verwobene Aspekte ein und derselben ganzheitlichen Wirklichkeit erfaßt und dargestellt werden können. Genau dies ist - wie zu zeigen versucht wurde - die erklärte Absicht des Transaktionalismus.

Leider sieht sich der Autor aber außerstande, gleichzeitig mit dieser Behauptung auch schon handfeste, empirisch direkt umsetzbare Forschungsleitungen auf den Tisch legen können - also gleichsam bewährte Kochrezepte der Forschungspraxis, mit denen die transaktionalistische Perspektive in allen Details zu verwirklichen wäre (vgl. Weichhart, in Druck b). Das liegt nicht zuletzt auch daran, daß diese Perspektive zur Zeit erst ein Programm, vielleicht sogar nur einen utopischen Entwurf darstellt und für eine konkrete Anwendung noch viele Fragen offen sind. "... we do not yet quite know 'how to do it ...' " formulieren es Altman u. Rogoff (1987, S. 37) sehr lakonisch. Abschließend sollen aber doch zumindest einige Autoren genannt werden, deren Arbeit als erste Versuche einer Operationalisierung des Transaktionalismus angesehen werden können (Tabelle 2).

Tabelle 2. Ausgewählte Beispiele transaktionistisch orientierter Forschungsansätze

	AUTOREN	FACH	THEMATISCHER SCHWERPUNKT
	Barker, R.G. et al., 1978	Psychologie	Bahavior Settings
	Boesch, E.E., in Druck	Psychologie	Handlungstheoretische Kulturpsychologie
	Csikszentmihalyi, M u. Rochberg-Halton , E. 1981	Soziologie Psychologie	Materielle Dinge und personale Identität
*	Gauvain, M., Altman, I., u. Fahim, H., 1983	Psychologie	Heimatbindung und sozialer Wandel
	Gibson, J.J., 1979	Psychologie	Perzeption
	Goffman, E., 1959	Soziologie	"Dramaturgie" sozialer Prozesse
	Gregory, D. u. Urry, J. Hrsg., 1985	Geographie Soziologie	Sozialbeziehungen und Raumstrukturen
	Harré, R., 1977	Psychologie	Soziale Normen und Psychosystem
	Harré, R., 1983	Psychologie	Persönlichkeitstheorie
*	Jacobi, M. u. Stokols, D., 1983	Psychologie	Gruppentradition und Umwelt
	Lang, A., in Druck	Psychologie	Gebaute Umwelt, materielle Dinge und Identität
*	Proshansky, H.M., Fabian, A.K. u. Kaminoff, R., 1983	Psychologie	Heimatbindung und raumbezogene Identität
*	Rapoport, A., 1982	Anthropologie	Gebaute Umwelt und Architektur
	Relph, E., 1976	Geographie	Place, Heimatbindung, raumbezogene Identität
*	Stokols, D., 1979	Psychologie	Umweltstreß
*	Stokols, D. u. Shumaker, S.A., 1981	Psychologie	Place, Taxonomie handlungs-relevanter Settings
*	Van Staden, F., 1983	Psychologie	Crowding
*	Viljoen, H.G., 1981	Psychologie	Perzeption
*	Wapner, S., 1981	Psychologie	Kritische Lebensereignisse
*	Weichhart, P., 1990	Geographie	Heimatbindung, raumbezogene Identität
*	Weichhart, P., in Druck	Geographie	Lebensraum Stadt
*	Wicker, A.W., 1987	Psychologie	Behavior Settings

* Arbeiten mit ausdrücklicher methodologischer Bezugnahme auf den Transaktionalismus

Natürlich handelt es sich bei dieser tabellarischen Übersicht um eine höchst unvollständige und sehr subjektive Auswahl. In der Darstellung sind jene Arbeiten gekennzeichnet, deren Autoren sich ausdrücklich zum Transaktionalismus als methodologischem Leitbild der durchgeführeten Analysen bekennen, die anderen Texte weisen zumindest starke Anklänge an diese Weltperspektive auf , der Begriff wird in den Arbeiten aber nicht ausführlich diskutiert, oder er wird gar nicht erwähnt. Der eine oder andere dieser Autoren würde sich möglicherweise sogar gegen den hier vorgenommenen Zuordnungsversuch zur Wehr setzen. Einige der angeführten Arbeiten enthalten keine konkreten empirischen Analysen, sie erscheinen aber in dem Sinne als empirisch relevant, daß sie Vorschläge oder Hinweise für eine empirische Anwendung bieten.

Auswahlkriterieum für die in Tabelle 2 dargestellte Übersicht war das bei jedem der angeführten Autoren nachweisbare Bemühen, auf konzeptioneller oder methodischer Ebene von einer analytisch nicht weiter separierbaren Einheit zwischen handelndem Sybjekt und Handlungskontext sowie dem Objektbezug des Handelns auszugehen. So ist etwa der Schlüsselbegriff der "ökologischen Psychologie" in der Tradition von Baker (z. B. 1968), das "behavior setting", konzipiert als empirisch abgrenzbare Einheit von menschlichen Akteuren *und* physisch-materiellen Strukturen, deren Zusammenwirken so synchronisiert ist, daß geordnete Sequenzen von Ereignissen (das "Setting-Programm") entstehen (vgl. Wicker 1979, S. 12). Zwar lassen sich verschiedene Dimensionen von "behavior settings" unterscheiden (vgl. Fuhrer 1990), das entscheidende Charakteristikum des Konzepts ist aber die für seine inhaltliche Bedeutung konstitutive und unauflösbare Verknüpfing von materiellen Strukturen, Akteuren, sozialen Regeln und Setting-Programm.

Natürlich überwiegen in dieser Liste die Psychologen, bemerkenswert erscheint dabei aber auch, daß sich hier nicht nur Umweltpsychologen, sondern auch Vertreter der Persönlichkeitspsychologie, der Sozialpsychologie oder der Kulturpsychologie vorweisen lassen. Neben den gängigen thematischen Schwerpunkten der Umweltpsychologie erweisen sich v. a. die Untersuchung der Beziehungen zwischen personaler Identität und materiell-sozialer Umwelt sowie Untersuchungen zum Heimatphänomen als Kristallisationspunkte für das Aufgreifen transaktionalistischer Ideen.

Der Autor hofft, daß er mit diesen knappen Hinweisen den einen odere anderen Leser dazu anregen konnte, sich mit dem Transaktionalismus näher auseinanderzusetzen und seine Inwertsetzung für die Humanökologie in Angriff zu nehmen.

Literaturverzeichnis

Altman I, Rogoff B (1987) World views in psychology: trait, interactional, organismic and transactional perspectives. In: Stokols D, Altman I (Hrsg) Handbook of Environmental Psychology, vol 1, New York, S 7 - 40

Barker RG (1968) Ecological psychology. Concepts and methods for studying the environment of human behavior. Stanford, CA

Barker RG et al. (1978) Habitats, Environments and Human Behavior. San Francisco

Boesch EE (in Druck) Symbolic Action Theory for Cultural Psychology

Csikszentmihalyi M, Rochber-Halton E (1981) The meaning of things. Domestic symbols and the self. Cambridge

Dewey J, Bentley AF (1949) Knowing and the known. Boston

Fuhrer U (1990) Bridging the ecological-psychological gap. Behavior settings as interfaces. Environment and Behavior 22: 518 - 537

Gauvain M, Altman I, Fahim H (1983) Homes and social change: A cross-cultural analysis. In: Feimer NR, Geller ES (Hrsg) Environmental psychology. Directions and perspectives. New York, S 180 - 218

Gibson JJ (1979) The ecological approach to visual perception. Boston

Giddens A (1984) The constitution of society. Outliune of the theory of structuration. Cambridge, Oxford

Goffman E (1959) The presentation of self in everyday life. New York

Gregory D, Urry J (Hrsg) (1985) Social relations and spatial structures. Houndmills, London, (= Critical Human Geography)

Harré R (1977) The ethogenic approach: Theory and practice. In: Berkowitz L (Hrsg) Advances in experimental social psychology, vol 10, New York, S 284 - 314

Harré R (1983) Personal being. A theory for individual psychology. Oxford

Jacobi M, Stokols D (1983) The role of tradition in group-environment relations. In: Feimer NR, Geller ES (Hrsg) Environmental psychology. Directions and perspektives. New York, S 157 - 179

Jaeger C (1988) Theorie und integrative Ansätze in der Geographie. In: Steiner D, Jaeger C, Walther P (Hrsg) Jenseits der mechanistischen Kosmologie - Neue Horizonte für die Geographie? Zürich, (=Berichte und Skripten 36), S 3 - 14

Jaeger C, Steiner D (1988) Humanökologie: Hinweise zu einem Problemfeld. In: Geographica Helvetica 43: 133 - 140

Kaminski G (1989) The relevance of ecologically oriented conceptualizations to theory of building in environment and behavior research. In: Zube EH, Moore GT (Hrsg) Advances in environment, behavior and design, vol 2, New York

Lang A (in Druck) The "Concrete Mind" Heuristik - Human identity and social compound from things and buildings. In: Steiner D, Jaeger C, Nauser M (Hrsg) Human ecology: An integrative approach to environmental problems. London

Miller JG (1978) Living systems. New York

Pepper SC (1942) World hypotheses: A study in evidence. Berkely

Pepper, SC (1967) Concept and quality: A world hypothesis. La Salle, Ill

Proshansky HM, Fabian AK, Kaaaminoff R (1983) Place identity: Physical world socialization of the self. Journal of environmental psychology 3: 57 - 83

Rapoport A (1982) The meaning of the built environment. Beverly Hills, CA

Relph E (1976) Place and placenessless. London, (0 Research in Planning and Design)

Steiner D (1988) Das Dreieck und der Kreis. In: Steiner D, Jaeger C, Walther P (Hrsg) Jenseits der mechanistischen Kosmologie - Neue Horizonte für die Geographie? Zürich, (= Berichte und Skripte 36) S 147 - 165

Stokols D (1979) A congruence analysis of human stress. In: Sarason IG, Spielberger CD (Hrsg) Stress and anxiety, vol 6. New York, S 27 - 55

Stokols D (1987) Conceptual strategies of environmental psychology. In: Stokols D, Altman I (Hrsg) Handbook of environmental psychology, vol 1. New York, S 41 - 70

Stokols D, Shumaker SA (1981) People in places: A transactional view of settings. In: Harvea JH (Hrsg) Cognition, social behavior, and the environment. Hillsadle, NJ, S 441 - 488

Van Staden, F (1983) From crowding to density: Conceptual developments, Methods and Research. South African Psychologist 6: 18 - 26

Van Staden F (1984) Transactionism in person-environment theory. South African Journal of Psychology 14: 140 - 143

Viljoen HG (1981) The new environmental model of man and the shift from the traditional structural to a transactional view of Perception. South African Journal of Psychology 11: 98 - 105

Wapner S (1981) Transactions of person-in-environment: Some critical transitions. Journal of Environmental Psychology 1: 223 - 239

Weichhart P (1990) Raumbezogenen Identität. Bausteine zu einer Theorie räumlich--sozialer Kognition und Identifikation. Erdkundliches Wissen 102, Stuttgart

Weichhart P (in Druck a, 1991) How does thr person fit into the human ecological triangle? From dualism to duality: The transaktional world view. In: Steiner D, Jaeger C, Nauser M (Hrsg) Human ecology: An integrative approach to environmental problems. London

Weichhart P (in Druck b) Humanökologie und Stadtforschung. In: Glaeser B, Teherani-Krönner P (Hrsg) Beiträge zur Kulturökologie. Opladen

Wicker AW (1979) Introduction to ecological psychology. Monterey, CA

Wicker AW (1987) Behavior settings reconsidered: Temporal stages, resources, internal dynamics, context. In: Stokols D, Altman I (Hrsg) Handbook of environmental psychology, vol 1. New York, S 281 - 328

Druck: Druckhaus Beltz, Hemsbach
Verarbeitung: Buchbinderei Schäffer, Grünstadt